A First Course in Electronic Warfare

電子戦の技術

基礎編

デビッド・アダミー
David Adamy

河東晴子　小林正明　阪上廣治　德丸義博 =訳

東京電機大学出版局

Copyright © 2001 ARTECH HOUSE, INC.
685 Canton Street
Norwood, MA 02062
Japanese translation rights arranged with Artech House, Inc.
through Japan UNI Agency, Inc., Tokyo

本書を電子戦（EW）を専門とする職業にある軍や民の私の仲間に捧げる．

読者の何人かは再三にわたり危うい道に入り込み，
なかには普通の人の理解を超えることをなそうとたびたび夜中まで長時間働いてきた人も多い．

われわれの職業は変わってはいるがやりがいのある職業であり，
われわれのうちのほとんどは，他の職業に従事することなど
想像すらできないのである．

序文

　EW101は，ジャーナル・オブ・エレクトロニックディフェンス（Journal of Electronic Defense; JED）誌において，月々わずか2ページの中でEWのさまざまな側面を数年間にわたって取り上げてきた一般向けのコラムである．ある特定のコラムがなぜ人気があるのか実際のところ誰にもわからないが，このコラムが幅広い人々の役に立つレベルに達しているからであろうと思われる．本書は，連載コラムのうちの初めの60編の資料を盛り込んでおり，連続性を持たせるためにいくつかの追加資料を含めた章に分けてある．

　本書が対象とする読者は，新入のEW専門家，EWの特定分野の専門家，およびEW周辺技術分野の専門家である．対象とするもう一つのグループは，かつては技術者であった管理者たちのうち，（物理法則を破ろうと試みているかもしれないし，あるいは試みていないかもしれない）他者からの意見をもとに直ちに意思決定する必要がある管理者たちである．概して本書は，概観，基礎の理解，および一般レベルの計算能力が役に立つという人々を対象にしている．最後に，本書はEW101コラム一式（その一部は探し出すのが難しい）を集めようとしてきた多くの方々への一つの回答である．

　本書が印刷に回っている間も，JED誌のEW101コラムは続いている．EWは領域が広く，そのため，今後さらに数年間にわたって話したいことがたくさんある（先々の本書のシリーズ版に期待してほしい）．

　本書が読者の仕事に役立ち，読者の時間や取り越し苦労を省くとともに，時々は読者の手間がかからないための助けになることを心から願っている．

日本語版出版に寄せて

　このたび本書が日本語でも利用できるようになることを，うれしく，また光栄に思っている．

　私は，電子戦の専門家としての役割を果たしうる知識と技能を持ち，さらに英語から日本語に翻訳ができる人々に畏敬の念を抱いている．その会話や作文力を身につけなければならない人に言わせれば，どちらの言語も覚えることは容易ではないという．どの言語もそれぞれの語彙を持っており，人々がそれぞれのカルチャーの中で生活して効率的に協力するのに欠かせないものである．同様に，電子戦の分野は特有の語彙を有し，また多くの概念，技巧，技術を持っていることは，一つの文化と極めてよく似ている．専門家が協力し合って効果的に任務を遂行するには，言語と電子戦の両者を理解することが欠かせない．

　本書は，電子戦の語彙とそれらの重要な考え方をテーマにしている．本書は電子戦の初心者向けの教科書としても，専門家の参考書としても広く利用されている．私は本書が，この分野の初心者にとっても，権威ある専門家にとっても，われわれが共有する非常に重要な職業における語彙と「文化」両面からの助けとなることを願ってやまない．

あなた方の仲間
Dave Adamy

訳者序文

　著者による序文にもあるように，本書は AOC（Association of Old Crows）の機関誌である JED の連載コラムを加筆修正してまとめられたものであり，教科書として書き下ろされたものではない．しかし，一貫して現場での作業に携わってきた著者の，とにかく現場で使えること，という実学の教科書としての狙いは素晴らしい．昼夜を分かたず働き続けてきた電子戦技術者としての著者の誇りや，しかも「どの仕事も楽しかったよ．どうしてかわからないけど」と，明るく課題を解決してきた姿勢は学ぶべきことが多い．著者独特のユーモアは伝えきれなかったところもあるが，本書によって電子戦技術の基礎を理解していただけると思う．

　本書の作成にあたってお世話になった多くの人々に心から感謝の意を表したい．まず，親切な助言をくれ，日本語版出版にあたっての序文を書いてくれた著者デイブ・アダミー氏に感謝する．次に，この翻訳出版をサポートしてくれた各氏に感謝する．さらに一般に馴染みの薄い分野の出版を受け入れてくれた東京電機大学出版局の菊地，浦山両氏，細かい修正を行ってくれたグラベルロードの伊藤氏に感謝する．

訳者一同

目次

第1章 序論 1

第2章 基本的数学概念 8
- 2.1 dB値および方程式 8
- 2.2 すべてのEW機能に使われる伝搬式（回線方程式） 11
- 2.3 実際のEW用途における回線の問題 17
- 2.4 球面三角形の関係式 22
- 2.5 EWへの球面三角法の適用 27

第3章 アンテナ 33
- 3.1 アンテナの各種パラメータとその定義 33
- 3.2 アンテナの種類 38
- 3.3 パラボラアンテナにおけるパラメータのトレードオフ 40
- 3.4 フェーズドアレイアンテナ 45

第4章 受信機 51
- 4.1 クリスタルビデオ受信機 53
- 4.2 IFM受信機 55
- 4.3 周波数同調受信機 56
- 4.4 スーパーヘテロダイン受信機 57
- 4.5 固定同調受信機 58
- 4.6 チャネライズド受信機 58
- 4.7 ブラッグセル受信機 59

目次

- 4.8 コンプレッシブ受信機 60
- 4.9 デジタル受信機 61
- 4.10 受信機システム 62
- 4.11 受信感度 67
- 4.12 FM 感度 72
- 4.13 デジタル感度 73

第5章 EW 処理　77

- 5.1 処理作業 77
- 5.2 諸元の値の決定 82
- 5.3 パルス列分離 87
- 5.4 オペレータインタフェース 91
- 5.5 現代の航空機のオペレータインタフェース 98
- 5.6 戦術 ESM システムのオペレータインタフェース 103

第6章 捜索　108

- 6.1 定義およびパラメータの制約 108
- 6.2 狭帯域周波数の捜索方法 113
- 6.3 信号環境 118
- 6.4 ルックスルー 127

第7章 LPI 信号　130

- 7.1 LPI 信号 130
- 7.2 周波数ホッピング信号 132
- 7.3 チャープ信号 137
- 7.4 直接拡散式スペクトル拡散信号 142
- 7.5 いくつかの実際的考慮事項 148

第8章 電波源位置決定　153

- 8.1 電波源位置決定の役割 153
- 8.2 電波源位置決定のための幾何学 155

- 8.3 電波源位置決定の精度 158
- 8.4 振幅利用による電波源位置決定 164
- 8.5 インターフェロメータによる方探 171
- 8.6 干渉法による方探の実現 176
- 8.7 ドップラの原理を使用した方探 181
- 8.8 電波到来時刻による電波源の位置決定 187

第 9 章 妨害　192

- 9.1 妨害の分類 193
- 9.2 妨害対信号比 197
- 9.3 バーンスルー 202
- 9.4 カバー妨害 207
- 9.5 距離欺まん妨害 212
- 9.6 逆利得妨害 217
- 9.7 AGC 妨害 224
- 9.8 速度ゲート・プルオフ 225
- 9.9 モノパルスレーダに対する欺まん技法 228

第 10 章 デコイ　242

- 10.1 デコイの形式 242
- 10.2 レーダ断面積と反射電力 247
- 10.3 パッシブデコイ 249
- 10.4 アクティブデコイ 250
- 10.5 飽和デコイ 251
- 10.6 セダクションデコイ 252
- 10.7 交戦のための効果的な RCS 257

第 11 章 シミュレーション　263

- 11.1 定義 263
- 11.2 コンピュータシミュレーション 268

11.3	戦闘シナリオモデル	274
11.4	オペレータインタフェースシミュレーション	279
11.5	オペレータインタフェースシミュレーションの実施上の考慮事項	285
11.6	エミュレーション	290
11.7	アンテナのエミュレーション	295
11.8	受信機のエミュレーション	300
11.9	脅威のエミュレーション	305
11.10	脅威アンテナパターンのエミュレーション	310
11.11	複数信号のエミュレーション	315

付録：EW101連載コラムとの相互参照　321

補遺：用語集　322

和文索引　344

欧文索引　357

第1章
序論

　本書は，その源となった毎月連載の入門記事と同様に，電子戦（electronic warfare; EW）という広範で，重要かつ興味深い分野のトップレベルの見方を提供することを目的としている．本書の一般的な原則は，以下のとおりである．

- 本書は必ずしも本分野の専門家向けではなく，他の分野の専門家や電子戦の副次領域の専門家に役立つことを期待するものである．
- 本書は読みやすくしたつもりである．技術資料は役立つために（通説とは逆で）退屈である必要はない．
- 本書のレベル，表現方法および内容は，EW101 コラムに忠実である．しかし，資料は書籍として便利なように再編成してある．コラムの大部分は各章の論理的順序に沿って整理した．同じコラムの中で二つ以上の対象領域が取り上げられていた場合，資料はそれぞれ適切な章に移してある．

　本書の技術資料の取り扱いは，精密性というより正確性を期した．ほとんどの公式は，1dB のレベルまで正確である——これはほとんどのシステムレベルの設計作業にとって，十分な値である．もっと高い精度が求められる場合でも，ほとんどの熟練したシステムエンジニアは，まず 1dB の精度まで基本方程式を実行し，次に，必要な精度になるまで計算機を走らせるよう，コンピュータの専門家に委ねる．非常に高精度の計算に関わる問題は，読者が細部で迷い果て，桁誤りを起こすことである．これらの誤りは，（時には）前提の誤りであるか，（たいていは）記述の誤りである．桁誤りは読者（また，おそらくは上司）

を大きな問題に巻き込むことになる．したがって，それらは避けるに値する．

　読者が1dBのレベルで問題に取り組む際，本書中の簡単なdB形式の方程式を用いると，一組の近似解を手早く導き出せる．その後，その答えが理にかなっているかどうかを，くつろいで考えることができる．結果を他の同じような問題の結果と比較してみるか，……あるいは単に常識を当てはめてみてもよい．この段階では，前提に立ち返ったり，問題の記述を明確にすることが容易である．次に，詳細な計算を完了するのに要する相当な設備，スタッフの時間，予算，そして（おそらくは）胃酸を使って初めて（または，ほぼ初めて）計算が合う見込みが五分五分になる．

本書が扱う範囲

　本書は，EWにおける無線周波数（radio frequency; RF）の側面の大部分をシステムレベルで扱う．これは，本書がハードウェアとソフトウェアが具体的にいかに動作するかということより，むしろ，それらが何をするかについてより多く述べるということである．本書は複雑な計算を避け，読者が代数といくらかの三角法についての技能を有することを前提としつつ，微積分を避けるように努めた．

より詳細な参考資料の紹介

　より詳細なEWの参考資料について推薦できる情報源が多く存在し，これらには教科書，専門雑誌，技術誌が挙げられる．以下のリストは，利用できる参考資料を網羅したものでは決してない．とはいえ，それは手始めとしては手頃なリストであり，EW101記事執筆の支えとなった一連の参考文献である．これらの参考文献には，複雑なものもあれば，本分野の初心者（と，学校卒業後長い間たっているわれわれのような人）にもかなりわかりやすいものもあり，まさにすべてがEWに関する確かな価値ある参考資料である．

☐ 一般的なEWの教科書
- *Electronic Warfare*, D. Curtis Schleher（Artech House）
- *Introduction to Electronic Defense Systems*, Filippo Neri（Artech House）

- *Electronic Warfare*, David Hoisington（Lynx）
- *Applied ECM*（全 3 巻）, Leroy Van Brunt（EW Engineering, Inc.）

☐ EW のより具体的な主題についての書籍

- *Radar Vulnerability to Jamming*, Robert Lothes, Michael Szymanski, and Richard Wiley（Artech House）
- *Electronic intelligence: The Interception of Radar Signals*, Richard Wiley（Artech House）
- *Radar Cross Section*, Eugene Knott, John Shaeffer, and Michael Tuley（Artech House）
- *Introduction to Radar Systems*, Merrill Skolnik（McGraw-Hill）
- *Introduction to Airborne Radar*, George Stimson（SciTech）

☐ 新変調方式についての書籍

- *Spread Spectrum Communications Handbook*, Marvin Simon et al.（McGraw-Hill）
- *Detectability of Spread-Spectrum Signals*, Robin and George Dillard（Artech House）
- *Spread Spectrum Systems with Commercial Applications*, Robert Dixon（Wiley）
- *Principle of Secure Communication System*, Donald Torrieri（Artech House）

☐ EW ハンドブック

- *International Countermeasures Handbook*（Horizon House）
- *EW Handbook*（Journal of Electronic Defense）

☐ EW 関連記事を掲載している雑誌

- *Journal of Electronic Defense*
- *IEEE Transactions on Aerospace and Electronic Systems*（IEEE AES working group）
- *Signal Magazine*

- *Microwave Journal*
- *Microwaves*

EW の一般概念

電子戦とは，敵による電磁スペクトルの使用を拒否しつつ，味方の使用を確保する術および学であると定義されている．電磁スペクトルとは，もちろん，DC から光（さらにその上）までを指す．したがって，EW は全無線周波スペクトル，赤外スペクトル，可視スペクトル，および紫外スペクトルの範囲にわたっている．

図 1.1 に示すように，EW は古くから以下のように分類されてきた．

- 電子支援対策（electromagnetic support measures; ESM）── EW の受信をする部分
- 電子対策（electromagnetic countermeasures; ECM）── レーダ，軍事通信，赤外線追尾兵器などの使用を妨げるために使われる電波妨害，チャフ，フレア
- 対電子対策（electromagnetic counter-countermeasures; ECCM）── ECM に対抗するため，レーダや通信システムの設計あるいは運用でとられる手段

対電波放射源兵器（antiradiation weapon; ARW）や指向エネルギー兵器（directed-energy weapon; DEW）は，EW と密接な関係にあることはよく理解

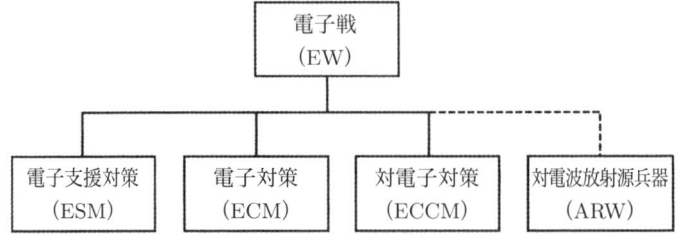

図 1.1　EW は古くから ESM，ECM，および ECCM に分類されてきた．対電波放射源兵器は EW の一部ではなかった．

されていたが，EW の一部とは考えられていなかった．これらは武器として区別されていた．

ここ数年，多くの国で（必ずしもすべての国ではないが），図 1.2 に示すように EW 分野の区分が再定義されてきた．現在（NATO（North Atlantic Treaty Organization; 北大西洋条約機構）において）一般に認められている定義は以下のとおりである．

- 電子戦支援（electronic warfare support; ES）—— かつての ESM
- 電子攻撃（electronic attack; EA）—— かつての ECM（電波妨害，チャフ，フレア）だけではなく，対電波放射源兵器や指向エネルギー兵器も含む
- 電子防護（electronic protection; EP）—— かつての ECCM

通信情報（communications intelligence; COMINT）および電子情報（electronic intelligence; ELINT）からなる信号情報（signal intelligence; SIGINT）の分野が，敵の送信信号の受信に関わっているとはいえ，これらの分野は ESM（あるいは ES）とは区別されている．その差異は，信号が複雑さを増すにつれて次第に曖昧になってきているが，差異は送信信号を受信する目的にある．

- COMINT は，敵の信号によって伝達される情報資料（information）の中から情報（intelligence）を抽出する目的で敵の通信信号を受信する活動

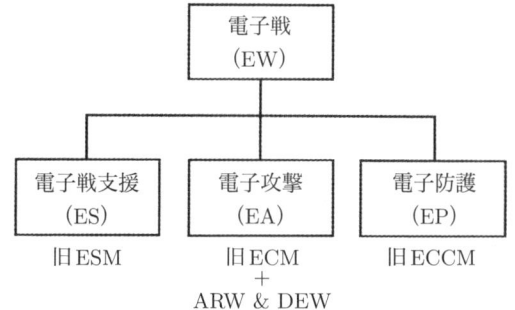

図 1.2　現行の NATO の EW の定義では，EW を ES, EA, EP に分類している．EA は現在，対電波放射源兵器（ARW）および指向エネルギー兵器（DEW）を含んでいる．

である．
- ELINT は，対抗策を明確化できるよう，敵の電磁システムの詳細を究明する目的で，敵の非通信信号を受信する活動である．したがって，ELINT システムは，詳細な解析を裏付けるために，通常は長期間にわたり大量のデータを収集する．
- 一方，ESM/ES は，敵の信号に関して，またはその信号と関わりのある兵器に関して，即座に何らかの行動を起こす目的で信号（通信，非通信を問わず）を収集する活動である．受信した信号は妨害（jamming）されるかもしれないし，あるいはその情報資料が破壊・致死機能に伝達されるかもしれない．また，受信信号は，敵部隊，武器または電子能力の種類や位置を特定するなどの状況把握（認識）（situation awareness）に利用されることもある．ESM/ES では一般に，大量の信号データを収集して，詳細さを抑えた処理を高いスループット率（throughput rate）で支援している．ESM/ES では通常，既知のどの種類の電波源（emitter）が存在していて，それがどこに所在しているかについてのみ特定する．

EW をいかに理解するか

EW 原理（特に RF 部分）を理解する鍵は，電波伝搬理論について本当によく理解していることだ，というのが著者の主張である．無線信号がどのように伝搬するかを理解すれば，信号がどのようにして傍受（intercept），妨害あるいは防護されるかを論理的に理解することができる．その理解なしでは，EW を理解するための武器を実際に手に入れることは不可能に近いと（著者には）思われる．

ひとたび dB 形式の片方向の無線回線方程式（link equation）やレーダ方程式（radar range equation）のような少数の簡単な式がわかると，EW の問題を（1dB の精度まで）たぶん暗算で解けるようになるだろう．そこまで来れば，ある EW の問題に出会った場合，すぐにズバリ本題に入ることができる．もし誰かが物理法則を破ろうとしているなら，それを迅速かつ容易に確かめることができる（メモ帳からむしり取った紙 1 枚もあれば大丈夫——困っている人を

問題から解放してやると，あなたはなお EW 専門家だと見てもらえるだろう）．

各章の細目

- 第 2 章は，いくつかの背景となる計算，すなわち dB，伝搬式，球面三角法（忘れている場合に備えて）を取り上げる．
- 第 3 章は，各種アンテナ（種類，定義，およびパラメータによるトレードオフ）を取り上げる．
- 第 4 章は，受信機（種類，定義，用途，および感度計算）を取り上げる．
- 第 5 章は，EW 処理（すなわち信号の識別，制御機構，およびオペレータインタフェース）を取り上げる．
- 第 6 章は，各種捜索技法，制約，トレードオフを取り上げる．
- 第 7 章は，主に LPI 通信に重点を置いて，各種低被探知確率信号（low probability of intercept signal）を取り上げる．
- 第 8 章は，EW システムでよく用いられる一般的な電波源の標定（位置決定）技法をすべて取り上げる．
- 第 9 章は，妨害（概念，定義，制約，および方程式）を取り上げる．
- 第 10 章は，レーダデコイ（適宜の計算を含むアクティブ/パッシブ方式のデコイ）を取り上げる．
- 第 11 章は，コンセプト評価，訓練，およびシステム試験のためのシミュレーションを取り上げる．

EW101 コラムを持っている読者の便宜のために，コラムと各章の相互参照を巻末の付録に掲載した．

第 2 章

基本的数学概念

　本章は，他の各章で取り扱っている EW の概念の根底にある基本的な数学を取り上げる．これには，dB 形式の数値と方程式についての考察，電波伝搬，および球面三角法が含まれる．

2.1　dB 値および方程式

　電波伝搬の考察を含むどのような専門的活動においても，信号強度（signal strength），利得（gain），損失（loss）をしばしば dB 形式で記述する．これにより，元の形式より一般に扱いが容易な dB 形式の方程式を利用できることになる．

　dB で表された数値はどれも対数であり，桁数が何桁も異なる数値を比較するのに便利である．便宜上，非 dB 形式の数値を，対数である dB 値（dB value）と区別するために，「線形値」（linear number）と呼ぶことにする．dB 形式の数値は，以下のように操作が容易であることが大きな魅力である．

- 線形値を乗算するには，その対数値を加算する．
- 線形値を除算するには，その対数値を減算する．
- 線形値を n 乗するには，その対数値に n を乗算する．
- 線形値の n 乗根をとるには，その対数値を n で除算する．

この便利さを最大限に利用するために，（可能なら）計算過程のできるだけ早い段階で数値を dB 形式に置き換え，できるだけ遅い段階でそれらを線形値に

戻す．答えの形式を dB のままにすることも多い．

dB 単位で表されたどのような数値も（対数形式に変換された）比に決まっていることを理解することが重要である．一般例として，増幅器またはアンテナの利得，回路または電波伝搬の損失などがある．

2.1.1　dB 形式の変換

線形値 N は，次式により dB 形式に変換される．

$$N\,[\mathrm{dB}] = 10\log_{10}(N)$$

本書では，10 を底とする常用対数を単に $10\log(N)$ と記す場合もある．科学計算用電卓を使用してこの操作を行うには，線形形式の数値を入力し，次に "log" キーを押し，その次に 10 を乗算する．

dB 値は次式で線形形式に変換される．

$$N = 10^{N[\mathrm{dB}]/10}$$

科学計算用電卓を使用する場合，dB 形式の数値を入力し，それを 10 で除算し，次いで 2 次機能キーを押してから "log" キーを押す．この手順は 10 で除算した dB 値の「真数」をとるとも説明できる．

例えば，増幅器の利得係数が 100 の場合，次式により，20dB の利得があると言ってよい．

$$10\log(100) = 10 \times 2 = 20\,[\mathrm{dB}]$$

この手順を逆にすると，20dB 増幅器の線形形式の利得が求まる．

$$10^{20/10} = 100$$

2.1.2　dB 形式の絶対値

絶対値を dB 値で表現するために，まずその値を特定の定数に対する比に変換する．最も一般的な例は，dBm で表される信号強度である．電力レベルを dBm に換算するため，それを 1mW で除算し dB 形式に変換する．例えば 4W

は 4,000mW であり，4,000 を dB 形式に変換すると，36dBm となる．小文字の "m" は，この値が 1mW との比であることを表している．

$$10\log(4,000) = 10 \times 3.6 = 36 〔\text{dBm}〕$$

W 値に戻す変換は次式による．

$$\text{Antilog}\left(\frac{36}{10}\right) = 4,000\text{mW} = 4 〔\text{W}〕$$

その他の dB 形式の絶対値の例を表 2.1 に示す．

表 2.1　一般的な dB の定義

単位	意　味	備　考
dBm	電力/1mW の dB 値	信号強度を表すのに使用
dBW	電力/1W の dB 値	信号強度を表すのに使用
dBsm	面積/1m^2 の dB 値	アンテナ開口面積またはレーダ断面積を表すのに使用
dBi	等方性アンテナの利得に対するアンテナ相対利得の dB 値	定義上，0dBi は無指向性（等方性）アンテナの利得

2.1.3　dB 方程式

本書においては，便宜上，多くの dB 形式の方程式（dB equation）を使用する．

これらの方程式は，次のうちいずれかの形式であるが，項の数はいくつでもよい．

$$A 〔\text{dBm}〕 \pm B 〔\text{dB}〕 = C 〔\text{dBm}〕$$
$$A 〔\text{dBm}〕 - B 〔\text{dBm}〕 = C 〔\text{dB}〕$$
$$A 〔\text{dB}〕 = B 〔\text{dB}〕 \pm N \log(\text{dB 単位でない数値})$$

ここで，N は 10 の倍数である．

この最後の等式は，ある数値の 2 乗（またはそれより高次の累乗）を乗算しようとする場合に用いる．この最後の公式の重要な例は，電波伝搬における拡散損失（spreading loss）を計算する方程式である．

$$L_S = 32 + 20\log(d) + 20\log(f)$$

ここで，L_S：拡散損失〔dB〕，d：伝搬距離〔km〕，f：伝送周波数〔MHz〕である．

係数の 32 は，入力に最も便利な単位から希望の単位の答えが出るようにするために加えられた補正係数である．実際この値は，4π の 2 乗を，光速の 2 乗で除算し，数個の単位変換係数で乗除し，全体を dB 形式に変換して整数に丸めた値である．この補正係数（およびこの係数を含んだ方程式）について理解するために重要なことは，正しい単位が正確に使用された場合に限り正しいということである．距離の単位は km，周波数の単位は MHz でなければならない——さもないと，損失値は正しくならない．

2.2　すべての EW 機能に使われる伝搬式（回線方程式）

あらゆる形式のレーダ，軍用通信，SIGINT，妨害システムの運用は，個々の通信回線という観点から分析できる．通信回線には，一つの電波放射源，一つの受信装置，および，電磁エネルギーが送信源から受信機まで通過する間に，電磁エネルギーに発生するすべての事象が含まれる．送信源と受信機は多様な形式をとることができる．例えば，レーダパルスが航空機表面で反射すると，その反射作用は送信機のように扱うことができる．いったん反射パルスが機体表面から離れると，そのパルスは，一つのプッシュ・ツー・トーク式戦術無線機から別の無線機への通信信号に適用される伝搬法則と同じ法則に従う．

2.2.1　「片方向回線」

「片方向回線」（one-way link）と呼ばれることもある基本的通信回線は，1 台の送信機（XMTR），1 台の受信機（RCVR），送信/受信アンテナ，および，二つのアンテナ間の伝搬経路で構成される．無線信号が通信回線を通過する間

に，その信号強度に起こる変化を図2.1に示す．この図は信号強度をdBmで，信号強度の増減をdBで示している．

図2.1では，好天時の見通し内通信回線（line-of-sight link; 送信/受信アンテナを互いに「見る」ことができ，二つのアンテナ間の伝送路が地面または海面に近づきすぎない状態の回線）を示しているが，これについて最初に考えてみよう．その後，悪天候および見通し外伝搬（non-line-of-sight propagation）による影響を，この回線計算に付加する．信号はあるdBmの電力レベルで送信機から出ていく．信号電力は送信アンテナ利得（antenna gain）分だけ「増大する」（もしアンテナ利得が1以下，すなわち0dB以下であれば，アンテナから出ていく信号強度は，送信機の出力電力より小さくなる）．アンテナから出ていく信号電力は実効放射電力（effective radiated power; ERP）と呼ばれ，一般にdBmで表される．放射された信号は送信および受信アンテナ間を伝搬する間に各種要因により減衰を受ける．好天時の見通し内通信回線における減衰要因は，拡散損失および大気損失（atmospheric loss）のみである．信号は受信アンテナ利得分だけ「増大する」（アンテナ利得は，そのアンテナの特性により，正または負のいずれかの値をとりうる）．信号は，受信機に「受信電力」で

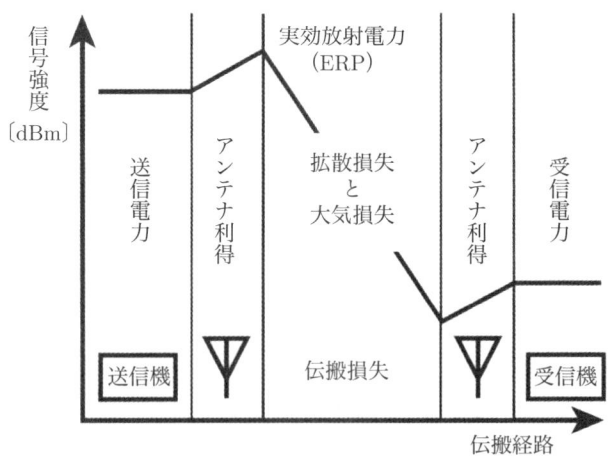

図2.1 受信信号レベル〔dBm〕を計算するには，送信電力〔dBm〕に送信アンテナ利得〔dB〕を加算し，伝搬損失〔dB〕を減算し，受信アンテナ利得〔dB〕を加算する．

到達する．

図 2.1 に示す伝搬過程は，「伝搬式」または「dB 形式の伝搬式」として知られている．「伝搬式」は，英語では link equation と単数形で表記されるが，実際には一連の数個の式を指しており，これらの式により，他のすべての要素の観点から伝搬過程の任意の地点における信号強度を計算することができる．

伝搬式適用の代表例として，

送信出力（1W）= +30〔dBm〕

送信アンテナ利得 = +10〔dB〕

拡散損失 = 100〔dB〕

大気損失 = 2〔dB〕

受信アンテナ利得 = +3〔dB〕

とした場合，

受信電力 = +30dBm + 10dB − 100dB − 2dB + 3dB = −59〔dBm〕

となる．

2.2.2　伝搬損失

上式における二つの興味深い要素は，拡散損失（空間損失（space loss）とも呼ばれる）と大気損失である（そのパラメータを決定するためには，製品仕様書を見るだけでなく，あらゆる状況における伝搬損失（propagation loss）を計算する必要がある）．この伝搬損失要因は，両方とも伝搬距離（propagation distance）と送信周波数によって変化する．まず，図 2.2 に示すノモグラフから，簡単に拡散損失を求めることができる．この図を使うには，左側の周波数目盛（例では 1GHz）から右側の伝送距離目盛（例では 20km）へ直線を引く．その線と中央の目盛の交点の 119dB が，その周波数と伝送距離における拡散損失となる．また，拡散損失を計算するのに，次のような簡単な dB 形式の計算式もある．

$$L_S〔\mathrm{dB}〕 = 32.4 + 20\log_{10}(\mathrm{km}\,単位の距離) + 20\log_{10}(\mathrm{MHz}\,単位の周波数)$$

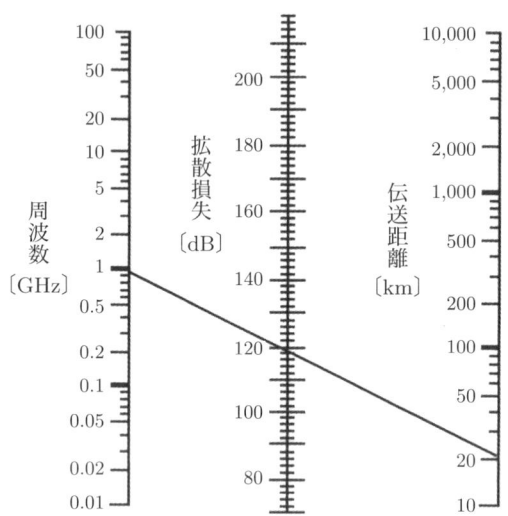

図2.2 拡散損失は，周波数〔GHz〕から伝送距離〔km〕へ直線を引き，中央の拡散損失〔dB〕の目盛を読み取ることにより求まる．

　これは好天時の見通し内伝搬（line-of-sight propagation; LOS伝搬）であることを覚えておいてほしい．因数32.4は，正しい算出結果を得るために必要な，すべての単位変換を組み合わせてある——この因数は，距離をkm，周波数をMHz単位にした場合にのみ有効である．伝搬式を1dBの精度で使う場合は，一般にこの因数32.4を32に丸める．

　拡散損失についてのもう一つの要点は，ノモグラフおよび上式から導き出された損失値が二つの（利得が1，つまり0dBの）等方性アンテナ（isotropic antenna）間の拡散損失になっていることである．あとで伝搬式にアンテナ利得を独立した数値として加えるので，こうしておけば計算処理が簡単になる．この計算式は（ノモグラフと原理が同じであり），正確に等方性を有する送信アンテナがそのエネルギーを球状に放射することによって，ERPが膨張する球の表面上に一様に分布するという事実から，導き出されている．等方性受信アンテナは周波数の関数である「有効面積」（effective area）を有する．この（等方性）受信アンテナの有効面積は，利得1のアンテナがエネルギーを集める（送信機から受信機までの距離に等しい半径の）球の表面の総面積で決ま

る．拡散損失の計算式は，この球の全表面積の（使用周波数における）等方性アンテナの面積に対する比である．その導出は，本当に何もすることがなくて困っている読者の練習問題として残しておく．

　大気減衰（atmospheric attenuation）は非線形であり，図 2.3 から数値を読み取るだけで最もうまく取り扱える．この図の例では，送信周波数を 50GHz としている．50GHz の位置からグラフの曲線に向けて上へ直線を引き，交点から左の目盛にまっすぐ伸ばすと，伝送路長 1km 当たりの大気損失が求まる．例では，0.4dB/km であるので，20km を伝搬する 50GHz の信号は 8dB の大気減衰を受ける．ところで，ほとんどのポイント・ツー・ポイントの戦術通信で使用される周波数では大気減衰が極めて小さく，回線計算においてたいていは無視されることに注意しなければならない．一方，マイクロ波の高域およびミリ波周波数において，また衛星との間の全大気圏を通過する伝送において，大気減衰は極めて大きくなる．

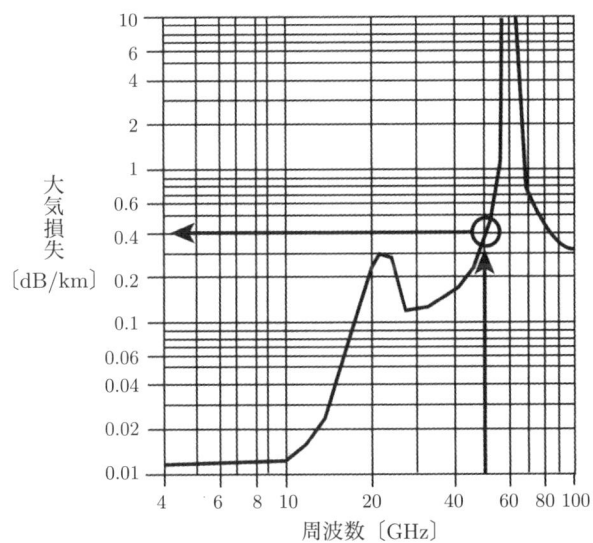

図 2.3　伝送路 1km 当たりの大気減衰〔dB〕は，周波数〔GHz〕からグラフの曲線に向けて上へ直線を引き，交点から大気損失の目盛に向けて左へ伸ばすと求まる．

2.2.3　受信感度

受信感度の詳細は第4章で述べるが，受信機の感度（sensitivity）は，その受信機で受信が可能であり，かつ規定の適切な出力が得られる最小の信号（すなわち，最低の信号強度）として定義されることを，ここでは理解しなければならない．

もし受信電力レベルが少なくとも受信感度に等しければ，通信回線を通して通信が行われる．例えば，もし受信電力が（上記の例のように）−59dBで，受信感度が−65dBであれば，通信が行われる．受信信号が受信感度の仕様値より6dB高いので，その回線は6dBの余裕があるという言い方をする．

2.2.4　有効距離

受信電力は最大通達距離で受信感度に等しくなる．そこで，距離を求めるには，受信電力が受信感度に等しいと置けばよい．簡単のため，通常の地上回線の距離で大気損失を無視できる100MHzで例題をやってみよう．

送信電力を10W（+40dBmに相当），周波数を100MHz，送信アンテナ利得を10dB，受信アンテナ利得を3dB，受信感度を−65dBmとする．二つのアンテナ間には見通しがある．最大通達距離はいくらになるか？

$$P_R = P_T + G_T - 32.4 - 20\log(f) - 20\log(d) + G_R$$

ここで，P_R：受信電力〔dBm〕，P_T：送信電力〔dBm〕，G_T：送信アンテナ利得〔dB〕，f：送信周波数〔MHz〕，d：伝送距離〔km〕，G_R：受信アンテナ利得〔dB〕である．

$P_R = \text{Sens}$（受信感度）として$20\log(d)$を求める．

$$\text{Sens} = P_T + G_T - 32.4 - 20\log(f) - 20\log(d) + G_R$$
$$20\log(d) = P_T + G_T - 32.4 - 20\log(f) + G_R - \text{Sens}$$

上記のdB値を代入すると，次のようになる．

$$20\log(d) = +40 + 10 - 32.4 - 20\log(100) + 3 - (-65)$$
$$= +40 + 10 - 32.4 - 40 + 3 + 65 = 45.6$$

次に d について解けば，有効距離（effective range）が次のとおり求まる．

$$d = \text{Antilog}\left(\frac{20\log(d)}{20}\right) = \text{Antilog}\left(\frac{45.6}{20}\right) = 191 \,\text{[km]}$$

ここで，Antilog は log の逆関数を表し，Antilog $x = 10^x$ である．

2.3 実際の EW 用途における回線の問題

基本的な伝搬式は，各種の EW システムや交戦において多くの形をとる．本節でも，EW 回線で起きていることを平易に理解するための大切な項目を扱う．

2.3.1 空間波として放射される電力

本書で提示する（また，EW のシステムレベルの仕事をするほとんどの人々が利用する）伝搬計算式には，重大な論理上の弱点があるとはいえ，この計算式はわれわれの仕事をずいぶん簡素化してくれるので，厳密な計算式にこだわり続ける人々に対して，いつでもこの計算式を擁護できる．その弱点とは，「空間波として放射される」信号の電力，すなわち送信アンテナと受信アンテナの間にある信号の電力を，dBm で記述している点である．dBm がまさに mW（ミリワット）の対数表現であることが問題である．dBm 単位の信号強度は「電力」のことであるが，いわゆる電力は電線または回路内でだけ定義されている．それと同時に，送信アンテナから受信アンテナへ伝搬している間は，信号は通常 μV/m 単位の「電界強度」で正確に記述されなければならない（図 2.4 および図 2.5 を参照）．

では，回線解析に dBm 値を用いる場合，どうやって伝搬波の正しい dBm 値を考え出せばよいのであろうか？ そこで一つの「工夫」をする．それは，着目する信号について信号強度を出したいと思う空間内の地点に，利得 1 の仮想の理想アンテナを置くことである．信号強度〔dBm〕は仮想アンテナの出力として与えられる．したがって，実効放射電力（ERP）は，仮想アンテナが，送信アンテナから受信アンテナ方向の直線上で，送信アンテナにほとんど接する位置にあると仮定した場合の仮想アンテナによる出力となる（当然のことなが

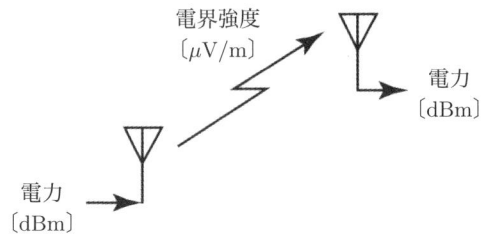

図 2.4　電線または回路内では信号強度を dBm 単位で表すことのみが，実は正しい．空間波として放射されると，信号強度は $\mu V/m$ 単位の電界強度で表すのが正しい．

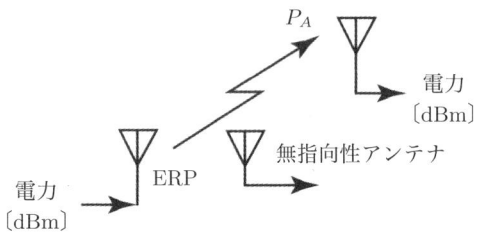

図 2.5　放射された信号は，理想受信機と無指向性アンテナが何を受信したかで表されることが多い．

ら，近接場効果（near-field effect）は無視する）．同様に，受信アンテナに到達する電力（よく P_A と呼ばれる）の表示においては，仮想アンテナが同じ直線上だが受信アンテナにほとんど接する位置にあると仮定する．

2.3.2　$\mu V/m$ 単位の感度

　受信感度は，dBm 単位ではなく $\mu V/m$ 単位で記述されることがたまにある．これは，アンテナ（単複）と受信機の間に密接かつ複雑な関係がある装置に，特に当てはまる．最たる例はおそらく，空間ダイバーシティアンテナアレイを持つ方向探知（direction finding; DF; 方探）システムであろう．ありがたいことに，一組の簡単な（利得 1 の仮想アンテナに基づく）dB 形式の計算式により，$\mu V/m$ と dBm の変換が可能である．本章の式では，すべての log は底が 10 の対数である．$\mu V/m$ から dBm への変換は次のようになる．

$$P = -77 + 20\log(E) - 20\log(F)$$

ここで，P：信号強度〔dBm〕，E：電界強度〔μV/m〕，F：周波数〔MHz〕である．

dBm から μV/m への変換は次のようになる．

$$E = 10^{[P+77+20\log(F)]/20}$$

これらの計算式は，次の方程式

$$P = \frac{E^2 A}{Z_0}$$

および

$$A = \frac{Gc^2}{4\pi F^2}$$

に基づいている．ここで P：信号強度〔W〕，E：電界強度〔V/m〕，A：アンテナ開口面積〔m^2〕，Z_0：自由空間インピーダンス（120π〔Ω〕），G：アンテナ利得（等方性アンテナの場合，1），c：光速（3×10^8 m/sec），F：周波数〔Hz〕である．

読者がいつか都合の良いときにこれらの計算式を導くならば，大歓迎である（単位の変換係数を思い出し，それから全部を変換して dB 形式の式に結合すれば，実に簡単である）．

2.3.3　レーダ運用における「回線」

レーダ方程式は，レーダがいかに良く機能を果たしているかに主眼を置いているため，多くの教科書は，レーダ関係者に最も利用しやすい形で式を記述している．しかしながら，図 2.6 に示すように，「回線」の構成要素の観点からレーダ方程式を考えて，すべてを dB および dBm で扱うと，EW 関係者にはより便利である．これによって，目標に到達するレーダ電力，妨害電力を目標で反射してレーダ受信機に戻る電力に等しい（または，それをある一定の係数分だけ超える）電力にしたい場合に妨害装置で発生させるべき電力，およびその他多くの有用な値を取り扱うことが可能になる．

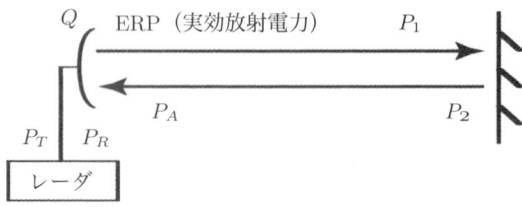

図2.6　便宜上，EW用途ではレーダ方程式を一連の回線として記述できる．

前に示した拡散損失の式

$$32.4 + 20\log(D) + 20\log(F)$$

に見覚えがあるであろうが，通常は便宜上，式中の因数 32.4 は 32 に丸められる．目標のレーダ断面積（radar cross section; RCS）に起因する信号反射係数

$$-39 + 10\log(\sigma) + 20\log(F)$$

という便利な式もある．この式の導出・処理については第 10 章で述べる．

P_T はアンテナに給電されるレーダの送信電力〔dBm〕である．G はレーダアンテナの主ビームの利得（main beam gain）〔dB〕である．ERP は実効放射電力，P_1 は目標に到達する信号電力〔dBm〕，P_2 は目標で反射しレーダに戻る信号電力〔dBm〕，P_A はレーダのアンテナに到達する信号電力〔dBm〕である．P_R は（レーダ受信機に入る）受信電力〔dBm〕である．

dB 形式では次のようになる．

$$\mathrm{ERP} = P_T + G$$
$$P_1 = \mathrm{ERP} - 32 - 20\log(D) - 20\log(F)$$
$$= P_T + G - 32 - 20\log(D) - 20\log(F)$$

ここで，D：目標までの距離〔km〕，F：周波数〔MHz〕である．

$$P_2 = P_1 - 39 + 10\log(\sigma) + 20\log(F)$$

ここで，σ：目標のレーダ断面積〔m^2〕である．

$$P_A = P_2 - 32 - 20\log(D) - 20\log(F)$$
$$P_R = P_A + G$$

よって,

$$P_R = P_T + 2G - 103 - 40\log(D) - 20\log(F) + 10\log(\sigma)$$

となる.

2.3.4 干渉信号

もし同一周波数の 2 信号が一つのアンテナに到達したら,通常,一つが希望信号で,もう一つは干渉信号（interfering signal）と考えられる（図 2.7 参照）.干渉信号が意図しない妨害であろうと意図したものであろうと,同じ方程式が適用される.受信アンテナが両信号に対して同一の利得を示すと仮定して,二つの信号の電力差を dB で表すと,

$$P_S - P_I = \text{ERP}_S - \text{ERP}_I - 20\log(D_S) + 20\log(D_I)$$

となる.ここで,P_S は希望信号の（すなわち,受信機入力部における）受信電力,P_I は干渉信号の受信電力,ERP_S は希望信号の実効放射電力,ERP_I は干渉信号の実効放射電力,D_S は希望信号の送信機までの伝搬経路距離,D_I は干渉信号の送信機までの伝搬経路距離である.

これは干渉方程式の最も簡単な形である.第 3 章では,二つの信号に対して異なるアンテナ利得値が適用される原因になる,指向性受信アンテナを扱う.

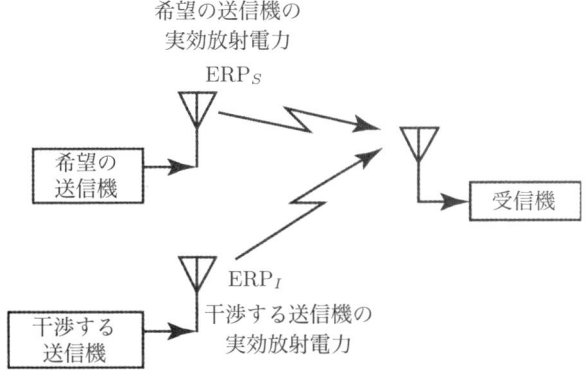

図 2.7 干渉信号は,各送信機から検討中の受信機への回線の観点で記述できる.

また，言うまでもなく，レーダ受信機が希望のレーダ反射信号と一緒に干渉信号も（つまり妨害装置から）受け入れてしまう状況についても扱う．これらの式はすべて上述の簡単なdB形式の式の上に築かれることになる．

2.3.5　大地に近接した低域周波信号

前記の拡散損失の式は，EW回線の利用では典型的な式であるが，それ以外に大地に近接したアンテナへ，またはアンテナから送信された比較的低い周波数に適用する別の形の式もある．

回線がフレネルゾーン（Fresnel zone）距離以内にある場合，拡散損失は前式，すなわち $L_S = 32 + 20\log(f) + 20\log(d)$ に従う．フレネルゾーン距離を超える距離における拡散損失は，次式により決まる．

$$L_S = 120 + 40\log(d) - 20\log(h_T) - 20\log(h_R)$$

ここで，L_S：拡散損失〔dB〕，d：伝搬距離〔km〕，h_T：送信アンテナ高〔m〕，h_R：受信アンテナ高〔m〕である．

送信機からゾーン端までのフレネルゾーン距離は，次式で計算される．

$$F_Z = \frac{h_T \times h_R \times f}{24,000}$$

ここで，F_Z：フレネルゾーン距離〔km〕，h_T：送信アンテナ高〔m〕，h_R：受信アンテナ高〔m〕，f：送信周波数〔MHz〕である．

2.4　球面三角形の関係式

球面三角法（spherical trigonometry）は多くのEW局面で役立つツールであり，まさに第11章のEWのモデリングとシミュレーションの検討においては不可欠である．

2.4.1　EWにおける球面三角法の役割

球面三角法は3次元問題を処理する一つの手段であり，センサの「視点」から空間的関係を扱うのに好都合である．例えば，レーダアンテナには，一般に

目標の方向を明示する仰角（elevation; 高角; 高低角）および方位角（azimuth; 方位）がある．他の例としては，航空機搭載アンテナのボアサイト（boresight）の方位決定が挙げられる．球面三角法は，アンテナの航空機搭載に関連してボアサイトの方向を決めたり，ピッチ，ヨーおよびロールで航空機の姿勢を明示したりするのに実際に役立つ．別の例として，任意の速度ベクトルで飛行する2機の航空機に送信機と受信機が搭載されている場合の，ドップラシフト（Doppler shift）量の測定が挙げられる．

2.4.2 球面三角形

球面三角形（spherical triangle）は単位球すなわち半径1の球で定義される（図2.8を参照）．この球の原点（中心）は，航法問題では地球の中心に，ボアサイトからの角度問題ではアンテナの中心に，さらに交戦シナリオ（engagement scenario）では航空機または武器の中心に置かれる．もちろん無数の応用があるが，単位球の中心はそれぞれに対して，三角法の計算結果が所望の情報をもたらす位置に置かれる．

球面三角形の「辺」は，単位球の大円，つまり球の中心を通る平面と球表面との交線でなければならない．三角形の「角」は，これらの平面の交差角の角度である．球面三角形の「辺」および「角」は双方ともに度で測定される．

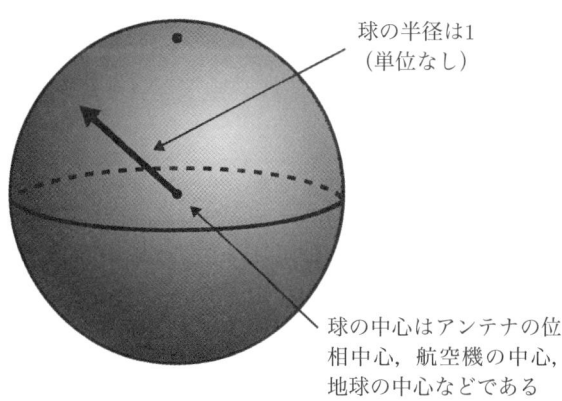

図 2.8　球面三角法は単位球における関係に基づいている．単位球の原点（中心）は，解決すべき問題に適切なある点に置かれる．

「辺」の大きさとは，辺の2端点が単位球の中心に対してなす角のことである．標準的な用語法では，図2.9に示すように，辺は小文字で表記され，角はその角と対向する辺を表す文字と同じ字の大文字で表記される．

平面三角形の性質のいくつかは球面三角形に適用できないことを理解することが大切である．例えば，球面三角形の三つの「角」すべてが90°になりうる．

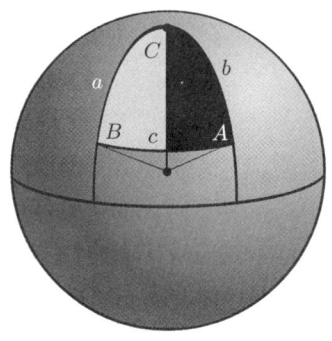

図2.9 球面三角形は球の大円を形成する三つの「辺」を持つ．また，これらの大円を含む平面が交差する角と等しい三つの「角」を持つ．

2.4.3 任意の球面三角形における三角法の関係式

三角関数の公式はたくさんあるが，EW用途で一般に最も使用される三つの公式は，正弦定理（law of sines），角の余弦定理（law of cosines for angles）および辺の余弦定理（law of cosines for sides）である．これらは次のように定義される．

- 球面三角形の正弦定理

$$\frac{\sin a}{\sin A} = \frac{\sin b}{\sin B} = \frac{\sin c}{\sin C}$$

- 辺の余弦定理

$$\cos a = \cos b \cos c + \sin b \sin c \cos A$$

- 角の余弦定理

$$\cos A = -\cos B \cos C + \sin B \sin C \cos a$$

言うまでもなく，a はここで説明している三角形の任意の辺であり，A はその辺の対角である．これらの三つの公式は，対応する平面三角形の公式と似ていることに気づくだろう．

$$\frac{a}{\sin A} = \frac{b}{\sin B} = \frac{c}{\sin C}$$
$$a^2 = b^2 + c^2 - 2bc\cos A$$
$$a = b\cos C + c\cos B$$

2.4.4　直角球面三角形

図 2.10 に示すように，直角球面三角形（right spherical triangle）は一つの 90° の「角」を持つ．この図は，航法問題において地球表面上のある点の緯度・経度を表す方法を説明した図であり，多くの EW の応用問題も，同じような直角球面三角形を用いて解析できる．

直角球面三角形では，ネイピアの法則（Napier's rule）から導かれる一組の簡単な三角形の公式を利用することができる．図 2.11 において 5 分割された円は，90° の角を除いて，直角球面三角形のすべての要素を含んでいることに注意する必要がある．また，要素のうちの三つは，頭に "co-"（余）がついていることに注意しよう．これは，ネイピアの法則において，三角形の要素の三角関数はその余関数に変換されなければならないことを意味している（すなわち，正弦が余弦になるなど）．

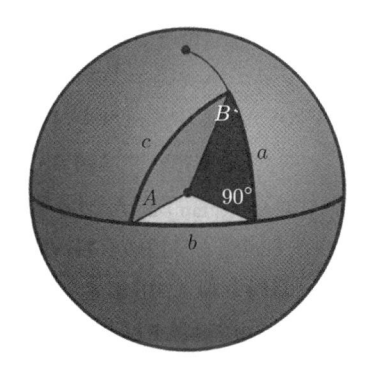

図 2.10　直角球面三角形は一つの 90° の「角」を持つ．

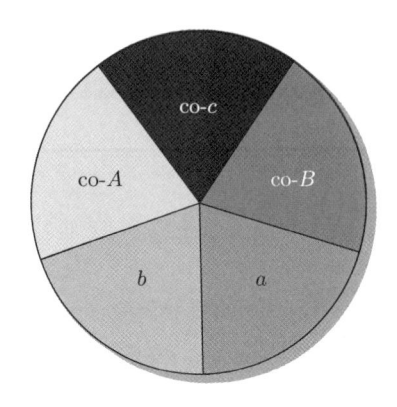

図 2.11 直角球面三角形に関するネイピアの法則により，5 分割されたこの円に関連する簡単な公式が使える．

ネイピアの法則は次のとおりである．

① 五つのうちのある要素の正弦は，隣接する二つの要素の正接に等しい．
② 五つのうちのある要素の正弦は，隣接しない残りの二つの要素の余弦の積に等しい．

ただし，"co-" がついているものについては，正弦と余弦，正接と余接が入れ替わる．

ネイピアの法則から導かれる公式のいくつかの例を次に示す．

$$\sin a = \tan b \cot B$$
$$\cos A = \cot c \tan b$$
$$\cos c = \cos a \cos b$$
$$\sin a = \sin A \sin c$$

例えば，第 1 式は次のように導かれる．要素 a の正弦を求めるため，法則 ① により，隣接する二つの要素を見ると，b と co-B である．正接をとるとき後者は余接になるので，$\tan b$, $\cot B$ となる．

実際の EW 問題で球の取り扱いを含む数式を使用する場合，直角球面三角形を含むように問題を立てることができるならば，その数式はこれらの公式によって非常に単純になる．

2.5 EW への球面三角法の適用

2.5.1 方位角のみを測定する方探システムにおける仰角に起因する誤差

方探システム (DF system) は，信号の到来方位角のみを測定するように設計されている．しかしながら，電波源が存在すると方探センサが仮定した平面の外に，信号が位置している可能性がある．水平面より上方にある電波源の仰角の関数として読み取った方位角における誤差はどれほどになるだろうか？

この例では簡単な振幅比較 (amplitude comparison) 方探システムを仮定する．方探システムは基準方向 (一般にアンテナ基線 (baseline) の中央) と信号到来方向 (direction of arrival; DOA) との間の実際の角度を測定する．方位角のみを測角するシステムにおいては，この測定角度 (に基準方位角を加算した角度) が到来方位角として報告される．

図 2.12 に示すように，測定角は真の方位角と仰角を持つ直角球面三角形を形成する．真の方位角は次のとおり決まる．

$$\cos(Az) = \frac{\cos(M)}{\cos(El)}$$

方位角の計算における実際の仰角の関数としての誤差は，次のようになる．

$$\text{Error} = M - \arccos\left[\frac{\cos(M)}{\cos(El)}\right]$$

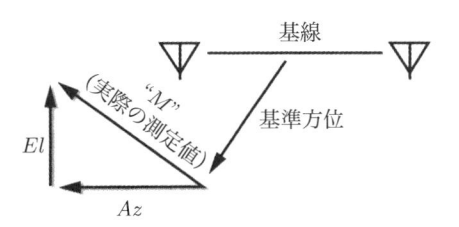

図 2.12　一般の方探システムは，信号の到来方向と基準方位の間の角度を測定する．

2.5.2　ドップラシフト

　送信機と受信機の双方が移動している．双方ともに任意の方向の速度ベクトルを持つ．ドップラシフト（Doppler shift）は送信機と受信機の間の距離変化率の関数である．二つの速度ベクトルの関数として距離変化率を求めるには，各速度ベクトルと，送信機と受信機を結ぶ直線とがなす角を決める必要がある．そのとき距離変化率は，送信機の速度にこの角（送信機における角）の余弦を掛け，さらに受信機の速度にこの角（受信機における角）の余弦を掛けた値を加える．

　送信機と受信機を，y 軸が北，x 軸が西，z 軸が上の直交座標系に配置しよう．送信機は X_T, Y_T, Z_T に，受信機は X_R, Y_R, Z_R に位置する．速度ベクトルの方向は，図 2.13 に示すように，仰角（xy 平面の上または下）および方位角（xy 平面内の北から時計回りの角）となる．平面三角法により（送信機からの）受信機の方位角および仰角が求まる．

$$Az_R = \arctan\left[\frac{X_R - X_T}{Y_R - Y_T}\right] \tag{2.1}$$

$$El_R = \arctan\left\{\frac{Z_R - Z_T}{\text{SQRT}\,[(X_R - X_T)^2 + (Y_R - Y_T)^2]}\right\} \tag{2.2}$$

　ここで，図 2.14 に示すような，送信機における角度変換を考えよう．この図は送信機に原点を持つ球の上にある一組の球面三角形である．N は北の方向，V は速度ベクトルの方向，R は受信機の方向である．北方向に対する速度ベクトルの角は，速度ベクトルの方位角と仰角で形成される直角球面三角形に

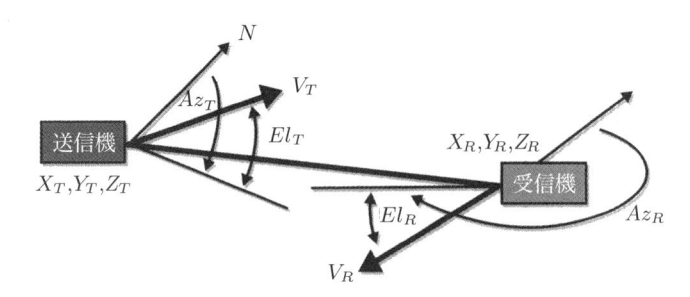

図 2.13　一般のドップラシフトの計算においては，送信機と受信機の双方が任意の方向の速度ベクトルで運動できる．

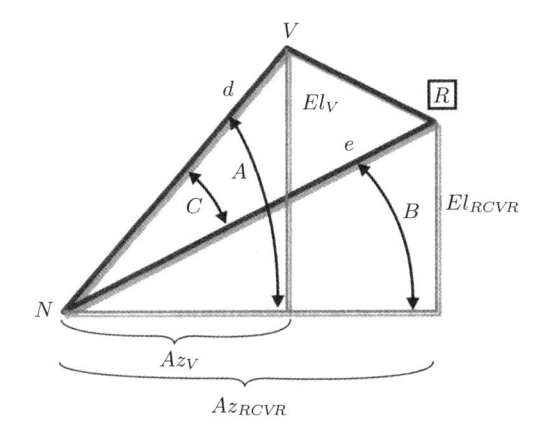

図 2.14 送信機に原点を持つ単位球の上には，速度ベクトルの方位角と仰角，および（送信機から見た）受信機の方位角と仰角で形成される二つの直角球面三角形がある．

より決定できる．同様に，北方向に対する受信機の方向角も，受信機の方位角と仰角で形成される直角球面三角形により決定できる．

$$\cos(d) = \cos(Az_V)\cos(El_V)$$
$$\cos(e) = \cos(Az_{RCVR})\cos(El_R)$$

Az_{RCVR} および El_{RCVR} は，次項に示す方法で決まる．

角 A, B は次式から決定できる．

$$\cot(A) = \frac{\sin(Az_V)}{\tan(El_V)}$$
$$\cot(B) = \frac{\sin(Az_{RCVR})}{\tan(El_R)}$$
$$C = A - B$$

次いで，辺の余弦定理を用いて，N, V, R で形成される球面三角形から，送信機の速度ベクトルと受信機方向とがなす角が次のように求まる．

$$\cos(VR) = \cos(d)\cos(e) + \sin(d)\sin(e)\cos(C)$$

ところで，送信機の速度ベクトルの受信機方向の成分は，速度に $\cos(VR)$ を乗算すると求まる．受信機から見てこれと同じ演算を行うと，受信機の速度ベクトルの送信機方向の成分が決定する．二つの速度ベクトルを加えると，送信

機と受信機の間の距離変化率 V_{REL} が求まる．そこで，次式からドップラシフトが求まる．

$$\Delta f = f \frac{V_{REL}}{c}$$

2.5.3　3次元空間での交戦における観測角

3次元空間に二つの物体を仮定し，目標を T，機動中の航空機を A とする．A のパイロットは航空機のロール軸方向を向き，ヨー平面に垂直に着座している．パイロットの視点から見た T の水平方向および垂直方向の観測角（observation angle）はどれほどであろうか？ これは，ヘッドアップディスプレイ（head-up display; HUD）上のどこに脅威シンボルを置くかを決定するために解くべき問題である．

図 2.15 に 3 次元の交戦（3-D engagement）領域における目標と航空機を示す．目標は X_T, Y_T, Z_T に位置し，航空機は X_A, Y_A, Z_A に位置する．ロール軸は交戦領域の座標系（coordinate system）に相対するその軸の方位角および仰角で定義される．航空機の位置から見た目標の方位角および仰角は，式 (2.1) および式 (2.2) にあるとおり，次のように決まる．

$$Az_T = \arctan\left[\frac{X_T - X_A}{Y_T - Y_A}\right]$$

$$El_T = \arctan\left\{\frac{Z_T - Z_A}{\text{SQRT}\left[(X_T - X_A)^2 + (Y_T - Y_A)^2\right]}\right\}$$

角が象限を変える際の不連続を解決する必要があることに注意しよう．

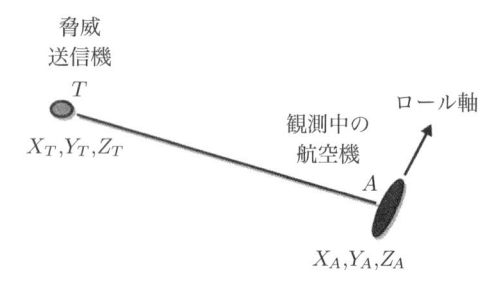

図 2.15　脅威送信機を，航空機搭載 ESM システムで観測している．

figure 2.16 の二つの直角球面三角形および一つの球面三角形により，ロール軸と目標 j との間の角距離の計算が可能となる．

$$\cos(f) = \cos(Az_T)\cos(El_T)$$
$$\cos(h) = \cos(Az_R)\cos(El_R)$$
$$\cot(C) = \frac{\sin(Az_T)}{\tan(El_T)}$$
$$\cot(D) = \frac{\sin(Az_R)}{\tan(El_R)}$$
$$J = 180° - C - D$$
$$\cos(j) = \cos(f)\cos(h) + \sin(f)\sin(h)\cos(J)$$

次に，角 E は次のように決まる．

$$\cot(E) = \frac{\sin(El_R)}{\tan(Az_R)}$$

角 F は正弦定理から次のように決まる．

$$\sin(F) = \frac{\sin(J)\sin(f)}{\sin(j)}$$

次いで，航空機における局地垂直線からの脅威のオフセット角は，次式で与えられる．

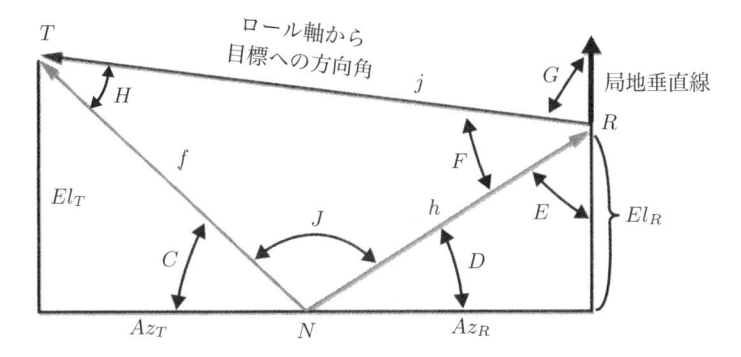

$$G = 180° - E - F$$

図 2.16 航空機に原点を持つ単位球の上には，目標 T およびロール軸 R の方位角と仰角で形成される二つの直角球面三角形がある．

最後に，図 2.17 に示すように，HUD 上の脅威シンボルの位置はディスプレイの中心から角距離 j だけ離れており，また角 G と航空機の垂直線からのロール角度との和だけ，HUD 上で垂直線から外れている．

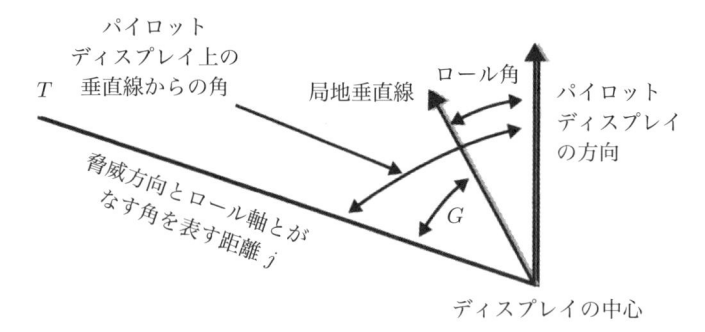

図 2.17 オペレータ画面上の脅威表示シンボルの位置は，ロール軸からの角距離，および脅威位置と局地垂直線の間のオフセット角と航空機のロールに起因するオフセット角との和で決まる．

第3章
アンテナ

　本章の目的は，読者をアンテナ分野の専門家にすることではない．むしろ，目的はアンテナ一般と各種アンテナの役割や機能について理解してもらうことである．そしてもう一つ，読者にアンテナパラメータ（antenna parameter）のトレードオフについて認識してもらうことである．本章の考察を経た後には，アンテナの仕様決定や選定ができ，また，この高度に専門化した分野で経歴を積んだ専門家と，完全ではないが満足のいく程度に，知的な議論ができるようになるはずである．

3.1　アンテナの各種パラメータとその定義

　アンテナはいろいろな意味でEWシステムやEW適用業務に強い影響を与える．受信システムでは，アンテナはその機能として利得と指向性を備えている．各種方探システムでは，アンテナパラメータは到来方向を見つけるデータ源になる．妨害システムでは，アンテナはその機能として利得と指向性を備えている．脅威電波源，特にレーダでは，送信アンテナの利得パターンと走査特性が，脅威信号を識別する重要な手段を与える．脅威電波源のアンテナの走査と偏波（polarization; PL）によって，何らかの欺まん的電子妨害の実行も可能になる．

　本章では，各種アンテナのパラメータとその一般的な適用例を取り上げ，各種アンテナを，アンテナが果たすべき役割に適合させるための手引きを提供するとともに，各種アンテナパラメータのトレードオフのための簡単な公式をいくつか提示する．

3.1.1 まずは定義

アンテナとは，電気信号（すなわち，ケーブル内の信号）を電磁波（すなわち，「空間波」として放射される信号）に変換するか，あるいはその逆を行う装置のどれをもいう．アンテナは，それらが処理する信号の周波数およびアンテナの動作パラメータに応じて，その規模や設計が非常に多岐にわたる．機能的には，どのアンテナも信号を送信または受信可能である．とはいえ，高出力送信用に設計されたアンテナは，大電力を扱えなければならない．アンテナの一般的な性能パラメータを表3.1に示す．

表3.1 一般的に用いられるアンテナの性能パラメータ

項目	定義
利得	信号がアンテナで処理されるときの信号強度の増加（一般にdB単位で記す）．利得は正または負の値をとりうること，また等方性アンテナの利得は1であり，それは利得0dBとも記せることに注意しよう．
周波数範囲	アンテナが信号を送信または受信でき，また，適切なパラメータ性能を提供できる周波数の範囲．
帯域幅	周波数を単位にしたアンテナの周波数幅．これをしばしば帯域幅率（100% ×（最高周波数－最低周波数）/ 平均周波数）で記す．
偏波	送信または受信された電界（E）波および磁界（H）波の向き．主として，垂直，水平，あるいは右旋または左旋であり，これらは（任意角度の）傾斜偏波または楕円偏波にもなりうる．
ビーム幅	通常は度単位の，（図3.1に定義する）アンテナの角度覆域．
効率	アンテナビームが覆う球面積から放射または受信される信号電力の，送信または受信される電力の理論値に対する百分率．

3.1.2 アンテナビーム

EW全分野の中で最も重要な（そして誤解の多い）領域の一つは，アンテナビーム（antenna beam）を定義する各種パラメータと関係がある．いくつかのアンテナビームの定義は図3.1の（1平面内の）アンテナ振幅パターンで説明

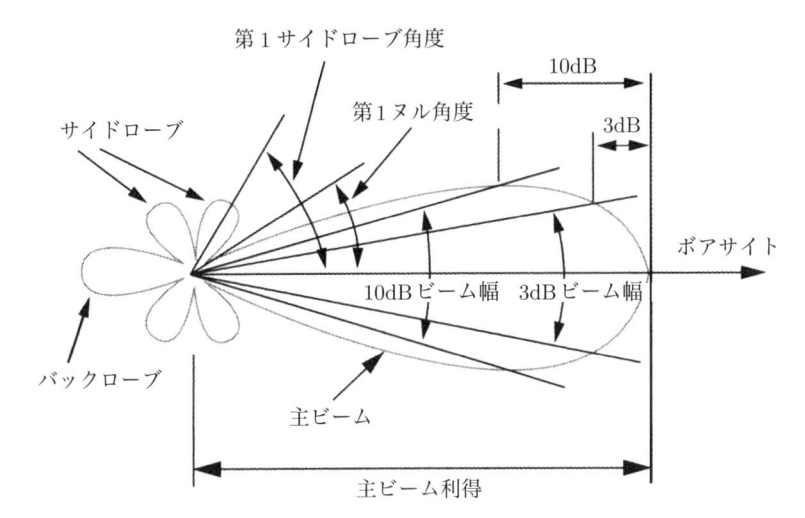

図 3.1 アンテナパラメータの定義はアンテナ利得パターンの幾何的形状に基づいている．

できる．パターンは，垂直パターン，水平パターンのいずれでもかまわない．また，アンテナを含む他のどの平面内のパターンでもかまわない．この種のパターンは，壁からの信号の反射を抑えるように設計された電波暗室（anechoic chamber）内で作成される．測定対象アンテナが，固定された試験アンテナからの信号を受信しながら 1 平面内で回転し，試験アンテナに対する対象アンテナの相対方位の関数として受信電力が記録される．

- **ボアサイト**（boresight）：アンテナが指向するように設計された方向のこと．これは通常，最大利得の方向であり，その他の角度に関するパラメータは一般にボアサイトに対して規定される．
- **主ビーム**（main lobe）：アンテナの主となる，すなわち最大利得のビーム．このビームの形状は，ビームの利得対ボアサイトからの角度として規定される．
- **ビーム幅**（beamwidth）：これは（通常，角度単位の）ビームの幅であり，利得がある量だけ減少するボアサイトからの角度で規定される．他に資料が与えられなければ，ビーム幅は通常，3dB ビーム幅（電力半値幅）

をいう．

- **3dB ビーム幅**（3-dB beamwidth）：アンテナ利得がボアサイトの利得の半分に低下（すなわち，利得が 3dB 低下）する（1 平面内の）両側の角度の幅．すべてのビーム幅は，「両側」の値であることに注意しよう．例えば，$10°$ の 3dB ビーム幅を持つアンテナでは，利得がボアサイトから $5°$ の点で 3dB 低下するので，二つの 3dB 点は $10°$ 離れていることになる．

- **n dB ビーム幅**（n dB beamwidth）：ビーム幅は任意の利得低下レベルに対して規定することができる．図 3.1 では 10dB ビーム幅が示されている．

- **サイドローブ**（side-lobe）：アンテナには，図に示すように希望外のビームが複数ある．バックローブは主ビームと反対方向にあり，サイドローブはそのほかの角度にある．

- **第 1 サイドローブ角度**（angle to the first side lobe）：主ビームのボアサイトと第 1 サイドローブの最大利得方向とがなす角度．これは片側の値であることに注意しよう（ビーム幅は両側を，サイドローブは片側を指していることを理解していない人は，第 1 サイドローブ角度が主ビームのビーム幅以下である表を見ると気が変になる）．

- **第 1 ヌル角度**（angle to the first null）：ボアサイトと，主ビーム－第 1 サイドローブ間で利得が最小となる点とがなす角度．これも片側の値である．

- **サイドローブ利得**（side-lobe gain）：これは通常，主ビームのボアサイト利得に対する相対利得（大きな負の dB 値）で与えられる．アンテナはある特定のサイドローブレベルに合わせて設計されていない，すなわち，サイドローブは悪いものと見なされているので，メーカーではある特定のレベル以下になるよう保証している．その一方で，EW や偵察の考え方からは，傍受したい信号を送信しているアンテナのサイドローブレベルを知ることは大事である．EW 受信システムでは「0dB サイドローブ」を受信するように設計されることが多い——つまり，サイドローブは主ローブの利得からその利得分だけ低いことになる．例えば，アンテナのボアサイトがわれわれの受信アンテナを直接指していても，40dB 利得

アンテナの "0dB" サイドローブは，観測値より 40dB 低い電力で送信していることになるのである．

3.1.3　さらにアンテナ利得について

アンテナ利得を受信信号強度（received signal strength）に正しく加算するために，実際には当てはまるわけではないが，「空間波として放射される」信号の強度を dBm で表す必要がある．第 2 章で説明したように，実際には，dBm は回路の中だけで起こる mW 単位の電力の対数表現である．送信信号の強度は，より正確には電界強度の $\mu V/m$ で表され，全アンテナを合わせた受信機の感度も，多くの場合 $\mu V/m$ で表される．そこに dBm と $\mu V/m$ の変換に便利な公式を適用することができる．

3.1.4　偏波について

EW から見た偏波の最も重要な影響は，アンテナの偏波が受信信号の偏波と一致していない場合，アンテナの受信電力が減少するということである．概して（常にそうとは限らないが），直線偏波アンテナは偏波方向に直線の形状を持つ（例えば，垂直偏波アンテナはどちらかと言えば垂直となる）．円偏波アンテナは，円形または十字交差形となる傾向があり，右旋（right-hand circular; RHC）偏波または左旋（left-hand circular; LHC）偏波のいずれかになる．各種偏波の一致具合に対応する利得低下量を図 3.2 に示す．

EW の偏波に関する大事な秘訣の一つは，偏波方向が未知の直線偏波信号を受信するためには円偏波アンテナを用いることである．常に 3dB を失うことになるが，交差偏波の場合に生じるであろう 25dB の損失を回避することができる．受信信号がどのような偏波でも（すなわち，どのような直線偏波またはいずれに旋回する円偏波でも），左旋偏波（LHC）および右旋偏波（RHC）アンテナで迅速に測定して強いほうの信号を選択するのが，一般的なやり方である．交差偏波アンテナにおける 25dB という値は，（たいてい広い周波数範囲をカバーする）EW システムに共通する種類のアンテナにとっては標準的な値である．狭帯域（narrowband）アンテナ（例えば，通信衛星回線）では，30dB

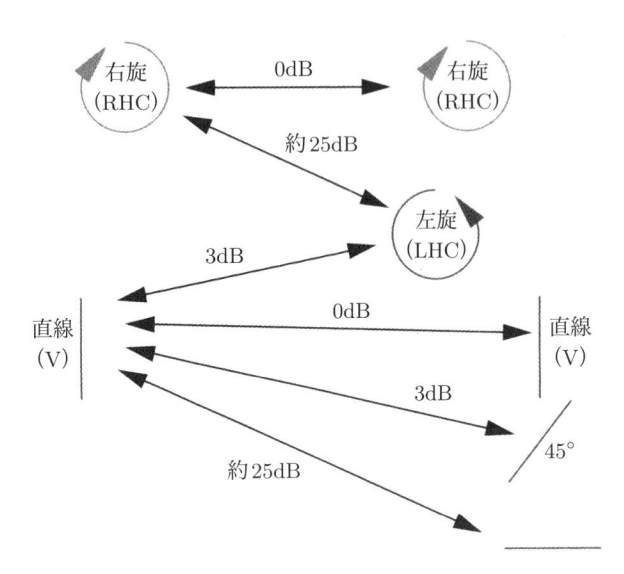

図 3.2 交差偏波損失は，0dB からおよそ 25dB の範囲である．3dB 損失はどの直線偏波と円偏波の間においても適用されることに注意しよう．

以上の交差偏波アイソレーション（cross-polarization isolation）になるように，周到に設計することができる．レーダ警報受信システムの小型の円偏波アンテナでは，わずか 10dB の交差偏波アイソレーションしか持ち得ない．

3.2 アンテナの種類

EW 用途に使用されるアンテナには多くの種類がある．それらは覆域，利得の大きさ，偏波，そして物理的寸法および形状特性の点で異なる．最良のアンテナ形式の選択は用途に大きく依存しており，多くの場合，その他のシステム設計諸元に対する強い影響について，性能の厳しいトレードオフ評価が求められる．

3.2.1 機能発揮のためのアンテナの選択

EW のどのような具体的用途にも対応するため，アンテナは所要の覆域，偏波および周波数帯域幅（bandwidth; BW）を備えていなければならない．表 3.2 に，アンテナの一般的な性能をパラメータとしたアンテナ選択の手引きを示

表 3.2 送信用・受信用ともにアンテナの種類の選択は，覆域，偏波および周波数範囲に基づいて行われる．

覆域	偏波	周波数帯域幅	アンテナの種類
360°全方位	直線	狭	ホイップ，ダイポール，またはループ
		広	バイコニカル，または卍形
	円	狭	ノーマルモードヘリカル
		広	リンデンブラード，または4素子コニカルスパイラル
指向性	直線	狭	八木，ダイポール素子アレイ，またはホーンフィードパラボラ反射鏡
		広	対数周期，ホーン，または対数周期フィードパラボラ反射鏡
	円	狭	軸モードヘリカル，ポラライザ付きホーン，またはクロスダイポールフィードパラボラ反射鏡
		広	キャビティバックスパイラル，コニカルスパイラル，またはスパイラルフィードパラボラ反射鏡

す．この表では，覆域を単に「360°全方位」と「指向性」に区分している．360°全方位の覆域を持つアンテナは多くの場合「無指向性」と呼ばれるが，これは必ずしも正確ではない．無指向性アンテナは矛盾のない球形の覆域を持っているのに対して，この種のアンテナは限られた仰角覆域しか持っていない（一部はさらに覆域が制限される）．それでも常に「どの方向」からの信号でも受信する，あるいは全方向に信号を送信することが望まれる（あるいは許容しうる）ほとんどの用途に対して，この種のアンテナは十分に「全方位性」を持つ．指向性アンテナは方位と仰角の両方に限られた覆域を提供する．指向性アンテナは所望の送信機または受信機位置の方向に向けなければならないので，概して360°タイプより高利得である．指向性アンテナのその他の長所は，不要信号の受信レベルが大幅に低減されること，あるいは，敵の各受信機に交互に実効放射電力を送信できることである．

この表は次に偏波で区分し，最後に周波数帯域幅 (frequency bandwidth)（単

に狭いか広いか）で区別している．ほとんどの EW 用途における「広」帯域幅とは，オクターブあるいはそれ以上（時にはさらにそれ以上）を意味している．

3.2.2　各種アンテナの一般的特徴

図 3.3 は EW 用途に使用される各種アンテナのパラメータを要約した簡便な図である．左欄の略図は，アンテナの種類ごとに物理的特徴を示している．中央の欄は，アンテナの種類に応じたごく一般的な仰角と方位角に対する利得パターンである．これらの曲線の一般的形状だけが有用である——その種類の具体的なアンテナ利得パターン（antenna gain pattern）は，その設計で決まる．右欄は予想される一般的仕様の要約である．パラメータ値の見込まれる範囲はもっと広いので，「一般的」という言葉はここでは重要である．例えば，理論上は任意の周波数範囲において任意のアンテナ種類が使えるかもしれない．しかしながら，物理的寸法，設置および用途を現実的に考慮すると，その「一般的」周波数範囲において特定のアンテナの種類を使用することになる．

3.3　パラボラアンテナにおけるパラメータのトレードオフ

EW（および他の多くの）用途で使用される，最も融通のきくアンテナの種類の一つに，パラボラ反射鏡がある．放物曲線は，一点（焦点）からの光線が平行線となるように反射する曲線と定義されている．パラボラ反射鏡の焦点に（フィードと呼ばれる）送信アンテナを置くことによって，パラボラ反射鏡に当てる全信号電力を（理論的に）同じ方向に向けることができる．理想的なフィードアンテナは，信号の全エネルギーをパラボラ反射鏡に放射する（実際，エネルギーの約 90% をパラボラ反射鏡面に送信すると，ほとんどの実用目的にとって十分理想的と考えられている）．実際のアンテナパターン（antenna pattern）は，ある角度でその曲線がなだらかに下降する一つの主ビームと，一つのバックローブ，複数のサイドローブを生成する．

アンテナの反射器の寸法，動作周波数，効率，アンテナ有効開口面積，および利得の間には何らかの関係がある．この関係を以下に示す．

3.3 パラボラアンテナにおけるパラメータのトレードオフ

アンテナ種類	利得パターン	一般的な仕様
ダイポール	仰角／方位角	偏波：垂直 ビーム幅：$80°×360°$ 利得：2dB 帯域幅：10% 周波数範囲：0〜マイクロ波
ホイップ	仰角／方位角	偏波：垂直 ビーム幅：$45°×360°$ 利得：0dB 帯域幅：10% 周波数範囲：HF〜UHF
ループ	仰角／方位角	偏波：水平 ビーム幅：$80°×360°$ 利得：-2dB 帯域幅：10% 周波数範囲：HF〜UHF
ノーマルモードヘリカル	仰角／方位角	偏波：水平 ビーム幅：$45°×360°$ 利得：0dB 帯域幅：10% 周波数範囲：HF〜UHF
軸モードヘリカル	仰角および方位角	偏波：円 ビーム幅：$50°×50°$ 利得：10dB 帯域幅：70% 周波数範囲：UHF〜マイクロ波低域
バイコニカル	仰角／方位角	偏波：垂直 ビーム幅：$20°×100°×360°$ 利得：0〜4dB 帯域幅：4〜1 周波数範囲：UHF〜ミリ波
リンデンブラード	仰角／方位角	偏波：円 ビーム幅：$80°×360°$ 利得：-1dB 帯域幅：2〜1 周波数範囲：UHF〜マイクロ波
卍形	仰角／方位角	偏波：水平 ビーム幅：$80°×360°$ 利得：-1dB 帯域幅：2〜1 周波数範囲：UHF〜マイクロ波
八木	仰角／方位角	偏波：水平 ビーム幅：$90°×50°$ 利得：5〜15dB 帯域幅：5% 周波数範囲：VHF〜UHF
対数周期	仰角／方位角	偏波：垂直または水平 ビーム幅：$80°×60°$ 利得：6〜8dB 帯域幅：10〜1 周波数範囲：HF〜マイクロ波

アンテナ種類	利得パターン	一般的な仕様
キャビティバックスパイラル	仰角および方位角	偏波：右旋および左旋水平 ビーム幅：$60°×60°$ 利得：-15dB（最低f）$+3$dB（最高f） 帯域幅：9〜1 周波数範囲：マイクロ波
コニカルスパイラル	仰角および方位角	偏波：円 ビーム幅：$60°×60°$ 利得：5〜8dB 帯域幅：4〜1 周波数範囲：UHF〜マイクロ波
4素子コニカルスパイラル	仰角／方位角	偏波：円 ビーム幅：$50°×360°$ 利得：0dB 帯域幅：4〜1 周波数範囲：UHF〜マイクロ波
ホーン	仰角／方位角	偏波：直線 ビーム幅：$40°×40°$ 利得：5〜10dB 帯域幅：4〜1 周波数範囲：VHF〜ミリ波
ポラライザ付きホーン	仰角／方位角	偏波：円 ビーム幅：$40°×40°$ 利得：4〜10dB 帯域幅：3〜1 周波数範囲：マイクロ波
パラボラ反射鏡	仰角および方位角	偏波：フィードによる ビーム幅：$0.5°〜30°$ 利得：10〜55dB 帯域幅：フィードによる 周波数範囲：UHF〜マイクロ波
フェーズドアレイ	仰角／方位角	偏波：素子による ビーム幅：$0.5°〜30°$ 利得：10〜40dB 帯域幅：素子による 周波数範囲：VHF〜マイクロ波

図 3.3　アンテナの各種類には，特有の利得パターンと一般的な仕様がある．したがって，種類ごとの個別のアンテナのパターンと仕様は，その詳細設計で決まる．

3.3.1 利得対ビーム幅

効率 55% のパラボラアンテナ (parabolic antenna) の利得対ビーム幅 (gain versus beamwidth) の関係を，図 3.4 に示す．この効率は比較的狭い周波数帯域 (約 10%) を動作範囲とする市販のアンテナに求められる効率である．EW や偵察用途でよく使用される (オクターブあるいはそれ以上の) 広帯域アンテナでは，効率は 55% に満たない．ビームは方位方向および仰角方向に対称であると仮定している．この図を使用するには，直線をアンテナビーム幅から図の直線に向けて上へ引き，次に dB 単位の利得に向けて左へ引く．

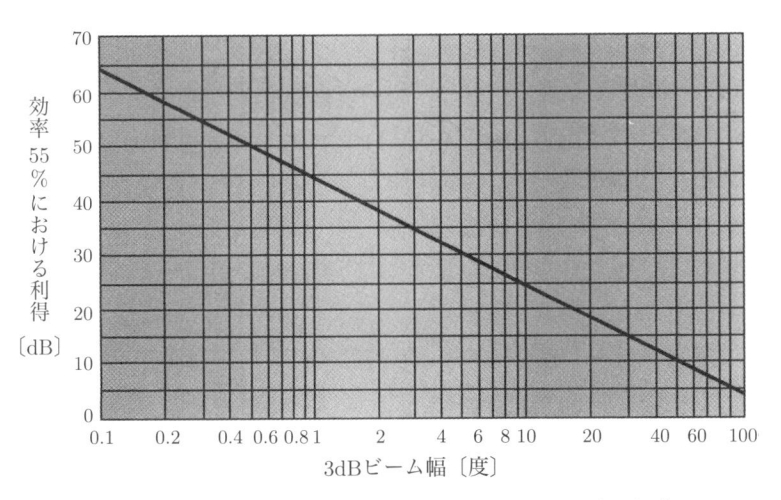

図 3.4 どの種類のアンテナにも，利得対ビーム幅が明確に規定されたトレードオフがある．この図は，効率 55% のパラボラアンテナの利得対ビーム幅を示す．

3.3.2 アンテナ有効開口面積

図 3.5 は動作周波数と，アンテナボアサイト利得，アンテナ有効開口面積の関係を示すノモグラフである．図中の直線は，有効開口面積 $1m^2$ の等方性アンテナ (利得 0dB) の場合を示している．この関係は約 85MHz で生じることがわかる．このノモグラフの方程式は，

$$A = 38.6 + G - 20\log(F)$$

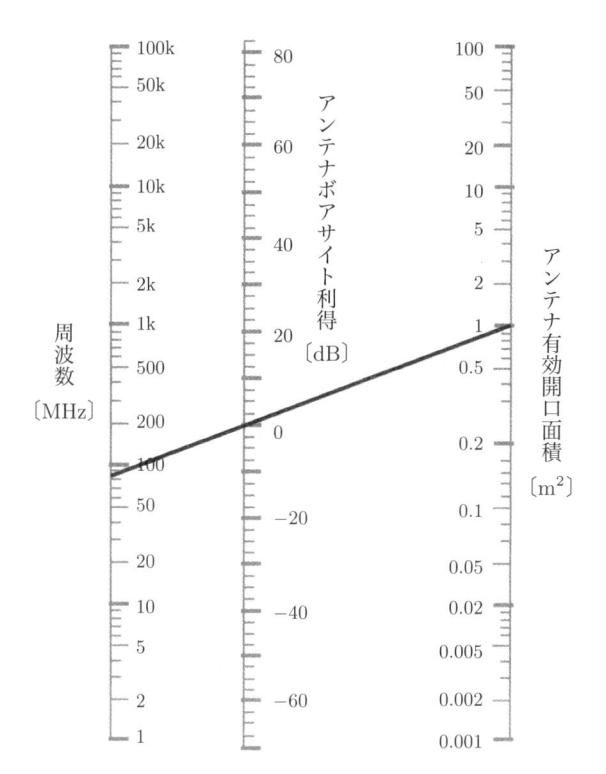

図 3.5　あるアンテナの有効開口面積は，そのアンテナの利得と動作周波数との関数である．

となる．ここで，A は dBsm 単位（すなわち，$1m^2$ と比較した dB 値）の面積，G はボアサイト利得〔dB〕，F は動作周波数〔MHz〕である．

3.3.3　直径と周波数の関数としてのアンテナ利得

図 3.6 は，アンテナの直径と動作周波数からアンテナ利得を決めるために使うノモグラフである．この図は特に効率 55% のアンテナの場合であることに注意しよう．図中の直線は，直径が 0.5m で効率 55% のアンテナが 10GHz において約 32dB の利得を持つことを示している．このノモグラフは，パラボラ反射鏡の表面が動作周波数における波長に比して十分小さい誤差の放物線であることを前提としている．そうでなければ利得は低下する．このノモグラフの

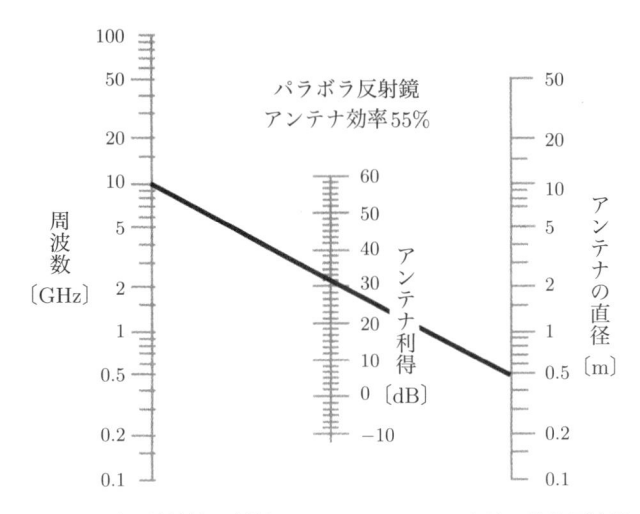

図 3.6　パラボラ反射鏡の利得は，そのアンテナの直径，動作周波数，およびアンテナ効率との関数である．このノモグラフは効率 55% の場合である．

方程式は，

$$G = -42.2 + 20\log(D) + 20\log(F)$$

となる．ここで，G はアンテナ利得〔dB〕，D は反射器の直径〔m〕，F は動作周波数〔MHz〕である．

アンテナメーカー数社の営業所に電話するか手紙を書けば，このトレードオフを（いくらかでも効率良く）行うのに使える手軽な計算尺を提供してもらえる（それらは一般に宣伝用の無料配布物である）．これらの計算尺にはその他の役立つ情報も含まれていて，使うのが楽しい．

表 3.3 はアンテナ効率 (antenna efficiency) に応じた利得の修正を示す．図 3.4 および図 3.6 は効率 55% を前提としているので，この表は他の効率値について決めた利得値を修正するのに大いに役立つ．

3.3.4　非対称アンテナの利得

上記の説明はアンテナビームが対称である（すなわち，方位方向と仰角方向のビームが等しい）ことを前提としている．非対称なパターンを持つ効率

表 3.3 効率 55% から他の効率へのアンテナ利得への修正

アンテナ効率	利得の修正量（効率 55% に対して）
60%	+0.4dB
50%	−0.4dB
45%	−0.9dB
40%	−1.4dB
35%	−2.0dB
30%	−2.6dB

55% のパラボラ反射鏡の利得は，次式から決定することができる．

$$\text{利得（非 dB 単位）} = \frac{29{,}000}{\theta_1 \times \theta_2}$$

ここで，θ_1 および θ_2 は直交する二つの方向（例えば，垂直および水平）の 3dB ビーム幅角である．

当然，この利得は上式右辺の対数値を 10 倍することにより，dB 単位の利得に変換される．

この式は経験式であるが，利得が 3dB ビーム幅内へのエネルギー集中に等価であると仮定することにより，（かなり厳密に）式を導き出せる．したがって，利得は，球の表面積と，アンテナビーム覆域（効率 55% の要素を思い出そう）を表す二つの角に等しい（球の中心角によって表される）長軸および短軸を持つ球面上の楕円の内側の表面積との比と等価である．

3.4　フェーズドアレイアンテナ

多くの極めて実用的な理由から，フェーズドアレイアンテナ（phased array antenna）は，EW 分野にとってますます重要になりつつある．レーダにおいて，フェーズドアレイは，一つの目標から他の目標への瞬時の切り替えができ，多目標の捕捉や追尾ができる程度に効率を上げている．EW の観点からすれば，このことが受信信号強度の時刻歴（time history）解析から脅威レーダのアンテナパラメータを決定することを（一般に）不可能にしている．

フェーズドアレイを受信アンテナまたは妨害アンテナとして使用すると，EWシステムは，脅威レーダが享受するのと同じ柔軟性を得る．例えば，妨害装置は，自身の妨害能力を多数の脅威に割り当てたり，あるいは一つの脅威から他の脅威へ瞬時に切り替えたりすることができる．一部の用途では，同じアレイで受信と妨害を同時に実施することもできるであろう．

フェーズドアレイは，いわゆる「スマートスキン」(smart skin) 技術が航空機で実現すれば，EWにとって究極的な装備になるであろう．これは，航空機の機体表面の大部分またはすべてに，大規模フェーズドアレイを構成できるアンテナ素子部品を組み込もうという構想である．

フェーズドアレイのさらなる長所は，その形状を搭載する移動体に合わせた形状にすることができることである．航空機搭載の機械走査アンテナの空力問題を扱ってきた者は誰でも，機体表面の形状に合わせられるフェーズドアレイの能力を高く評価するであろう．パラボラアンテナを広い視角に指向できるようレドーム (radome; レーダアンテナ収容用ドーム) を拡張する要求を出すと，空力関係者は実に険悪なムードになる．

推測できるだろうが，これらの素晴らしい長所は（お金はもちろん，性能においても）対価なしでは手に入らない．以下はフェーズドアレイアンテナについての性能限界 (performance limitation) および設計制約条件に関する一般的ガイドラインである．詳細情報は，p.3に掲載したどの教科書にも示されている．

3.4.1 フェーズドアレイアンテナの動作

図3.7に示すように，フェーズドアレイは移相器がそれぞれに接続されたアンテナ群である．送信アンテナとして使用する場合，送信される信号はアンテナ群に分配され，各アンテナへの信号の位相は，選択したある方向から見たとき，すべての信号について同相になるように調節され，加算合成される．当然，その他のどの方向から見ても信号の位相は外れており，あまり加算合成されない．このようにしてアンテナビームが形成される．

受信アンテナアレイとして使用する場合，各移相器が選択した方向からの受信信号が信号合成器 (signal combiner) において同相加算されるようにする．

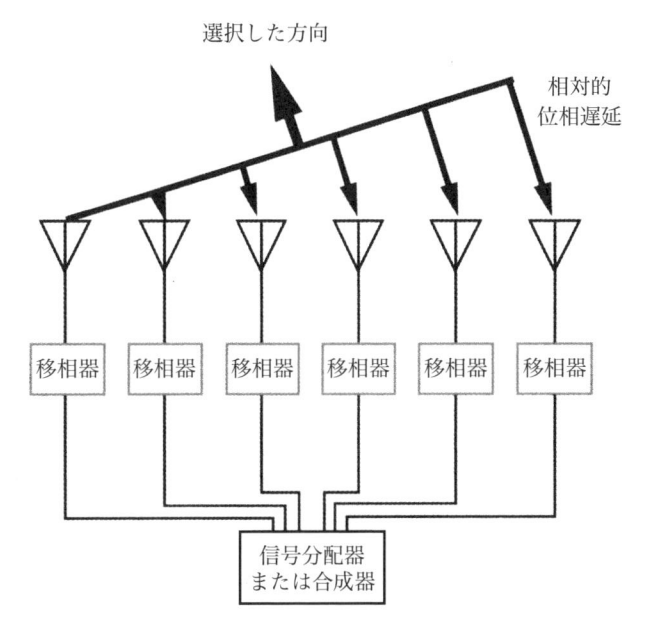

図3.7 フェーズドアレイアンテナは多数のアンテナ素子で構成され，各素子は個々に制御される移相器に接続されている．移相器は，選択したある方向からの到来信号の位相が信号合成器において同相加算されるように，あるいは逆に，すべての素子から送信された信号が，選択した角度から見たとき合成加算されるように，設定される．

各アンテナが一列に並んだ線形アレイ (linear array) があり，このアレイは移相器群により平面（例えば水平面）内で狭い指向性を有している．この場合，アレイのビーム幅はその平面内の移相器群だけで決まる．他の方向（例えば垂直方向）のビーム幅は，大きさに応じた個々のアンテナのビーム幅で決まる．

移相器により垂直および水平方向のビーム幅と走査の制御機能を供するよう，各アンテナが水平および垂直方向に配列された平面アレイ (planar array) もある．

位相シフトは，

$$距離遅延量 = 信号の波長 \times \frac{位相シフト}{360°}$$

に等しい距離遅延を起こすことがわかるであろう．

広い周波数帯域にわたる動作では，実際には，おそらく移相器群はいわゆる「実時間遅延」(true time delay) 装置であろうし，この装置が，信号周波数に依存しない物理的距離により信号を遅延させる．

他の種類のアンテナと同様に，フェーズドアレイは相互に作用するビーム幅と利得を有する．

3.4.2 アンテナ素子間隔

一般に，フェーズドアレイを構成する個々のアンテナは，図 3.8 に示すように，最高周波数において 1/2 波長の間隔が空いていなければならない．これによりアンテナのビーム走査時にアンテナ性能を低下させる「グレーティングローブ」(grating lobe) が回避される．

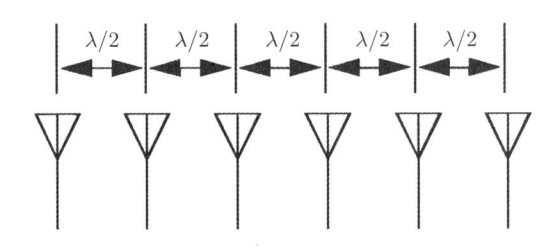

図 3.8　グレーティングローブを回避するため，アンテナ素子間隔は最高周波数において 1/2 波長を越えてはならない．

3.4.3 フェーズドアレイアンテナのビーム幅

1/2 波長間隔のダイポール素子を持つフェーズドアレイの 3dB ビーム幅は，次式で与えられる．

$$\text{ビーム幅} = \frac{102}{N}$$

ここで，N はアレイの素子数，ビーム幅の単位は度 (°) である．

例えば，素子数 10 の水平線形アレイのビーム幅は 10.2° である．これはアンテナ配列方向に垂直な方向のビーム幅である．より高利得のアンテナのアレイでは，そのビーム幅は素子のビーム幅を N で除算した値になる．

図 3.9 に示すように，このビーム幅はそのアレイのボアサイトからの走査角の余弦の割合で増加する．この例の 10.2° ビームの場合，ビームをボアサイトから 45° 走査すれば，ビーム幅は 14.4° にまで増加する．

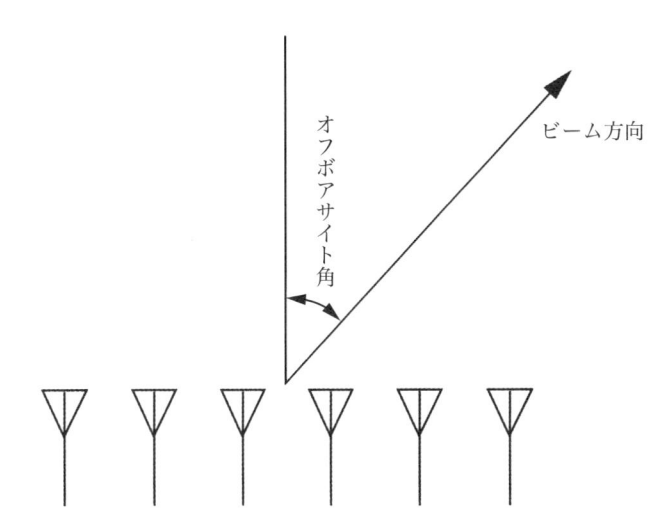

図 3.9 アレイの利得はオフボアサイト角の余弦に従って減少する．ビーム幅は同じ割合で増加する．

3.4.4 フェーズドアレイアンテナの利得

1/2 波長の素子間隔を持つフェーズドアレイの利得は，次式で与えられる．

$$G = 10\log_{10}(N) + Ge$$

ここで，G はアレイ利得（アンテナ配列方向に対し，90° 方向を指向したとき），N はアレイの素子数，Ge は個々の素子利得である．

例えば，各素子の利得が 6dB で，10 素子あったとした場合，アレイ利得は 16dB となる．図 3.9 をもう一度見てみよう．この利得はボアサイトからの角度の余弦の割合で減少する——ただし，これは利得係数であり，dB 単位の利得ではない．dB 単位では，利得の減少係数は，

$$10\log_{10}(\text{ボアサイトからの角度の余弦})$$

となる．

　ボアサイトから 45° の利得減少は，この場合 0.707 すなわち 1.5dB となる．

3.4.5　ビームステアリングの限界

　1/2 波長の素子間隔を持つフェーズドアレイは，ボアサイトから概ね 45° しかビーム走査ができない．もし各素子がより近接していれば（ボアサイト方向の利得は減少するが）60° までビーム走査ができる．

第4章

受信機

　受信機は，ほぼすべての電子戦システムにおいて重要な部位である．受信機には多くの種類があり，その特性が受信機の役割を決定する．本章では，まず，EW用途で最も重要な種類の受信機について説明する．次いで，単一用途に複数種の受信機を用いた受信機システムについて説明する．最後に，各種受信機の感度計算を取り上げる．

　理想的なEW受信機とは，常時，最良感度で，全周波数においてあらゆる種類の信号を探知できるものであろう．それは極めて強力な信号が存在する環境下であっても，極めて微弱な信号などの同時複数の信号を探知し復調することができるであろう．さらに，小型，軽量，低価格，かつ電力をほとんど消費しないものであろう．

　残念ながら，そのような受信機はまだ開発されていない．複雑なシステムの大多数では，予期される特定の信号環境で最善の結果を得るために，何種類かの受信機を組み合わせている．表4.1にEWシステムで使用される最も一般的な9種類の受信機と，それぞれの一般的特性を列挙する．また，表4.2には各種類ごとの具体的な能力を示す．

　一般に，クリスタルビデオおよび瞬時周波数測定（instantaneous frequency measurement; IFM）受信機は高密度パルス信号（pulsed signal）環境下で運用する低～中価格のシステムに使用される．両方とも広い周波数帯域の全域で動作するが，どのレベルでも同時複数信号を処理することはできない．したがって，受信周波数範囲のどこかに大電力の連続波（continuous wave; CW）信号があれば，パルスの受信能力は著しく低下する．また，これらの受信機は感度

表 4.1 EW システムで一般に使用される受信機の種類

受信機の種類	一般的特性
クリスタルビデオ	受信範囲が瞬時広帯域．低感度で選択度なし．主にパルス信号向き．
IFM	受信範囲，感度および選択度は，クリスタルビデオと同等．受信信号の周波数を測定する．
TRF	クリスタルビデオに類似．ただし，周波数分離可で感度がわずかに優れる．
スーパーヘテロダイン	最も一般的な種類の受信機．選択度および感度が良好．
固定同調	選択度および感度が良好．単一信号用．
チャネライズド	受信範囲が広帯域であると同時に選択度と感度を兼備．
ブラッグセル	受信範囲が瞬時広帯域．低ダイナミックレンジ．同時複数信号受信．復調機能なし．
コンプレッシブ(圧縮)	周波数分離可．周波数を測定．復調機能なし．
デジタル	柔軟性が高い．未知のパラメータを持つ信号を処理できる．

が低いので，強力な信号に対して最適に動作する．最新システムの受信機は，問題状況に対処するため，狭帯域形の受信機（narrowband type of receiver）と組み合わされることが多い．

　固定同調およびスーパーヘテロダイン受信機(superheterodyne receiver)は狭帯域であるので，同時信号の分離および感度改善のため，これらの受信機は他種の受信機と組み合わされることが多い．周波数同調（tuned radio frequency; TRF）受信機もまた同時信号を分離する．当然ながら，この種の受信機は，一度に周波数スペクトルの狭い部分しかカバーしないため，予想外の信号に対する受信確率が低いという問題がある．

　ブラッグセル(Bragg cell)およびコンプレッシブ受信機(compressive receiver)は，広い周波数範囲の瞬時受信帯を備え，同時到来の複数信号を処理できるが，信号の復調は行わない．

　今後の動向としては，チャネライズド受信機（channelized receiver）および

表 4.2 EW 受信機の能力

受信機の種類	パルス受信	CW受信	周波数測定	選択度	複数信号	感度	周波数範囲	傍受確率	ダイナミックレンジ	信号の復調
クリスタルビデオ	○	×	×	貧	×	貧	良	良	良	○
IFM	○	○	○	貧	×	貧	良	良	普	×
TRF	○	○	○	普	○	貧	良	貧	良	○
スーパーヘテロダイン	○	○	○	良	○	良	良	貧	良	○
固定同調	○	○	○	良	○	良	貧	貧	良	○
チャネライズド	○	○	○	良	○	良	良	良	良	○
ブラッグセル	○	○	○	良	○	普	良	良	貧	×
コンプレッシブ（圧縮）	○	○	○	良	○	良	良	良	良	×
デジタル	○	○	○	良	○	良	良	普	良	○

良：良好　普：普通　貧：貧弱　○：可　×：否

デジタル受信機（digital receiver）がある．これらの受信機は EW システムに必要な多くの受信性能特性を備えており，まさにその寸法，質量および電力仕様には，最先端の部品およびサブシステムの小型化技術が反映されている．双方ともに，現在の最先端の技術をもってしても，両受信機とも過大な寸法・質量・電力を必要とし，また，とても高価であるので，処理が難しい部分に限って使われる．

4.1　クリスタルビデオ受信機

　クリスタルビデオ受信機（crystal video receiver）は，今日使用されている受信機の中で最も単純な種類の受信機である．この受信機は，鉱石（ダイオード）検波器とそれに続くビデオ増幅器からなり，（検波器が増幅器と交流結合されていない限り）直流から超高マイクロ波周波数にわたる検波器へのすべて

の入力信号を振幅復調する．これらすべての信号からの振幅変調がビデオ増幅器内で加算され，出力される．

実用上は，クリスタルビデオ受信機はある対象の帯域（例えば 2～4GHz）の信号のみを受信して出力するように帯域フィルタ（bandpass filter）の後ろに置かれるのが普通である．通常この種の受信機では，ダイナミックレンジ（dynamic range; DR）を広げるために対数ビデオ増幅器が使用される．

鉱石検波器への信号入力電力が十分低いので，検波器は「二乗則」領域で動作する——すなわち，検波器出力は入力信号の電圧よりむしろ電力の関数となる（他の種類の受信機では，10mW 辺りで検波が起きるので，検波器は「直線検波」領域で動作することになる）．Bill Ayer 博士は，クリスタルビデオ受信機に関する 1956 年のよく知られた論文の中で，「性能の良い」1956 年製の検波ダイオードの 0dB における信号対雑音比（signal-to-noise ratio; SNR; S/N; SN 比）の感度が約 $-54 + 5\log_{10} B_V$〔dBm〕（B_V は MHz 単位のビデオ帯域幅）であることを示す図表を掲載している．ほとんどの EW システムは（SN 比 15dB またはそれ以上が必要な）自動パルス処理に依存しており，予想される最も狭いパルスを扱うのに十分広い帯域幅を必要とすることを考慮すると，クリスタルビデオ受信機の感度の目安は，現在では -40～-45dBm である．

クリスタルビデオ受信機の出力は，各受信 RF パルスの受信信号電力（received signal power）に比例する振幅を持った一連のパルス列であり，同じスタートおよびストップの時間を有する．二つの受信パルスが重なる場合，出力は両方が結合したものとなる．帯域内の強力な CW 信号は，ビデオ出力の各パルス振幅を変形させるように，すべてのパルスと結合することになる．

図 4.1 に示すように，一般に，クリスタルビデオ受信機は，帯域フィルタと

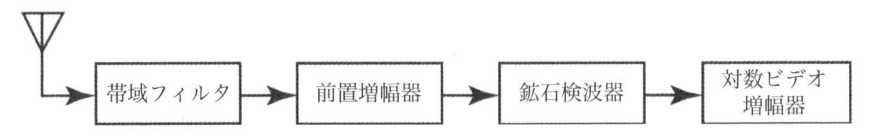

図 4.1　クリスタルビデオ受信機は，一般に，周波数範囲を受信帯域と調整するとともに，周波数帯域と感度を改善するため，帯域フィルタおよび前置増幅器と一緒に用いられる．

前置増幅器の後ろに置かれる．最適な前置増幅器利得（これも Ayer 博士の論文に明示されている）を有する前置増幅型クリスタルビデオ受信機の感度は，

$$S_{\max} = -114\text{dBm} + N_{PA} + 10\log_{10}(B_e) + \text{SNR}_{\text{RQD}}$$

となる．ここで，$S_{\max}$：最適な前置増幅器利得を持った感度〔dBm〕，N_{PA}：前置増幅器の雑音指数（noise figure; NF）〔dB〕，B_e：有効帯域幅〔MHz〕（$B_e = (2B_r B_v - B_{v2})^{1/2}$），$\text{SNR}_{\text{RQD}}$：所要信号対雑音比（required S/N）〔dB〕である．

自動処理出力を有する一般的な構成の最新のクリスタルビデオ受信機では，前置増幅により最終的な感度は -65〜-70 の範囲に改善される．

4.2　IFM 受信機

瞬時周波数測定受信機（IFM receiver）は，まさにその名称が意味するとおりの動作をする．基本的な IFM 回路は受信信号の無線周波数の関数である一対の信号を生成する．これらの信号は直接的なデジタルの周波数測定値を生成するためにデジタル化される．図 4.2 に示すように，入力は帯域制限される．IFM 回路の中の遅延線は，入力周波数帯域を最高の精度で曖昧なく処理するよう，その出力範囲を調整する．また，IFM 回路は信号レベルに敏感なので，IFM 受信機への入力は，信号レベルが一定になるよう，最初にハードリミッティング増幅器に通される．

前置増幅型 IFM 受信機は，ダイナミックレンジがクリスタルビデオ受信機よりいくぶん小さいが，概ね同じ感度を有する．図 4.2 の切替可変型減衰器

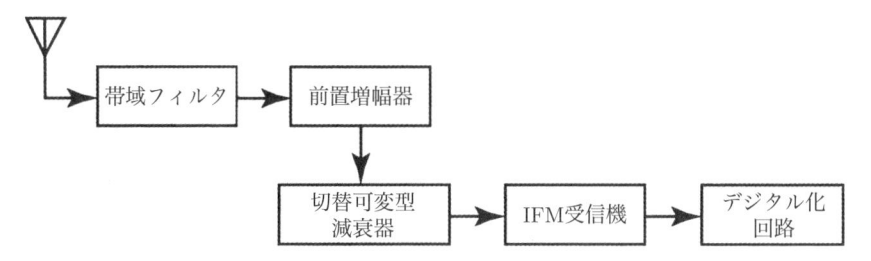

図 4.2　瞬時周波数測定受信機は，パルスまたは CW 信号の無線周波数のデジタル測定値を提供する．

は，ダイナミックレンジをクリスタルビデオ受信機のそれと同等になるように拡大する．一般に，IFM 受信機は信号周波数を入力周波数幅の概ね 1/1,000（例えば，2〜4GHz の間で分解能（resolution）2MHz）まで測定する．この受信機は，極めて短いパルス（マイクロ秒のごく短時間）の間に周波数を測定するには十分高速であるが，同程度の強度の信号が二つ以上存在する場合，無意味な測定結果を出す．帯域内の強力な CW 信号によって，どのようなパルスの周波数の精密測定も，IFM では不可能になる．

4.3　周波数同調受信機

無線機開発の初期には，多くの受信機に周波数同調（TRF）方式が用いられた．TRF は複数段の同調フィルタリングと受信されている信号の実際の周波数における利得を持っていた．スーパーヘテロダイン方式の単純さによって，大部分が TRF 方式の受信機構造に取って代わった．また一方，図 4.3 に示すように，EW 受信機設計に用いられている別の手法があり，それも TRF と言われている．

TRF 受信機は，基本的には YIG 同調帯域フィルタで入力周波数帯域が制限されたクリスタルビデオ受信機である．この帯域制限によりクリスタルビデオ受信機は同時複数信号の処理が可能になるとともに，RF 帯域が狭まることにより，いくぶん感度が良好になる．システムに TRF 受信機を適用する際は，ダイナミックレンジを拡大するため，前置増幅器および切替型減衰器を前に追加することがある．

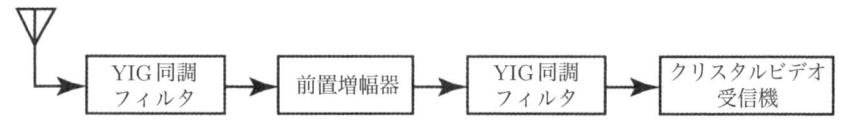

図 4.3　YIG 同調フィルタを用いて同時信号を分離するクリスタルビデオ受信機は，周波数同調受信機と呼ばれることが多い．

4.4 スーパーヘテロダイン受信機

スーパーヘテロダイン受信機は柔軟性に富む．この受信機は直線検波器または弁別器を用いているので，検波前の帯域幅および検波後の処理利得（throughput gain）に応じて最良の有効感度が得られる．基本的なスーパーヘテロダイン受信機は，受信 RF 周波数範囲の一部分を，同調させた局部発振器（local oscillator; LO）を用いて固定の中間周波数（intermediate frequency; IF）帯に「周波数変換」する（すなわち，周波数を直線的にシフトする）．固定 IF は，所要の利得とフィルタ選択度（selectivity）を得るのに非常に効果的である．

干渉信号からの分離は，IF 帯域幅に変換される入力スペクトルの一部のみを選択するため局部発振器と同調するように制御される同調済みの「プリセレクタ」（preselector）フィルタを加えることで実現できる．同調プリセレクタ機能を備えた簡単なスーパーヘテロダイン受信機を図 4.4 に示す．

プリセレクタと IF 帯域幅を調整することにより，感度，選択度，および瞬時周波数スペクトル範囲の最適な組み合わせが達成できる．多重周波数変換などのさらに複雑なスーパーヘテロダイン受信機の設計では，広い周波数範囲を取り扱うことや，難しい信号環境で大きなアイソレーションを備えることが必要になる場合がある．受信機は，種々の信号変調を処理するため，IF 帯域幅を選択できるようにするだけでなく，検波器/弁別器を選択できるようにすることが多い．

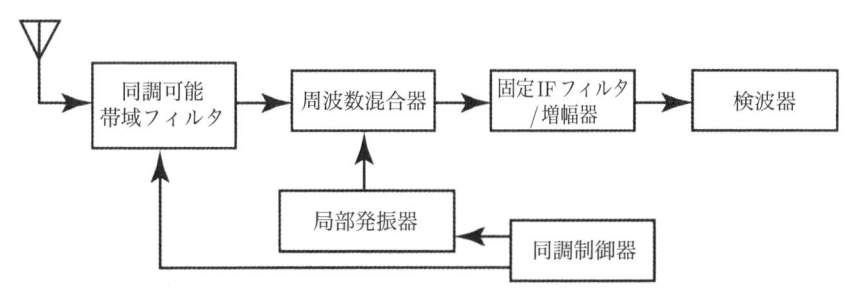

図 4.4 スーパーヘテロダイン受信機は，フィルタパラメータの選択に応じて，感度，選択度，帯域幅の最適なトレードオフを評価することができる．

一般に，スーパーヘテロダイン受信機は，本来狭帯域が基本となる EW や偵察システム用（例えば，通信波帯 ESM システムおよび多くの ELINT 収集システム用）として採用される．また，この受信機は面倒な状況（例えば，CW 信号の詳細パラメータ分析）に対処するため，広帯域システムにも付加される．

4.5　固定同調受信機

単一信号（または，常に単一周波数である複数の信号）を監視しなければならない場合は，どのような場合でも，おそらく固定同調受信機（fixed tuned receiver）が適している．この受信機は典型的な正真正銘の TRF 受信機，すなわちプリセット LO を備えたスーパーヘテロダイン受信機である．どちらも簡単な受信機により単一周波数の傍受確率（probability of intercept; POI）は 100％ となる．

4.6　チャネライズド受信機

通過帯域が隣接して配置されている（一般に，1 台の受信機の 3dB 帯域幅の上端が，隣接受信機の 3dB 帯域幅の下端と同じ周波数になっている）固定周波数の受信機のセットは，チャネライズド受信機（channelized receiver）と呼ばれる（図 4.5 参照）．これは理想的な受信機の一種である．この受信機は，それぞれのチャンネルごとに復調信号を出力できる．優れた感度と選択度が得

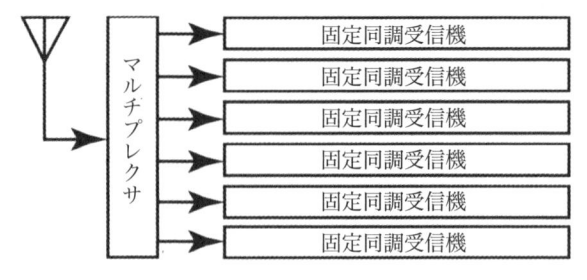

図 4.5　チャネライズド受信機は，同時複数信号の 100％ の受信・探知ができるように周波数範囲をカバーする，一式の固定同調受信機である．

られるよう，この受信機の帯域幅を狭帯域にすることができる．この受信機は周波数範囲内の信号に対して100%の傍受確率を有し，また，当然のことながら，同時複数信号が別の周波数チャンネルにある限り，これらの信号の特徴をすべて受信することができる．

言うまでもなく，問題は実装の複雑さにある．もし2～4GHzの周波数範囲の全域で1MHzの分解能が欲しいのであれば，2,000チャンネルを必要とする．すなわち，2,000台の独立した受信機となり，受信機1台分の寸法，重量，および電力の2,000倍が必要となる．実装技術が目覚ましく発展していることは朗報である．小型化技術によって，チャンネル当たりの寸法，重量，電力，コストは，驚くべき速度で低下している．とはいえ，未だ大手を振ってチャネライズド受信機を使えるレベルには達していない．

典型的なチャネライズド受信機は，EWシステムが扱うべき周波数範囲の10%ないし20%をカバーする10ないし20個チャンネルを有している．切替可能な周波数変換器を使用することにより，システムの周波数範囲の一部分が選択され，1台のチャネライズド受信機が扱う帯域に周波数がシフトされる．難問（例えば，CW信号，同時複数信号，または特に重要なパラメータなど）がEWシステムの周波数範囲のどこで起ころうとも，その問題を解決するためにチャネライズド受信機がこのように利用される．この受信機は，（コンピュータ制御によって）安定した優先方式に従って慎重に使用される，貴重な技術資産である．

4.7　ブラッグセル受信機

図4.6に示すブラッグセル受信機（Bragg cell receiver）は，同時複数信号の処理が可能な瞬時スペクトルアナライザである．高電力レベルに増幅したRF信号を「ブラッグセル」という結晶に加えると，この結晶は，受信機入力に存在するすべてのRF信号について，その波長に比例した間隔の結晶内圧縮縞を生成する．この圧縮縞は，存在するどのRF周波数でも，それに比例した角度にレーザビームを偏向する．この一連の偏向ビームは，光検出アレイ上に焦点を結ぶ．このアレイは，回折したビームの全成分の偏向角を検出し，入力した

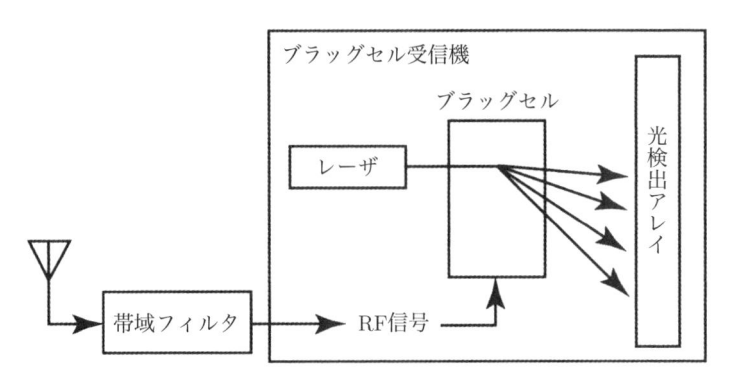

図 4.6 ブラッグセル受信機は，全帯域の瞬時周波数測定が可能であるとともに，同時複数信号を処理する．

すべての信号周波数のデジタル値を測定可能な信号として出力する．

ブラッグセル受信機は，目下の信号を処理するため狭帯域受信機が迅速に同調できるよう，信号周波数を測定するのに用いられる．

ブラッグセル受信機は，ダイナミックレンジが限られている——これは，30年以上もの間「ほぼ解決する」と言われてきた問題である．ブラッグセル技術は，一部の用途に適しているものの，着実に進展する最新のチャネライズド受信機やデジタル受信機に追い越されつつある．

4.8 コンプレッシブ受信機

マイクロスキャン受信機 (micro-scan receiver) とも呼ばれるコンプレッシブ（圧縮）受信機 (compressive receiver) のブロック図を図 4.7 に示す．この受信機は，基本的には同調が迅速なスーパーヘテロダイン受信機である．通常，スーパーヘテロダイン受信機（またはその他の狭帯域受信機）は，帯域幅に等しい時間もしくはそれ以上の単一の周波数に受信帯域が存在する速度でのみ同調しうる（すなわち，帯域幅 1MHz の受信機では，少なくとも 1μsec の間は各周波数に残らなければならない）．コンプレッシブ受信機の同調速度 (tuning rate) はそれよりはるかに速いが，その出力は周波数に比例した遅延時間を持つ圧縮フィルタを通過した出力である．この周波数対遅延時間の勾配が，受信

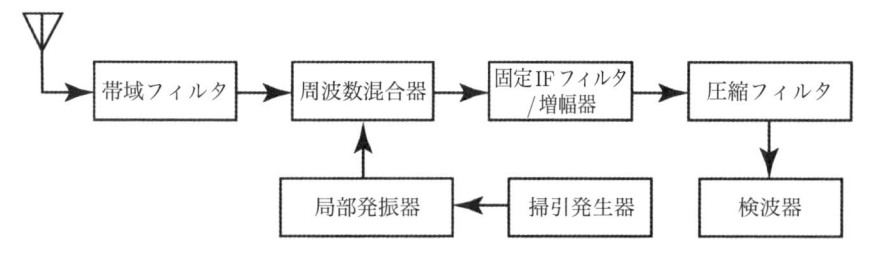

図 4.7 コンプレッシブ受信機は，帯域幅が一つに制限された通常の受信機よりはるかに速く掃引するとともに，受信機の周波数範囲内にある全信号の周波数を測定するため，受信信号を積分する整合圧縮フィルタを使用している．

機の掃引速度（sweep rate）をまさに補償するのである．したがって，受信機が一つの信号を横切って受信帯域を掃引するときに，受信機出力がコヒーレントに時間圧縮され，強いスパイク状の信号が生じる．これによって得られた出力が，受信機で同調した全帯域にわたるスペクトル表示となる．

ブラッグセルと同様に，コンプレッシブ受信機は，同時複数信号に対して100%の傍受確率を有し，同じ周波数分解能を持つ標準のスーパーヘテロダイン受信機と同等の感度を有するだけでなく，より良好なダイナミックレンジを備えている．さらに，ブラッグセルと同様に信号の復調はできない，したがって，主として狭帯域受信機に創出するための新信号探知に最も役立つものである．

4.9 デジタル受信機

デジタル受信機（digital receiver）は将来の大きな希望であるように思われる（図 4.8 参照）．基本的には，この受信機はコンピュータで処理するために信号をデジタル化する．ソフトウェアは（一部ハードウェアで実現できないものを含めて）どの種類のフィルタや復調器でも機能的に模擬できるので，デジタル化された信号の最適なフィルタ処理，復調，探知後処理などが可能である．

問題は当然ながらその実現にある．最も決定的な構成要素はアナログ/デジタル（analog to digital; A/D）変換器（A/D converter）である．コンピュータ

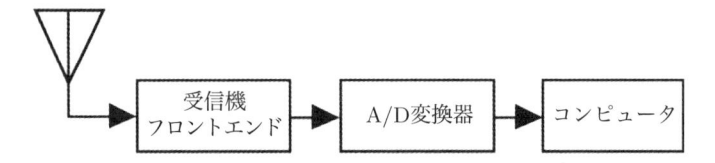

図 4.8 デジタル受信機はその IF 通過帯域をデジタル化し，その後，フィルタ機能や復調機能が組み込まれた適切なソフトウェアを用いて受信信号を得る．

に適切な信号を供給するためには，デジタル化される信号中の最高周波数の 1 周期当たり 2 個の標本が必要である．最新技術は毎日のように前進しているが，それでもデジタル化できる最高周波数および得られる最大分解能には制限がある．

コンピュータの処理能力は有限である（しかし，これもまた毎日のように進歩している）．この処理能力は信号データの処理速度を制限する．また，複雑なソフトウェアは蓄積・処理用のメモリを大量に必要とする．コンピュータの能力は，寸法，重量，費用の巨大で相互作用的な関数である．

最新技術が正しい方向に進展している一方で，全周波数帯のデジタル受信機を作ることは一般にまだ非現実的であるので，システムは周波数範囲の一部をデジタル受信機が扱う周波数帯に変換する必要がある．この周波数帯は「ゼロ IF」（IF －中間周波数－帯の下端が DC の近く）に変換されるか，あるいは IF が「サブサンプリング」されることがある．IF のサブサンプリングは，サンプリングレートが IF 周波数よりはるかに低いが，デジタル化する信号の最高変調速度の 2 倍に等しいレートで発生する．

4.10　受信機システム

最新の EW システムや偵察システムは，その機能を的確に発揮するには，実際に 2 種類以上の受信機を必要とする．一般的な受信機システム（あるいはサブシステム）の構成を図 4.9 に示す．アンテナからの入力は電力分配されるか（すべての受信機が周波数範囲の全域で動作する場合），あるいは多重化される（各受信機がシステムの周波数範囲の異なる区分内で動作する場合）．複雑なシ

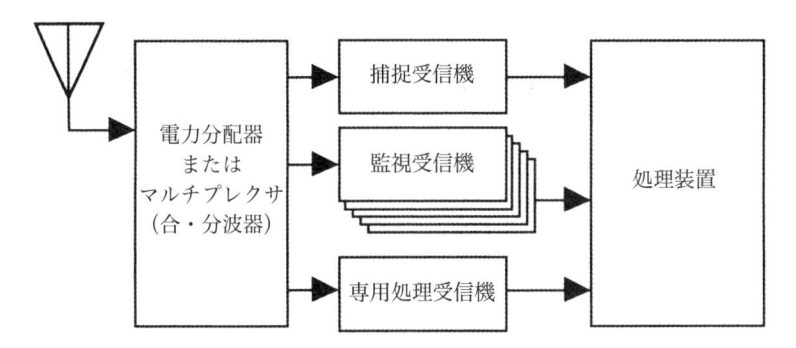

図 4.9 最新の EW システムおよび偵察システムのほとんどが，いろいろな機能を的確に実行するために，多種の受信機を備えている．

ステムにおける信号分配では，両方を組み合わせることがある．

狭帯域受信を必要とする場合，EW/偵察システムが 1 台の受信機（あるいは一組の受信機）に新目標信号の捜索任務を割り当て，その後，幾台かの専用受信機に引き渡すことは，極めてありふれたことである．これらの専用受信機は，信号を完全に分析するよう義務付けられている限り，優先度の高い信号が再割り当てされる場合を除いて，帯域幅および復調の設定のまま指定された周波数に留まる．

もう一つの通例は，数台の監視受信機の 1 台が処理中の信号に関する追加情報を得るために，専用の処理受信機——概して他の受信機より複雑である——を使用することである．

以下は，EW あるいは偵察システムにおいて複数種の受信機が協同して動作する代表的な応用例である．ありうる手法を網羅するわけではないが，これらの応用例は個別の受信機システムの重要な問題点を示す良い例となる．

4.10.1　クリスタルビデオ受信機と IFM 受信機の組み合わせ

ES システム，とりわけレーダ警報受信機 (radar warning receiver; RWR) は，受信した各パルスの全パラメータを迅速に測定しなければならないので，クリスタルビデオ受信機と瞬時周波数測定 (IFM) 受信機を組み合わせて使用することが多い (図 4.10 参照)．クリスタルビデオ受信機は，パルス振幅, 開始時刻, お

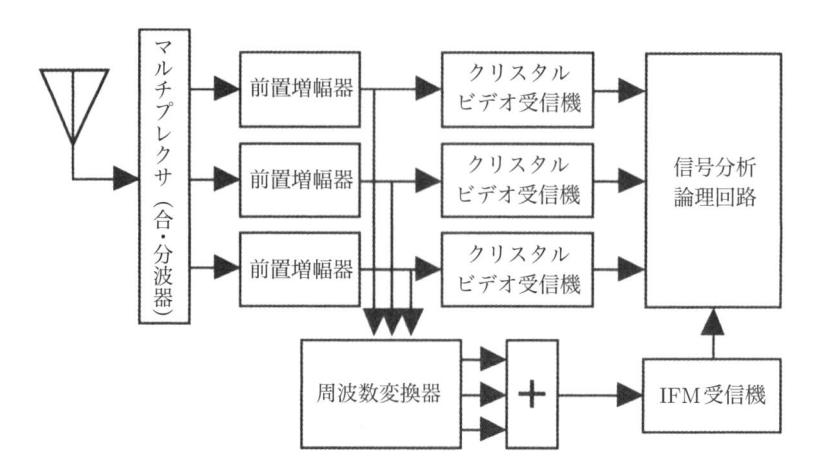

図 4.10 高密度信号環境におけるパルスパラメータのデータを提供するため，クリスタルビデオ受信機とIFM受信機は，組み合わせて使用されることが多い．

よび停止時刻を測定すると同時に，IFM装置では各パルス周波数を測定する．

マルチプレクサ（multiplexer）は，各クリスタルビデオのチャンネルが区別された帯域（ここでは例えば，2～4GHz，4～6GHz，6～8GHz）をカバーするように入力周波数範囲を分割する．周波数変換器は，これらの帯域をすべてIFMへの入力用に，ある特定の単一周波数範囲（例えば2～4GHz）に折り重ねる．したがって，IFM出力は不明瞭となる（IFMには3GHz，5GHz，7GHzがすべて3GHzのように見える）．一方で，パルス分析器は，別々の帯域からそれぞれパルスを受け取る．パルス分析器は，IFMが周波数を測定した時刻と，各帯域におけるパルスの受信時刻との相関をとることで，IFMによる測定の曖昧さを解消することができる．

4.10.2 複雑信号用の受信機

周波数が広く存在する電波環境で，「複雑」信号が予期される場合の解決策は，図4.11に示すように，受信機構成の中から専用受信機を選択使用することである．その最たる例が，高密度パルス環境下で少数のCW，あるいはその他の難しい信号を処理すべき最新のRWRである．クリスタルビデオ受信機が

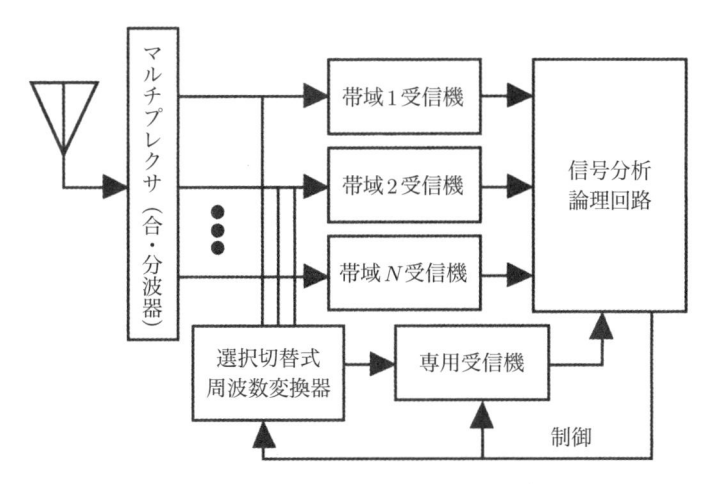

図 4.11 最新の RWR では，厄介な変調がかかった電波源の識別，位置決定のため，専用受信機（デジタル，チャネライズド，あるいはスーパーヘテロダイン）を使用している．

個々の帯域を担当し，専用受信機1台はスーパーヘテロダイン，チャネライズド，あるいはデジタル受信機である．信号分析論理回路は，標準帯域の受信機から受け取ったデータ，予期される信号環境の先見知識，さらにはたぶん図 4.10 のように構成されている IFM からのデータの組み合わせをもとにして，専用受信機を割り当てる．他の手掛りが利用できない場合，信号分析論理回路は，優先順位をつけた捜索パターンに従って，全周波数範囲で単純に専用受信機の割り当てを繰り返すことになる．

この場合，周波数変換器は図 4.12 に示すようになり，専用受信機は「帯域1」をカバーすることになる．周波数変換した二つ以上のチャンネルを切り替えて出力できるようにシステムを設計することもできるが，こうすると，周波数の曖昧さを解決する必要が生じてしまう．周波数変換器は，一つの局部発振器が二つ以上の帯域の変換器に対して働くように作られていることが多いので，注意が必要である．すなわち，変換した帯域のいずれにおいても「高い側」あるいは「低い側」の変換の両方を利用できるのである．局発 (LO) は，高い側の変換では入力帯域の上側に，低い側の変換では入力帯域の下側になる．入力帯域および LO 周波数に応じて，出力帯域の周波数を入力帯域より高くするか，

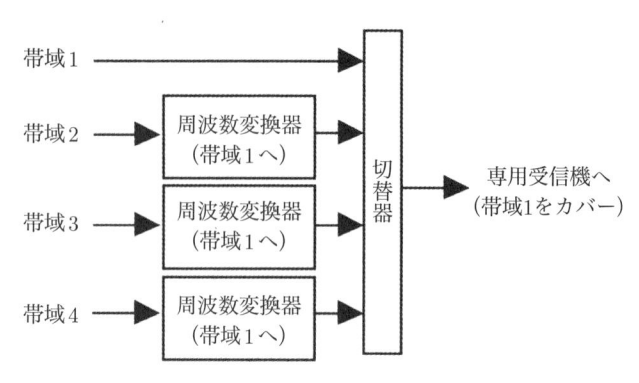

図 4.12　多帯域変換器は，専用受信機で処理するため，システムの全周波数範囲に等しい帯域部分を一つの帯域に周波数変換するのに使用されることが多い．

あるいは低くすることができ，右側を上にすることも，あるいは逆にすることもできる（最低周波数の入力＝最高周波数の出力）．

4.10.3　数人のオペレータが時分割使用する専用受信機

図 4.13 は，多数の単独の分析受信機に専用機能を提供する専用受信機の一般的な例を示す．この場合，DF 受信機（direction finding receiver）には，信号の徹底した分析を実施しているオペレータや，電波源位置決定情報（emitter

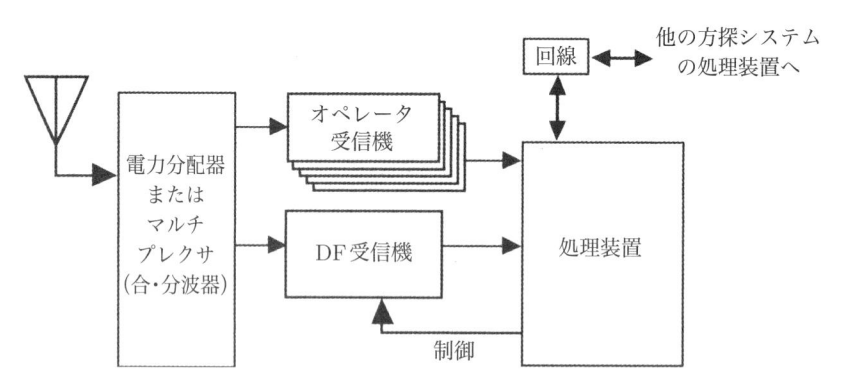

図 4.13　通信波帯の一般的な方探システムでは，複数のそれぞれの DF サイト内の 1 台の DF 受信機を，数人のオペレータが共用している．

location information）を必要とするオペレータによって，役割が割り当てられている．使用する電波源位置決定技法（emitter location technique）に応じて（第8章を参照），DF 受信機には追加のアンテナや，一つ以上の DF サイトとの連携作業が必要である．

4.11 受信感度

「受信感度」とは，受信機が受信可能で，それでもなお受信機が希望の機能を果たしうる最小の信号強度と定義される．「感度」とは電力レベルのことであり，一般に dBm（通常は大きな負の dBm 値）で表され，また，電界強度（μV/m 単位）でも表される．簡単に言えば，（第2章で定義した）伝搬式の出力が，受信感度に等しいか，またはそれ以上の「受信電力」であれば，回線として機能する——すなわち，受信機が送信信号に含まれる情報を「十分に」抽出することができる．受信電力が感度レベル以下の場合，その情報は規定された品質に満たないで再生される．

4.11.1 感度が定義される位置

例外はあるが，図 4.14 に示すように，受信システムの感度を受信アンテナの出力端で規定するのは良い習慣である．感度がこの位置で規定されるなら，受

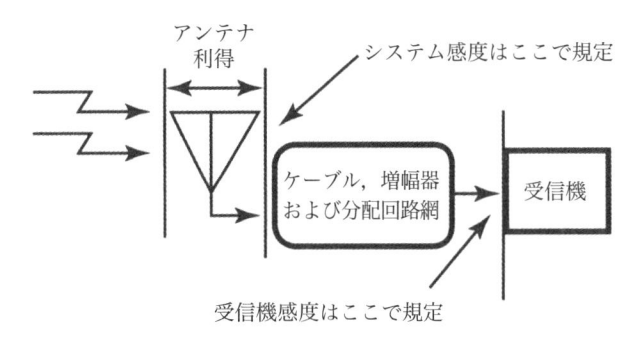

図 4.14 受信機のシステム感度は受信アンテナの出力端で規定されるので，アンテナに到来する受信可能な最小信号は，感度とアンテナ利得の和で決まる．

信システムへの入力電力は，受信アンテナに到来する信号電力〔dBm〕に受信アンテナ利得〔dB〕を加算することで計算できる．これは，アンテナと受信機間のケーブル損失や，前置増幅器および電力分配回路網の影響も，すべて受信機のシステム感度計算で考えられることを意味する．当然ながら，メーカーから受信機を購入する場合，メーカーの仕様はアンテナと受信機の間に「何も存在しない」ことを前提としている——したがって，「受信機感度」は（受信機のシステム感度とは反対に）受信機の入力端で規定される．

　上記の議論には，アンテナの利得を規定する際，アンテナ（あるいはアンテナアレイ）の一部として規定されるケーブルやコネクタなどに関連する損失も考慮に入れるべきだという議論がつきものである．これらは取るに足らない論点のようだが，この辺りの行き違いが，装置を売買する段になって，数々の騒々しい議論になったことを「ベテラン」は教えてくれるだろう．

4.11.2　感度の 3 要素

　受信機の感度には三つの要素がある．すなわち，熱雑音レベル（kTB という），受信機システムの雑音指数，および受信信号から希望の情報を的確に再生するのに必要な信号対雑音比である．

❏ kTB

　kTB は（争う余地のないほど馴染み深い用語であるが）実際には三つの値の積である．

- k はボルツマン定数（1.38×10^{-23} J/K）
- T はケルビン単位（K）の動作温度
- B は受信機の実効帯域幅

　kTB は理想的な受信機の熱雑音電力レベルを規定する．動作温度が 290K（「室温」でいう標準温度であるが，実際には 17°C すなわち 63°F で涼しい）で，受信機の帯域幅を 1MHz とした場合，結果を dBm に変換すると，kTB の概略値は -114dBm となる．これは次のように記載されることが多い．

$$\mathrm{kTB} = -114 \mathrm{dBm/MHz}$$

　この「簡便式」から，任意の受信機帯域幅における理想的熱雑音レベルをす

ぐに計算することができる．例えば，受信機帯域幅が100kHzの場合，kTBは $-114\text{dBm} - 10\text{dB} = -124\text{dBm}$ となる．

雑音指数

古参の教授がよく言う「理想的受信機店」なる架空の会社から受信機を購入しない限り，受信信号には余分な雑音が加わることになる．受信機の帯域幅内にある雑音と，帯域幅内にkTBのみが存在するとした場合の雑音との比を「雑音指数」（noise figure; NF）という．現実にはこれはまったく当てはまらない——雑音指数は，雑音のない理想的な受信機（あるいは受信システム）の入力端に注入されるべき雑音と，実際に出力端に現れた雑音を生じさせるために入力端に注入されるべき雑音との比（雑音/kTB）で定義される（図4.15参照）．増幅器の雑音指数にもこれと同じ定義が適用される．

受信機や増幅器の雑音指数は，各メーカーによって仕様が規定されるが，システムの雑音指数の決定はもう少し込み入っている．まず，1台の受信機が損失の多いケーブル（あるいは，例えばパッシブ電力分配器のような，利得のないその他のパッシブ素子）でアンテナに接続された，ごく簡単な受信システムについて考えてみよう．ここで，システムの雑音指数を決定するには，受信機とアンテナの間の全損失を単純に受信機の雑音指数に加算すればよい．例えば，アンテナ出力端と雑音指数12dBの受信機入力端の間に損失10dBのケーブルがあれば，システムの雑音指数は22dBとなる．

次に，図4.16に示すような，前置増幅器を持つ受信システムの雑音指数

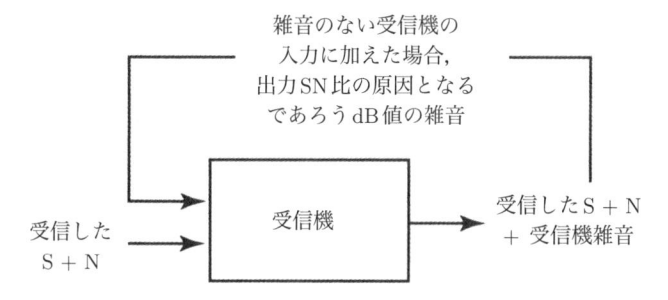

図4.15 受信機の雑音指数は，受信機入力を基準にした，受信機が受信信号に付加する熱雑音の量である．

```
        ┌────┐    ┌──────────┐    ┌────┐    ┌────────┐
  ▽────→│ L₁ │───→│ 前置増幅器 │───→│ L₂ │───→│ 受信機 │
        └────┘    └──────────┘    └────┘    └────────┘
```

$L_1 = $ 前置増幅器前の損失
$L_2 = $ 受信機前の損失
$N_R = $ 受信機の雑音指数
$N_P = $ 前置増幅器の雑音指数
$G_P = $ 前置増幅器の利得

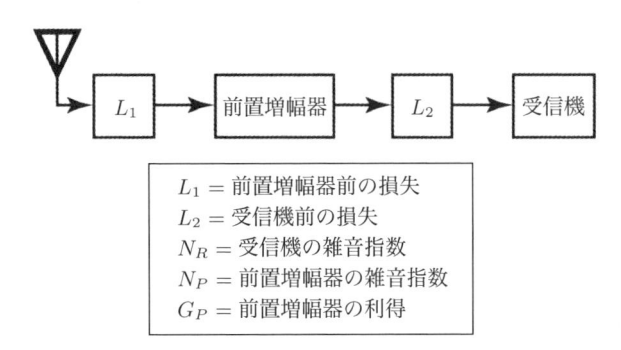

図 4.16 受信システムの雑音指数は,前置増幅器を付加することにより低減できる.

(NF) について考えてみよう.L_1(アンテナと前置増幅器の間の損失〔dB〕),G_P(前置増幅器の利得〔dB〕),N_P(前置増幅器の雑音指数〔dB〕),L_2(前置増幅器と受信機との間の損失〔dB〕),N_R(受信機の雑音指数〔dB〕)の各数値は定義済みの変数である.このシステムの雑音指数は,次式で与えられる.

$$\mathrm{NF} = L_1 + N_P + D$$

ここで,L_1 および N_P には単に数値が入力され,D は前置増幅器の後ろに接続されるすべての回路によるシステム雑音指数の劣化である.D の値は図 4.17 のグラフから決まる.この図を使うには,受信機雑音指数(横軸の N_R)の値から垂直線を引き,前置増幅器の雑音指数と利得の和から前置増幅器と受信機との間の損失を差し引いた値(縦軸の $N_P + G_P - L_2$)から水平線を引く.これら 2 直線の交点にある劣化係数のグラフ線の値が劣化係数〔dB〕である.図に破線で示した受信機の雑音指数が 12dB の例では,前置増幅器の利得と雑音指数の和から受信機前段の損失を差し引いた値は 17dB(例えば,利得 15dB,雑音指数 5dB,損失 3dB)となる.そのときの劣化は 1dB である.アンテナと前置増幅器の間の損失が 2dB の場合,システムの雑音指数は 2dB + 5dB + 1dB = 8dB となる.

❒ 所要信号対雑音比

受信機の信号処理に必要な信号対雑音比(signal-to-noise ratio; SNR; S/N; SN 比)は,信号が伝達する情報の種類,その情報を伝達する信号変調方式,

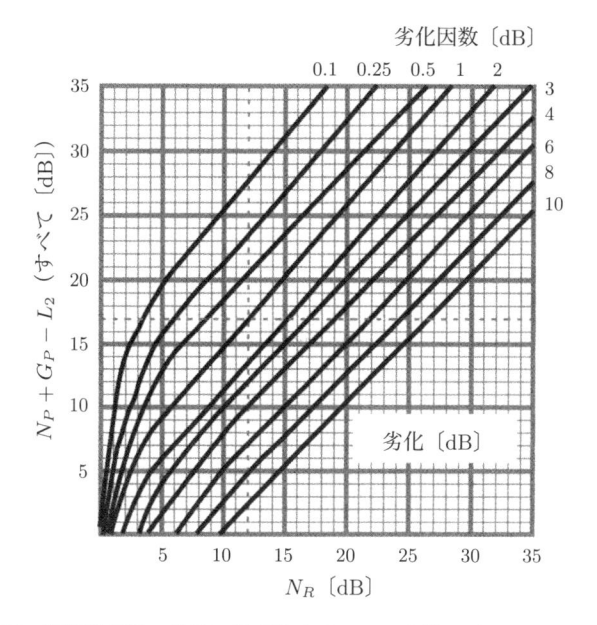

図 4.17 前置増幅器の後ろに接続したすべての回路によるシステム雑音指数の劣化は，このグラフから決定できる．

受信機出力に対する処理の種類，および信号情報が表現する最終的な使用形態に大きく依存する．受信感度を決めるために定義すべき所要 SN 比とは，「RF SN 比」あるいは「搬送波対雑音比」(carrier-to-noise ratio; CNR; C/N; CN 比) と呼ばれる「検波前 SN 比」(predetection SNR) であることを理解することが大切である．変調方式によっては，受信機出力信号の SN 比を，RF SN 比よりはるかに大きくすることができる．

例えば，ある受信システムの有効帯域幅 (effective bandwidth) が 10MHz，システムの雑音指数が 10dB で，自動処理用にパルス信号を受信するように作られている場合，その受信感度は，

kTB + 雑音指数 + 所要 SN 比
$= (-114\mathrm{dBm} + 10\mathrm{dB}) + 10\mathrm{dB} + 15\mathrm{dB} = -79 \,[\mathrm{dBm}]$

となる．

4.12　FM感度

FM受信機の感度は，周波数変調（frequency modulated; FM）信号の変調特性から，受信電力レベルと変調特性の両方で決定される．受信電力は，復調するのに周波数弁別器（FM discriminator）への入力SN比が十分大きくなければならない．この「しきい値」に達した時点で，周波数変調の幅がSN比改善係数を決定し，この係数が感度を高める．

周波数変調信号は，変調信号の振幅変動を送信周波数の変化として表す（正弦波変調信号の場合を図4.18に示す）．（無変調の搬送波周波数からの）最大周波数偏移と変調信号の最大周波数との比は変調指数（modulation index）と呼ばれ，ギリシャ文字のβで表される．

正確に復調されると，RF SN比が所要のしきい値より高くなっている限り，出力信号の品質がRF SN比よりβ値の関数の係数倍だけ向上する．

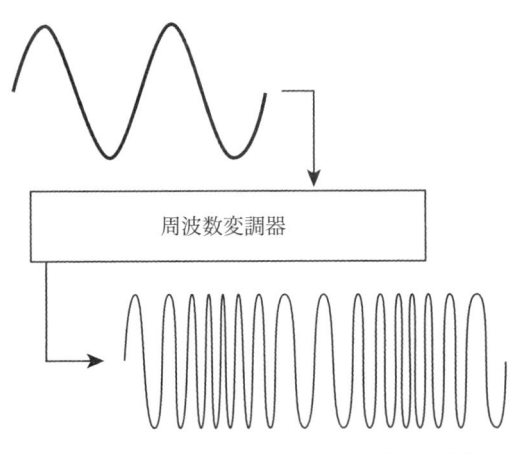

図4.18　周波数変調は変調信号の振幅を送信周波数の変化で伝達する．

4.12.1　FM改善係数

通常の周波数弁別器のRF SN比のしきい値は約12dBである．PLL（phase-locked-loop; 位相ロックループ）方式の周波数弁別器は約4dBである．受信信号のRF SN比がこれらのしきい値より低い値になると，出力SN比（output

SNR）は大幅に低下するが，これらのしきい値より高い値では，出力 SN 比は次式で定義される FM 改善係数（FM improvement factor）分，改善される．

$$\mathrm{IF_{FM}[dB]} = 5 + 20\log_{10}\beta$$

例えば，受信機の周波数弁別器が，通常の弁別器で受信信号が 12dB の RF SN 比となるように十分強力であり，かつ，受信信号の変調指数が 4 の場合，その FM 改善係数は，

$$\mathrm{IF_{FM}[dB]} = 5 + 20\log_{10}(4) = 5 + 12 = 17\,[\mathrm{dB}]$$

となる．

その結果，出力 SN 比は（そのまま dB 表示で），

$$\mathrm{SN\,比} = \mathrm{RF\,SN\,比} + \mathrm{IF_{FM}} = 12 + 17 = 29\,[\mathrm{dB}]$$

となる．

この FM 改善係数による改善は，受信機の中を信号が移動する際に適切な帯域幅を保持しているか否かに依存する．

他の例として，40dB の SN 比（テレビ画像に欠かせない「スノーノイズなし」のレベル）を出力する必要がある場合を仮定する．TV 信号が変調指数 5 の FM 信号で送信される場合，（受信機の感度を決定するのに必要な）所要 RF SN 比は，次のように計算される．

$$\mathrm{IF_{FM}[dB]} = 5 + 20\log_{10}(5) = 5 + 14 = 19\,[\mathrm{dB}]$$
$$\text{所要 RF SN 比} = \text{出力 SN 比} - \mathrm{IF_{FM}} = 40 - 19 = 21\,[\mathrm{dB}]$$

4.13 デジタル感度

デジタル化信号の出力品質は，その信号の変調パラメータの関数である．RF SN 比が低すぎると，ビットエラー（bit error）が生じる（確かに，ビットエラーは信号の品質を低下させるが，通常，ビットエラーはデジタル化されたアナログ信号の品質から切り離して考えられており，例えば電子メールの通信文のような，決してアナログではないデジタル信号に対しても等しく適用され

る).デジタル信号の長所は,各受信機でのRF SN 比がビットエラーを許容レベルに維持するのに適切である限り,品質を低下させずに何度も反復して中継できるところにある.

4.13.1 出力 SN 比

デジタル化されたアナログ信号の「出力 SN 比」は,実際には信号対量子化雑音比(signal to quantizing noise ratio; SQR)のことである.図 4.19 について考えよう.アナログ原信号がデジタル化され,受信機出力の D/A 変換器でアナログに戻された場合,その波形は同図に示す「デジタル再生信号」と似た波形となる.適切なフィルタは波形のとがった角を平滑化してしまうが,デジタル化された信号情報が伝達されただけであるので,実のところ,再生の正確度は改善されていない.SQR に関する便利な式は,信号の振幅を量子化(quantization)するビット数で表した式,

$$\mathrm{SQR}〔\mathrm{dB}〕 = 5 + 3(2m - 1)$$

である.ここで,m はサンプル当たりのビット数である.

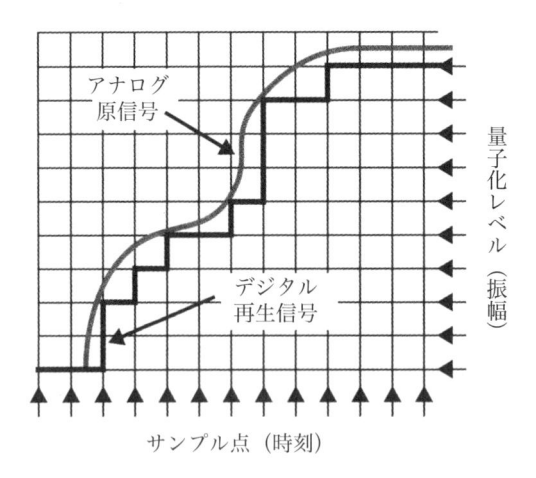

図 4.19 デジタルからアナログに再変換された信号の正確度は,量子化の過程で起きる「量子化雑音」によって劣化する.

例えば，サンプル当たり 6 ビットでデジタル化された信号の SQR は，

$$\text{SQR [dB]} = 5 + 3(2 \times 6 - 1) = 38 \text{ [dB]}$$

となる．

4.13.2　ビットエラーレート

どのデジタル形式の信号も，ある種の変調技術を用いて RF 搬送波に乗せた "1" および "0" の列として送信される．多くの特有の変調方式が利用でき，それぞれに伝送帯域幅対デジタルデータビットレート（bit rate）比，ビットエラーレート（bit error rate; BER）対 RF SN 比特性などの長所・短所がある．たいていの環境では，各種変調方式には 1〜2 の RF 帯域幅対デジタルデータレート比が必要（すなわち，1Mbps のデータには 1〜2MHz の送信帯域幅が必要）である．

ビットエラーレート対 RF SN 比特性は，変調方式により異なるが，図 4.20 に示すように，すべて一般的なコヒーレント（coherent）PSK 変調（phase-shift keying; 位相偏移キーイング）の曲線と非コヒーレント FSK 変調（frequency-shift keying; 周波数偏移キーイング）の曲線の間に収まる傾向にある．ビット

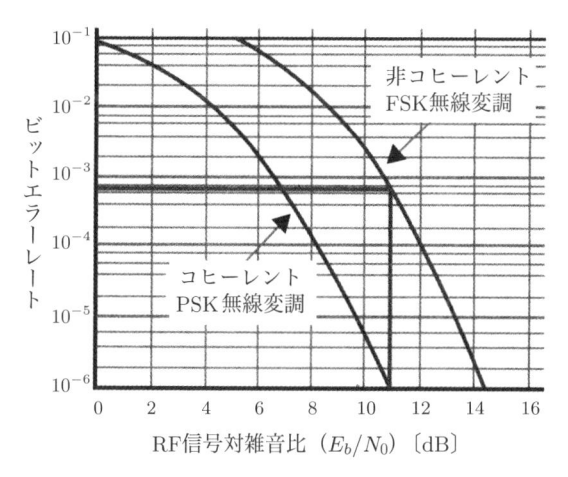

図 4.20　デジタルデータ伝送に用いられるどの無線変調方式でも，受信信号のビットエラーレートは RF 信号対雑音比の関数になる．

エラーレートは，誤ったビット数を送信されたビット数で割った平均値である．同図の例では，非コヒーレント FSK 変調を用いたデジタル信号が，RF SN 比 11dB の受信機に到達した場合，エラーレートは 10^{-3} をわずかに下回っている．変調がコヒーレント PSK の場合，ビットエラーレートは約 10^{-6} となる．ここで留意すべきなのは，デジタルデータシステムの所要伝送精度は，よく「ワードエラーレート」あるいは「メッセージエラーレート」で規定されることである．ワードあるいはメッセージエラーレートを所要 RF SN 比に変換するのにこの図表が使えると，ワードあるいはメッセージエラーレートをビットエラーレートに変換する必要はない．例えば，ビットエラーレートは，メッセージエラーレートを標準メッセージのビット数で割った値に等しい．標準メッセージ中に 1,000 ビットがあり，その 1% が誤りとすれば（すなわち，メッセージ中に 1 ビットあるいはそれ以上のビットエラーが含まれているとすれば），ビットエラーレートは 10^{-5} でなければならない．

第5章

EW 処理

　前置きとして，本章で扱う EW 処理（EW processing）の範囲について述べておくべき点が三つある．第一に，EW 処理は幅広いテーマであり，本章ではこの分野全部を扱おうと企てているわけではない．第二に，他章のテーマの一部も十分に EW 処理であると考えることができる．本章は，時に他章に言及し，他章の内容を議論の流れで結び付けることにする．第三に，コンピュータのハードウェアの能力が爆発的な成長期にあることから，EW 処理の実装はほとんど毎日のように変化している．それゆえ，本章では実装に用いられるハードウェアや特定のソフトウェアに注目するより，むしろ何がなされ，なぜそれがなされるのかに焦点を合わせる．

5.1　処理作業

　EW は本来その環境に存在する脅威信号に敏感である．それゆえに 1940 年代初頭の新しい EW の始まり以降，正しい対抗策をいつ，どのように使うかを決定するために，ある種の処理が必要であった．最初は，（もしあれば）どの脅威信号が存在しているかや，適切な対抗策を使えるのか否かの判断は，熟練したオペレータにまったく頼っていた．人間は直接 RF 信号を探知できないので，受信機が信号を探知した．そして，探知された信号はオペレータにわかる形で表示するために処理された．

　信号環境がさらに複雑になり，レーダ制御された武器がより殺傷力を増し，時間軸がより短くなるにつれて，脅威を自動的に探知・識別する必要があった．

ほとんどの EW システムにおいて，脅威の識別は主要な EW 処理作業（EW processing task）として残されている．

電波源位置決定は，EW 運用の基礎をなす処理作業の一つである．電波源位置決定（および方探）については，第 8 章で扱うので，ここではその技法は取り上げない．しかしながら，より上位の処理における電波源位置決定の役割は，その技法と密接な関係にある．

現代の EW システム，特に機上システムにおいては，(1 秒当たり何百万個ものパルスを含め) 多数の信号を取り扱わなければならないため，受信した多量の RF エネルギーから個々の信号を分離することは，非常に重要な処理機能となりうる．

現代の EW システムは多くの場合，複数のセンサおよび対抗手段などを含めて，高度に統合されている．これらのシステムのすべては制御され，調和されていなければならない．われわれはすでに（第 4 章において）捜索任務における複数の受信機の制御を取り扱ったが，ここでは，ある種の EW アプリケーションについて，より具体的な処理選択基準を取り扱う．

妨害に直接関連する処理機能は，第 9 章の妨害技法の記述に包含することができる．したがって，ここでは，妨害装置の制御に関連した処理のみを考察する．

表 5.1 は，EW 任務における主要な EW 処理の種類とそれらの役割を，上位レベルで概観した表である．これは，明らかに極めて複雑なこの分野を勝手に区分した表であり，EW 処理のプロは（どの分野のプロでも同じではあるが），自分たちの分野に関する一般的な特徴付けには，どのようなものであっても合意しないものである．この表の狙いは，われわれが EW 処理を議論できる論理的枠組みを作ることにある．

5.1.1　RF 脅威識別

受信 RF 信号の諸元から脅威を識別する課題から始めよう．一般に脅威信号の諸元には以下のものなどがある．

- 実効放射電力（ERP）
- アンテナパターン

表5.1 EW処理作業

処理作業	EW任務における役割
脅威識別	信号パラメータから電波源の種類を確定する．
信号の関連付け	脅威識別のため信号成分を信号に当てがう．
電波源の識別	個々の電波源を識別する（電波源の種類と対応付ける）．
電波源位置決定	信号の到来方向あるいは電波源の位置を確定する．
センサ制御（統制）	データ分析に基づきEWシステムのセンサを割り当てる．
対抗手段の制御	受信信号データに基づき，統合EWシステム内の対抗手段への制御入力を発生させる．
センサキューイング	狭い開口のセンサ装備に対して，パラメトリック捜索空間を絞る．
マン－マシン・インタフェース	制御入力を読み込み，また，表示画面を作る．
データ融合（統合）	EOB（電子戦力組成）を作成するため，複数のセンサやシステムから得たデータを合成する．

- アンテナのスキャンタイプ（antenna scan type）（単数または複数）
- アンテナのスキャンレート（antenna scan rate）（単数または複数）
- 送信周波数
- 変調方式（type of modulation）（単数または複数）
- 変調諸元（modulation parameter）

これらの諸元の信号が受信機に到達すると，信号の特徴はいくらか異なってくる．受信信号の諸元（parameter of received signal）は以下のとおりである．

- 受信信号強度
- 受信周波数
- 観測アンテナスキャン（observed antenna scan）
- 変調方式
- 変調諸元

諸元は測定が比較的容易なものも困難なものもあり，専用の装置が必要とな

る．EW における脅威識別（threat identification）は一般に実時間処理であるため，諸元を分析する順序を注意深く判断しなければならない．

5.1.2 脅威識別における論理の流れ

多数の脅威が存在しうるので，また脅威諸元はより複雑になりつつあるため，最新システムの脅威識別は非常に複雑である．一般に，存在する脅威の種類，位置および動作モードを知る必要がある．電波誘導脅威について，通常，受信 RF 信号からこれら 3 項目全部を決定することができる．

実用的な三つの脅威識別論理の流れを以下に概括する．

- 最も容易な分析作業を最初に行う．この作業は通常，広帯域用の装置のみを使用する必要がある場合，また，極めて短時間の信号を捕捉する必要がある場合の作業である．
- 初期の容易な分析作業の信号データを除き，残ったデータについてより複雑な分析を行う．
- すべての必然的な曖昧さが解消され次第，分析を終了する．

一例として，パルス電波源に対して動作しているレーダ警報受信機（RWR）を考えよう．分析すべき信号諸元は以下のとおりである．

- パルス幅（pulse width; PW）
- 周波数
- パルス繰り返し間隔（pulse repetition interval; PRI）
- アンテナスキャン（antenna scan）

これらの受信信号諸元を図 5.1 に示す．

図 5.2 に示すように，RWR は，まず各パルス内にある諸元（周波数およびパルス幅）から，脅威の種類を決定しようとする．これらのほんの二つの諸元から脅威信号の種類を識別できれば，処理装置はその分析を終了し，脅威 ID を報告する．

次に，RWR は，わずか 2 パルスの間隔を測定する必要から，パルス繰り返し間隔を凝視することになる．残念なことに，それが厄介な問題になる．もし

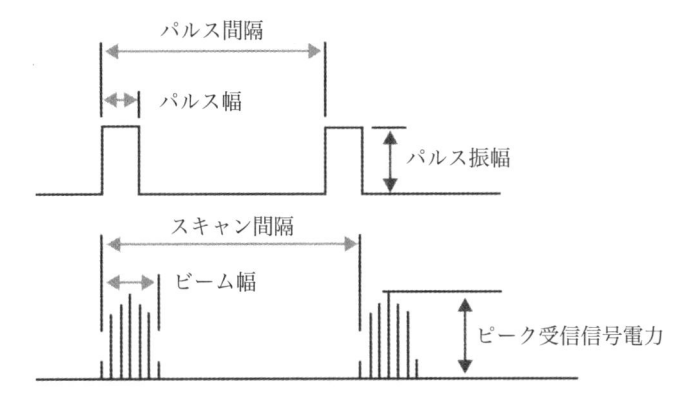

図 5.1 レーダの種類を決定するために，レーダ信号のパルスおよび走査パラメータを分析する．

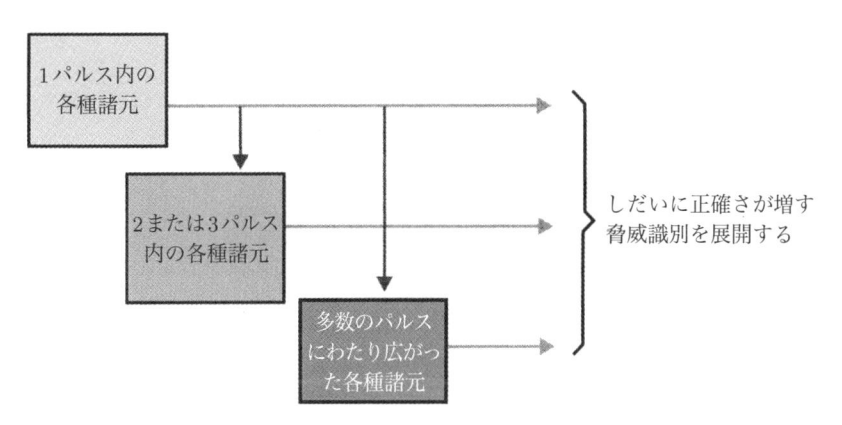

図 5.2 脅威識別処理は，通常は，データ収集に必要な時間が増加すると，その時間とほぼ同程度の時間で実行される．

多数のパルス列が存在すると，各パルスを個々の信号に分類しなければならない．また，パルス列は，パルス繰り返し間隔が単純ではないかもしれない．すなわち，パルス繰り返し間隔はスタガあるいはジッタかもしれない．しかしながら，パルス間隔の分析は 2 番目に容易な作業であり，したがって 2 番目に処理されるであろう．もしこれで識別が得られると，処理装置はここで止まる．

最後に，RWR はアンテナスキャンを凝視する．この分析作業には長い一連

のパルスの相対振幅の分析が伴うので，すでに個々の信号に関連付けられている多数の連続するパルスを調べる必要がある．この調査は最も多くの時間を消費するので，この処理は最も困難である．実際，受信した各アンテナビームの時間間隔は，RWR がアンテナスキャンの分析を完了して脅威 ID を報告するまでの全規定時間と同程度になることがある．

図 5.3 に仮定の脅威識別の事例を示す．三つの信号諸元が測定され，考えられる脅威の種類が四つあるとしよう．脅威 1 は，諸元 A の測定値によって曖昧さなしに識別できることから，識別が最も容易である．脅威 2 と脅威 3 は，双方とも曖昧さを解決するためには二つの諸元について数値を決定する必要があるので，脅威 1 よりさらなる分析努力を必要とする．脅威 4 は，三つ全部の諸元について数値を決定することによって，初めて曖昧さのない識別をすることができる．

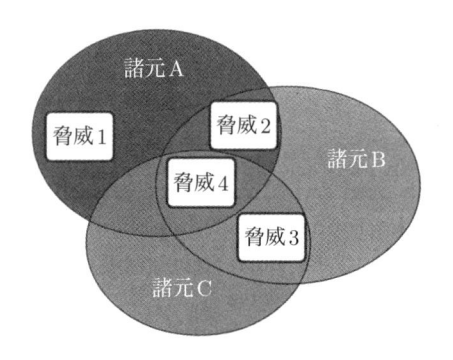

図 5.3　EW 処理装置は，通常，その装置が識別しようとしている各脅威の種類間の曖昧さを解消するのに十分なデータだけを評価する．

5.2　諸元の値の決定

脅威信号分析の第一歩は，受信信号諸元を測定することである．測定の仕組みを理解するために，RWR にコンピュータが利用できる以前に行われていた，これら諸元の測定方法について考えよう．各諸元の測定回路は個別部品で作られており，単一の作業しか実施できなかった．現代のシステムでもコンピュー

タは同じ作業を行うが，より高品質（あるいは，少なくともずっと効率的）である．

5.2.1 パルス幅

パルスが高域フィルタを通過すると，出力波形は図 5.4 に示すようにパルス前縁（leading edge）がプラスのスパイク，後縁（trailing edge）がマイナスのスパイクとなる．プラスのスパイクをカウンタの開始に用い，マイナスのスパイクをカウントの停止に用いることにより，パルス幅を極めて正確に測定できた．二つ目の手法を図 5.5 に示す．パルス幅を測定するために，パルス信号を高いサンプルレートでデジタル化し，分析しうる．パルス幅や，立ち上がり時間，オーバシュートなどを測定するシステムには，この手法が必要である．

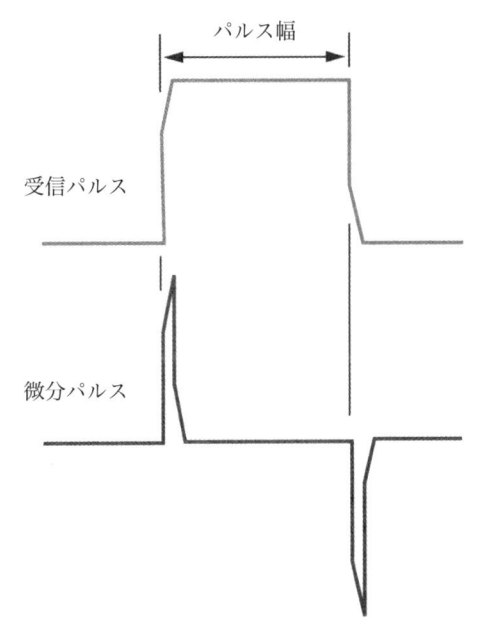

図 5.4 前縁と後縁のスパイクで，カウンタを起動および停止させることにより，パルス幅を極めて正確に測定できる．

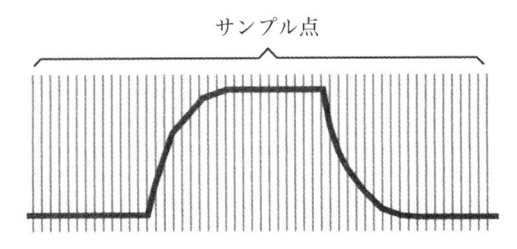

図 5.5　パルス波形を高レートでサンプルすれば，パルスの完全な形状をデジタルで取り込める．

5.2.2　周波数

クリスタルビデオ受信機を使用した初期の RWR では，受信信号の周波数は，入力を各フィルタの周波数範囲に分割し，各フィルタの出力ごとにクリスタルビデオ受信機を置くことによってのみ決定できた．パルス信号あるいは連続波信号の周波数は，信号に狭帯域受信機を同調させることでも測定できた．信号の周波数は受信機が同調した周波数であった．

実用的な瞬時周波数測定（IFM）受信機——およびデータ収集用コンピュータ——の出現によって，各パルスの周波数を測定し，蓄積することができるようになった．

5.2.3　電波到来方向

各パルスの到来方向（DOA）は，第 8 章に述べる方位探知手法の一つを用いて測定する．低精度の DOA 測定は，過去には（今も）振幅比較方探を用いて行われ，同様に，高精度の DOA 測定も干渉形の手法を用いて行われている．

5.2.4　パルス繰り返し間隔

古き良き（しかし厳しい）時代には，パルス信号のパルス繰り返し間隔（PRI）はいわゆる「デジタルフィルタ」（digital filter）なるものを用いて測定された．このフィルタは，特定のパルス間隔の存在を探知するように設計された装置であった．このデジタルフィルタは，パルスを一つ受信した後，固定の時間長だけ入力ゲートを開け，ゲートが開いている間にパルスを見つけると，そ

の時間長と同じ間隔を空けた他のパルスを探した．条件にかなう十分な数のパルスが受信されると，特定の PRI を持つ信号の存在を決定することができた．脅威の PRI ごとに一つのデジタルフィルタ回路を持つ必要があり，スタガパルス列（staggered pulse train）を処理するには，多数必要であった．この手法の魅力の一つは，広帯域受信機中の多数の信号の混合パルス列から単一信号のパルスを，このように「パルス列分離」（deinterleaving）できたことである．

現在では，もちろん，コンピュータが多数のパルスの前縁到来時刻を収集でき，多数の PRI およびスタガ PRI を数学的に決定できる．

5.2.5 アンテナスキャン

初期の RWR は，図 5.6 に示すように，しきい値を設定し，そのしきい値以上で受信された連続パルスの数を測定することによって，脅威電波源のビーム幅を決定しなければならなかった．脅威アンテナビームが受信機位置を通過したとき，受信パルスの振幅がこの図のように変化する．したがって，カウント中に他の信号がなければ，パルスカウントが機能した．現在は，信号を分離するためのより良いツールがあり，単一の信号からのパルスをよく分離することができ，また，パルス振幅履歴曲線の形状を計算することができる．

DOA 対受信電力のヒストグラムを用いてアンテナのスキャンタイプを決定することができる．図 5.7 に，アンテナのスキャンタイプが異なる三つの信号

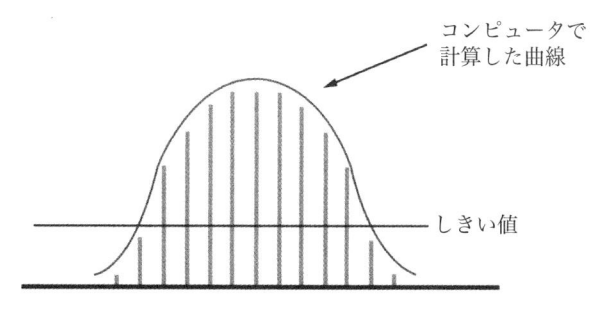

図 5.6 パルス脅威信号のアンテナビーム幅は，しきい値以上のパルスをカウントするか，パルス振幅履歴の形状を分析することにより，感知できる．

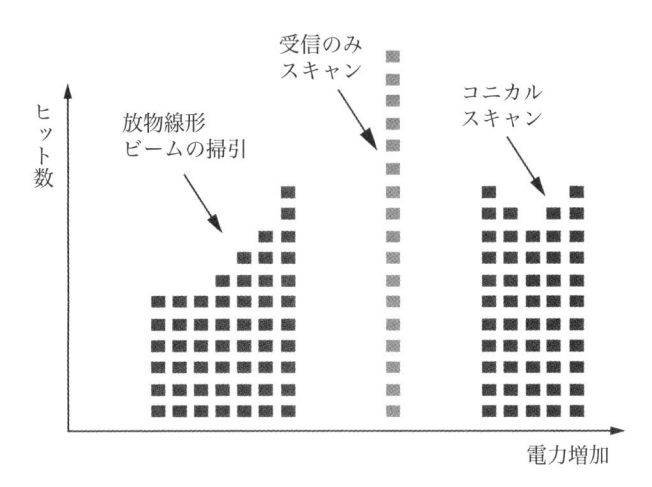

図 5.7 脅威アンテナスキャンは，DOA 対振幅履歴から判定することもできる．この図は，すべて同一 DOA からの三つのヒストグラムを示す．

が一つの DOA の方向に沿って位置している（ほとんどありそうにない）状況を示す．垂直軸は，その電力レベルで受信されたヒット（またはパルス）の数である．各種スキャンタイプの時間対受信電力の履歴について考えれば，三つのスキャンタイプが示す形状の違いを見つけることができる．

5.2.6　CW 信号存在中のパルス受信

本章の初めで，どのような CW 信号も，あるいは非常に高いデューティサイクル（duty cycle）のパルス（主にパルスドップラ（pulse Doppler; PD））信号も存在しない理想的な環境で動作する RWR を議論した．パルスと一緒に CW 信号が存在する場合，広帯域受信機（例えば，クリスタルビデオ受信機）の対数応答が歪む．非常に高いデューティサイクルのパルス信号が存在する場合，これらの信号のパルスが低デューティサイクルのパルスと重なって，同じ問題を引き起こす．DOA を決定するためには正確な振幅測定が必要なので，CW 信号はパルスに対するシステムの正常な動作を妨げる．IFM 受信機は一度に一つの信号にだけ動作できる広帯域受信機であることにも注意すべきである．解決策は帯域阻止フィルタで CW 信号を除去することである．そうすると，狭帯域受信機が CW（あるいは，パルスドップラ）信号を処理している間

に，広帯域受信機はその周波数範囲のどこにいるパルスも「よく見る」ことができる．

5.3　パルス列分離

究極の周波数対時間性能を持つ広帯域受信機で受信帯域幅を拡大すると，探知確率を大きくできると言われてきた．同様に，多くの EW システムで必要とされる覆域 360° に瞬時角度覆域を拡大すると，探知確率が高まる．帯域幅や瞬時角度覆域の拡大に伴う問題の一つは，特に高密度信号環境において，多数かつ同時の信号を処理しなければならない可能性がさらに高まることである．本節では，同一の受信チャンネルで同時に受信された多数のパルス信号の分離を扱う．この場合，信号分析が始まる前に，非常に高いデューティサイクルの信号は（何らかの方法で）信号グループから除去されていると仮定し，意図的に無視する．

パルス列分離とは，複数の信号からのパルスを含んだパルス列から単一の電波源のパルス列を分離する処理をいう．図 5.8 を考察しよう．この図はわずか三つの信号の極めて簡単なパルス環境のビデオ信号を表す．これらの信号はすべて非常に高いデューティサイクルで描かれていることに注意しよう．通常のパルス信号のデューティサイクルは約 0.1% と思ってよいだろう．

これらの信号はすべて，固定のパルス繰り返し周波数（pulse repetition frequency; PRF）を持っている．信号 B は狭ビームレーダが受信機を通過する

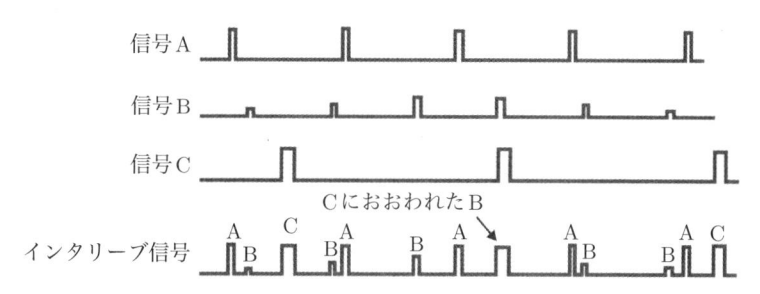

図 5.8　多数のパルス信号が同一の受信チャンネルで受信された場合，個別の信号を分離するためにパルス列分離処理が必要となる．

ときのビーム形状を表している．われわれのサンプル信号はたぶん電波源のビーム内にいることから，他の 2 信号は一定振幅を持っているように表されている．

同図の「混在パルス列信号」(interleaved signal; インタリーブ信号）のビデオ信号は，広帯域受信機内に出現するであろう三つの信号すべての合成を示している．各パルスには，そのパルス列信号のラベルを表示してある．パルス列分離処理がなされると，三つのパルス列はそれぞれ個々の信号に分離される．これによってその先の処理が可能になる．

5.3.1 パルスの重なり

信号 C の 2 番目のパルスが信号 B の 4 番目のパルスと重なっていることに注意しよう．これは「パルスの重なり」(pulse on pulse; POP) 問題と呼ばれている．システムがこの位置で一つのパルスしか見ていない場合，システムはそのパルスを，分離されたパルス列信号の一つから除外してしまう．除外されたパルスの数や，あとに続く信号識別処理の性質にもよるが，これは，システム性能にマイナスの影響を与えるかもしれない．

図 5.9 に，重なり合った二つのパルスの拡大図を示す．各パルスの振幅および幅が合成ビデオ信号に表れていることに注意しよう．したがって，もしシス

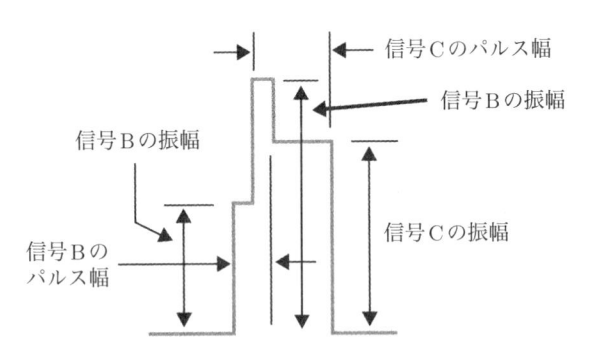

図 5.9　重なり合った二つのパルスのビデオ波形を詳細に眺めると，各パルスの振幅および幅の復元が可能なことがわかる．一般的な EW 受信機の対数ビデオ出力は圧縮されているため，重なり合った期間のパルスの合成振幅は，二つの振幅の和より小さく表示される．

テムの処理がこれらの値を測定するのに十分な分解能を持っているなら，両パルスともそれぞれしかるべき信号と関連付けることができる．しかしながら，ビデオ波形を処理に送る受信機は，両パルスの測定がうまくいくように，十分な忠実度（fidelity）で合成ビデオを通すのに必要な帯域幅を持っていなければならないことに留意する必要がある．

5.3.2 パルス列分離ツール

　パルス列分離処理は，（もちろん，受信システムの構成にもよるが）各受信パルスについてわれわれが知っていることをすべて利用する必要がある．表5.2に，信号を捕捉した受信機システムの種類に基づいて，受信システムが各パルスについて知っていることを示す．受信システムがこれらの受信機を組み合わせたものであれば，処理装置は各パルスについて，使用する受信機に応じた情報を得るであろう．しかしながら，システムは周波数帯域間でいくつかの受信機を時分割使用することがあるので，各パルスについてのすべての情報を利用できると仮定することは，通常安全とは限らない．

　EWで使用される受信機の種類は，第4章に記述した．

　各パルスを明確に識別することにより信号を分離できれば，パルス列分離は明らかにより容易になる．その結果，受信パルス信号が信号ごとに分類され

表5.2　受信機の種類に応じた各パルスについて利用可能な情報

受信機/サブシステムの種類	各パルスについて測定される情報
クリスタルビデオ受信機	パルス幅，信号強度，到来時刻，振幅対時刻
モノパルス方探システム	電波到来方向
IFM受信機	RF周波数
AMおよびFM弁別器付き受信機	パルス幅，信号強度，到来時刻，RF周波数，振幅および周波数対時刻
デジタル受信機	パルス幅，信号強度，到来時刻，RF周波数，パルスのFMまたはデジタル変調
チャネライズド受信機	パルス幅，信号強度，到来時刻，周波数（チャンネル単位のみ）

る．これには，パルス諸元の測定のみならず，使用する各パラメータが信号を区別するのに十分な分解能が必要である．

　現代の RWR の開発初期段階では，モノパルス方探システム（monopulse DF system）は，クリスタルビデオ受信機だけを持つのが一般的であった．受信パルス振幅は，脅威電波源のアンテナスキャンが受信機を通過するたびにパルスごとに変化しうるので，到来タイミングと方位だけを使うことができた．けれども，到来方向測定出力は割合に不正確で，受信アンテナ利得のパターン変動に応じて変化した．したがって，到来方向は頼りになる電波諸元ではなかった．これは，もしパルス幅で分離できなければ，パルス到来時刻がパルス列分離の唯一の実用的方法であったことを意味する．

　パルス間隔によるパルス列分離技術の原型を前節に示したが，この方法は固定 PRF 信号に対して最も有効であったことに注意する必要がある．スタガパルス列は，スタガの位相ごとに一つの「デジタルフィルタ」があれば識別できたが，ジッタパルス列（jittered pulse train）はまったく別の問題である．一連のパルスの到来時刻からパルス間隔を同定するためにコンピュータ処理を使うとスタガパルスの処理は簡単に行えるが，ジッタパルス列の分離は，何らかの方法で個々のパルスを識別できない限り，依然として極めて難しいまま残る．ジッタパルス列分離処理は，単純なパルス列のパルス識別を先に行い，データのパルス数を削減してから，より複雑なパルス列の処理をすると，大いに強化される．

　IFM 受信機が使えるようになると，パルスごとの周波数測定（frequency measurement）が可能になった．これが，各パルスを一般に個々の信号との関連付けができる周波数ビン（区分領域）に分類する強力なツール——十分な処理能力とメモリを使える場合，強力なパルス列分離ツール（deinterleaving tool）をもたらした．この技法は，パルスごとに周波数アジリティを有する脅威信号に対して行き詰まるかもしれない．この場合もやはり，データから単純なパルス列のすべてのパルスを取り除いてからこれらの複雑な信号を取り扱うことができれば，周波数が変化するパルスを関連付けることは実用的であろう．ただし，受信機内に，同種類の多数の周波数アジャイルレーダ（frequency-agile radar）が同時に存在しなければの話である．

もし高精度方探システムが使用でき，パルスごとに安定した到来方向のデータが得られるならば，到来方向でパルスを分離できる．これは，非常に複雑な変調を有する信号（例えば，パルスおよび周波数の両方がアジリティ）でも働くので，ほとんどの環境において極めて望ましいパルス列分離方式であろう．いったん，一つの信号のパルス列を分離すると，変調から必要な情報を引き出すために統計的分析を行うことができる．

5.3.3　デジタル受信機

デジタル受信機がもっと利用できるようになり，性能が向上すると，旧式のシステムで利用された技法のすべてがソフトウェアで利用可能になるだろう．信号を十分な忠実度でデジタル化できる限り，ソフトウェアを用いて，どのような種類の処理もほぼ実行できる．これには適応復調，フィルタリング，パラメータ抽出などがある．とはいえ，「十分な忠実度」は重大な限定語句である．デジタル化の制約は，（処理できるダイナミックレンジを制限する）サンプル当たりのビット数，および（処理の時間忠実度（time fidelity）を制限する）デジタル化速度である．これらの制約の両方がほぼ毎日のように新しい技術開発によって試験されている．したがって，この技術を注意深く見守ろう．

5.4　オペレータインタフェース

困難だがやりがいのある EW 処理の課題の一つにオペレータインタフェース (operator interface)（マン-マシン・インタフェース (man-machine interface) とも呼ばれる）がある．システムはオペレータからのコマンドを受け付け，オペレータにデータを提供しなければならない．その課題とは，EW システムを「使いやすく」することであり，オペレータにとって最も直感的な形でオペレータからコマンドを受け付け，可能な限り，あるいは実際上，最も直接的に利用できる形でオペレータに情報を提供することである．この簡単な文言は，実際に適用したとき，大きなインパクトを持つことがある．この問題点を説明するため，二つの具体的な EW システムへの応用例を考える．それらは，航空機搭載統合 EW 装置，および遠方の他の方探システムとネットワークで繋

がった戦術電波源位置決定システムである．これらの例のそれぞれについて，関係するコマンドおよびデータの特徴を述べ，ディスプレイ開発の変遷，現行の一般的な取り組み方，予想される動向およびタイミングの問題を考察する．

5.4.1 一般（コンピュータ対人間）

一般的問題は，コンピュータと人間は情報の入出力（input/output; I/O）方法が（図 5.10 および図 5.11 に示すように）まったく異なることである．コンピュータは，その I/O 情報が，コンピュータの内部動作との相性が良いことを好む．これは，コンピュータが情報を用いる準備ができているとき，（単純な，曖昧でない，デジタルの形式で）制御入力が利用可能でなければならないことを意味する．また，これは，コンピュータが計算を終わり次第すぐに，（デジタル形式で）表示データが出力されることを意味する．コンピュータの入出力速度は，毎秒数百万ビットに達する．コンピュータの入力はポーリング（つまり，必要になるとコンピュータがデータを探す），または割り込み（すなわち，コンピュータは入力を受け付けるために作業のある部分を中断しなければならない）のどちらかがありうる．割り込みがコンピュータの処理効率を低下させ

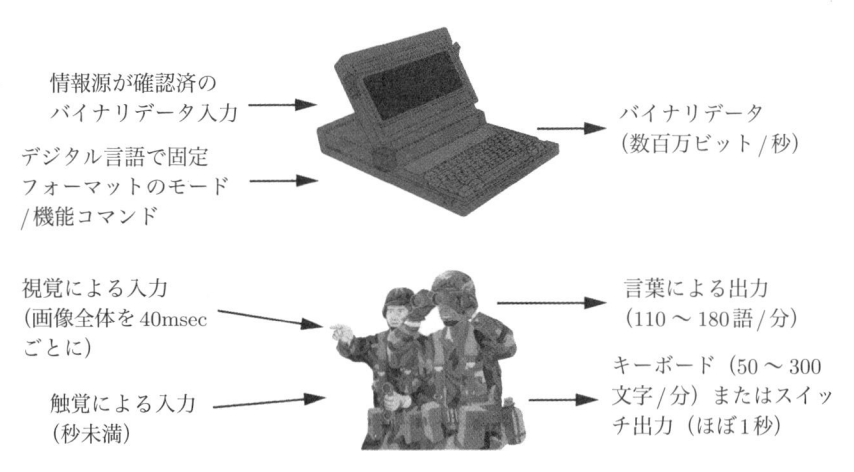

図 5.10　情報の入出力の形式はコンピュータと人間とで大きく異なる．データレート（ただし，必ずしも有効な情報伝送速度とは限らない）もまた大きく異なる．

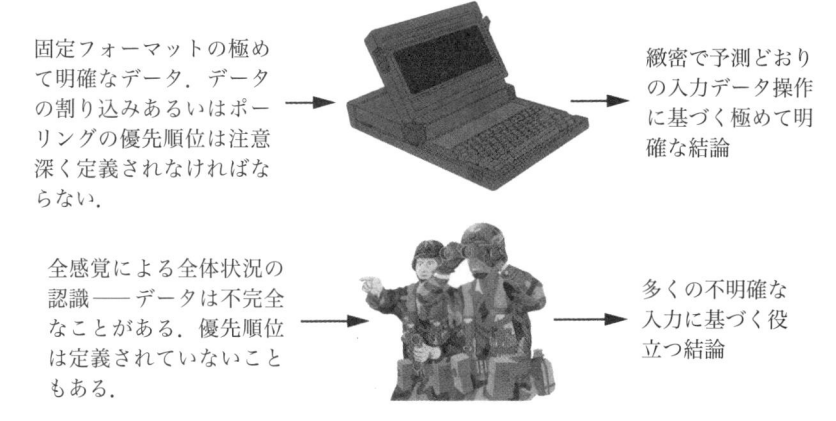

固定フォーマットの極めて明確なデータ．データの割り込みあるいはポーリングの優先順位は注意深く定義されなければならない．

緻密で予測どおりの入力データ操作に基づく極めて明確な結論

全感覚による全体状況の認識——データは不完全なことがある．優先順位は定義されていないこともある．

多くの不明確な入力に基づく役立つ結論

図 5.11　情報処理のやり方は人間とコンピュータとで完全に異なる．人間は，それほど明確ではない情報を使って，状況に適応した結論を出せる．

るので，コンピュータはポーリングされた入力のほうを「好む」．コンピュータはデジタル形式で実際の出力データを生成し，最高の入出力速度でデータ送出することを好む．

　入出力要求において，コンピュータは極めて「黒白がはっきり」している．これは，コンピュータがカンマを求めているときにピリオドをタイプ入力したり，コンピュータが小文字を求めているときに大文字を打ち込んでみたりすればわかる．入力値は完全に正確に受け付けられ，出力値はコンピュータが利用可能な最高の分解能で生成される．一般に，コンピュータは，ピークデータ転送速度が高すぎず，また平均データ転送速度が処理のスループット速度を超えない限り，送られてきた適切にフォーマットされたデータをすべて受け付ける．

　一方，われわれ人間は，入出力が自分たちの他の行動と一体化していることを好む．われわれは複雑で，時には矛盾した人間の言語で情報を伝達する．すなわち，言語は文脈や使われる時と場所に応じて異なった意味を持っている．われわれは自分の目，耳，触感を通して情報を受け取ることができるが，われわれが得る情報のおよそ 90% は視覚に頼っている．われわれは二つのチャンネル（視覚と聴覚，また視覚と触覚あるいは聴覚と触覚）を通して情報を同時

に受け取るとき，より効率的に情報を受け付ける．

　人々は，自身の経験に関連し，また前後関係を持った情報であれば，膨大な量の情報を信じられない速度で受け付けることができる．一方，われわれは不規則または抽象的な情報を極めてゆっくり受け付け，新しい情報をいくらかのよく知っている思考の基準と関連付けなければならず，そうした末にやっと情報を使うことができる．人間の情報利用の別の特性は，われわれは決して100％は正確でも完全でもない多数の入力を受け付けて，それを正しい情報に取りまとめることである．

　これらのコンピュータ／人間の情報処理の違いを解決する方法が，選定した二つのオペレータインタフェースの例についての考察の基礎である．

5.4.2　航空機搭載統合EW装置のオペレータインタフェース

　われわれがベトナム戦争初期に戦闘機のEW能力の向上に着手したとき，ほとんどすべてのEWシステムとそのサブシステムは，自分の制御装置とディスプレイを有していた．オペレータは単に「ノボロジー」(knobology; 器材操作のテクニック) を習得するのに多大な訓練時間を費やさなければならなかった．システムからのデータは，オペレータが吸収して解釈しなければならず，それから適切な対抗手段を手動で開始しなければならなかった．例えば，B-52Dの電子戦オペレータ (electronic warfare operator; EWO) 席は，34もの別々の操作パネル (と，座席の後方に数台の装置) を持っていた．これらのパネルは，1,000近くの切り替え位置と，アナログ比例調整器を備えた合計200以上のノブやスイッチを含んでいた．

　これらの初期のEWシステムの制御装置では，オペレータが特定の動作パラメータを直接変更することが可能（かつ必要）であった．状況表示装置は装置の具体的な動作状態を示し，一方，受信信号表示装置は，個々の信号の詳細諸元を表示した．

　たぶん，最も一般的に使われた敵信号探知装置はレーダ警報受信機であった．このディスプレイはベクトルスコープや照光式押しボタンスイッチなどから構成されていた．図5.12にAN/APR-25レーダ警報受信機で使用されていたようなベクトルスコープを示す．ベクトルスコープは，ほとんどの戦闘機の

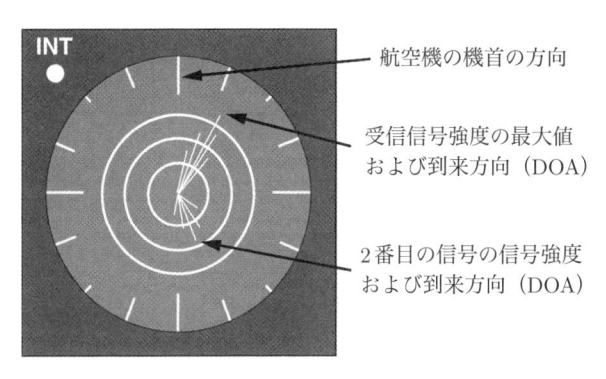

図 5.12 の説明図中ラベル:
- INT
- 航空機の機首の方向
- 受信信号強度の最大値およびと到来方向（DOA）
- 2番目の信号の信号強度および到来方向（DOA）

図 5.12　初期の RWR ディスプレイ（ベトナム戦争初期に使用されたもの）は，個々のパルスの到来方向を示すベクトルスコープなどから構成されていた．オペレータの目が表示情報を「統合」し，スコープ上の輝線の最大長と輝線の角度を決定した．輝線の長さは受信信号強度に比例し，スコープ上の輝線の姿勢は機首に対する到来方向を示していた．

計器盤上にはめ込まれていた．受信信号は，このディスプレイ上に輝線で表示された．ディスプレイの頂部が機首を表し，輝線が脅威信号の相対的な到来方向を表した．輝線は安定ではなかったとはいえ，平均方位の周りで不規則に変化していたので，オペレータは容易に数度以内の誤差で到来方向を決定することができた．輝線の長さは受信信号強度を表した．この信号強度は送信機までの概算距離を表示した．このシステムは第 8 章で述べるマルチアンテナ振幅比較方探技術を使用したが，受信信号強度が，送信機までの距離とともに変動する仕方は第 2 章で述べている．レーダ警報受信機は，前段三つで述べた最初期の技術を用いて存在する脅威信号の種類を決定する回路も持っていた．照光式スイッチパネルは，存在する脅威の種類を（どのスイッチが点灯するかによって）表示した．オペレータはシステムの運用モード（例えば，ある種の脅威を無視すること）を適切なスイッチを押して切り替えることができた．

　オペレータが利用できる付加的な信号認識の補助は，受信パルスを引き伸ばして生成した音声信号で，これによってオペレータはパルス繰り返し周波数を音で聴くことができた．脅威アンテナが航空機を走査すると，受信信号の振幅が変動して，独特の音声が作り出されるが，オペレータはそれを識別できるように訓練された（例えば，SA-2 の音は，通常「ガラガラヘビのような」と表現

された).

　多数の脅威が存在すれば，どの種類の脅威がどの位置に存在しているのかを決定することが，時々困難であった．この種のディスプレイは，熟練したオペレータが脅威密度の比較的低い環境で使用した場合に効果的であった．

　図5.13にベクトルスコープの輝線がどのように生成されるかを示す．受信パルスごとに1本の輝線があり，この輝線は，表示を行うCRTを囲む磁気偏向コイルに立ち上がり偏向電流を流すことにより生成される．輝線の方向および振幅は，四つの偏向コイル中のピーク電流値のベクトル和によって引き起こされる．

　戦争の継続につれて，パルスごとの輝線は，第2世代の処理装置により，各到来方向からの信号の種類に関するいくらかの情報を与える符号化された輝線に置き換えられた．

　ここまでは，この処理の大部分が特化した専門のアナログ式およびデジタル式のハードウェアで行われた．

　ベトナム戦争の末期に，いわゆる「デジタルディスプレイ」がRWRに導入された．初期の一般的なデジタルディスプレイを図5.14に示す．いったん脅威の種類が識別されると，コンピュータはその脅威の種類を表す文字シンボル

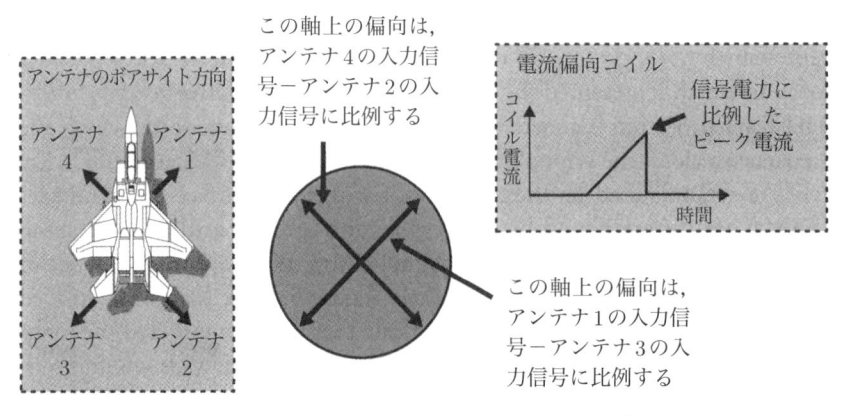

図5.13 ベクトルスコープの磁気偏向コイルに流される信号電流は，航空機の4個のアンテナで受信した信号に比例していた．各パルスが受信されるごとに各コイルに傾斜電流が印加された．これがスコープ面に輝線を形成した．

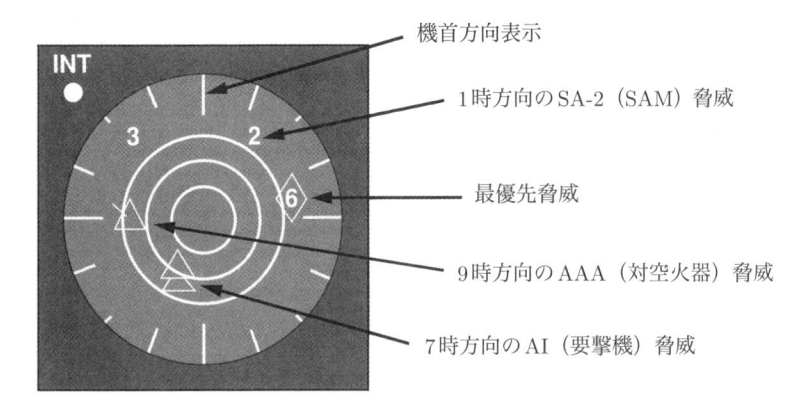

図5.14 に関する図説:
- 機首方向表示
- 1時方向のSA-2（SAM）脅威
- 最優先脅威
- 9時方向のAAA（対空火器）脅威
- 7時方向のAI（要撃機）脅威

図 5.14 第3世代 RWR ディスプレイ（ベトナム戦争末期）では，脅威種類を識別するためにシンボルが使用された．シンボルは，電波源の位置を表すスクリーン上の位置に配置された．一般的なシンボルは図に示したとおりである．これらのシンボルは設計計画管理者が全面的に選択できる．

を生成した．そのシンボルは，ベクトルスコープ上の航空機との相対的な位置に配置される．通常，航空機位置はスクリーンの中心にあり，電波源が接近していればいるほど，シンボルも中心に接近する．これらのディスプレイ上で使用されたシンボルには多くの形式があった（今なおある）．この場合，地対空ミサイル（surface-to-air missile; SAM）は種類で区別され，一方，対空砲および空中の迎撃機は図形シンボルで示される．また，ディスプレイ上で使用される多種類のシンボル修飾子がある．図 5.14 の（SA-6 SAM を表す）6 の周囲には，これが最も優先度が高い当座の脅威であると考えられることを示す菱形が配置されている（もっとも，熟練した電子戦士官ならたぶん 7 時の方向の敵戦闘機に，いとも無造作に関心を持つであろうが）．シンボルの修飾子は，脅威電波源のモード（例えば，追尾または発射モード）の表示，またはどの脅威信号を妨害しているかの表示に使われている．

当時，妨害機用の制御操作はまだ分かれていたが，機能の統合化（ベクトルスコープ上のシンボルの修飾）の起源はわかると思う．

5.5　現代の航空機のオペレータインタフェース

　脅威環境が濃密に（そしてより致命的に）なるにつれて，より少ない時間で，より多くの情報をオペレータに対して伝達することが必要になった．これを可能にし，許される限り短縮した反応時間内でオペレータが決定的行動をとれるようにするために，情報は「状況に即して」示されなければならない．一部の技術者にとってショッキングな話かもしれないが，戦闘機パイロットは，特に上下逆さまになって，6Gの機体引き起こしをしながら，次の5秒間でいかに生き延びるかを探し出さなければならない状況下では，戦況把握のために微分方程式を解くようなことに関心を示さないのである．そのような情報を提供するコンピュータは，流暢な「戦闘機パイロット」語を話さなければならないのである．

　最新のEWディスプレイは，オペレータのために戦術的様相を統合し，迅速に使える形で情報を表示する．この節では，最新の航空機ディスプレイについて論じ，次いで地上用戦術ディスプレイについて論じる．

5.5.1　画像型ディスプレイ

　本節の図は，米空軍研究論文（AFWAL-TR-87-3047 Final Report）から引用している．図5.15は，一般的な計器パネルのレイアウト——基本的にはF/A-18およびその他の航空機数種に使用されている操縦席のレイアウトである．図には，五つの画像型ディスプレイ，すなわち，ヘッドアップディスプレイ（head-up display; HUD），垂直状況表示盤（vertical-situation display; VSD），水平状況表示盤（horizontal-situation display; HSD），および二つの多機能表示システム（multiple-function display; MFD）が示されている．この種のディスプレイは，どの搭乗員席でも使用できるが，航空機によっては搭乗員が1名（パイロット）だけであるので，以下の議論ではパイロット用のディスプレイに重点を置く．

5.5.2　ヘッドアップディスプレイ

　HUDを使用する主な理由は，パイロットが「操縦席内」から「操縦席外」へ視線を移動するのに1秒の大半を要することにある．視線が「操縦席内」にあ

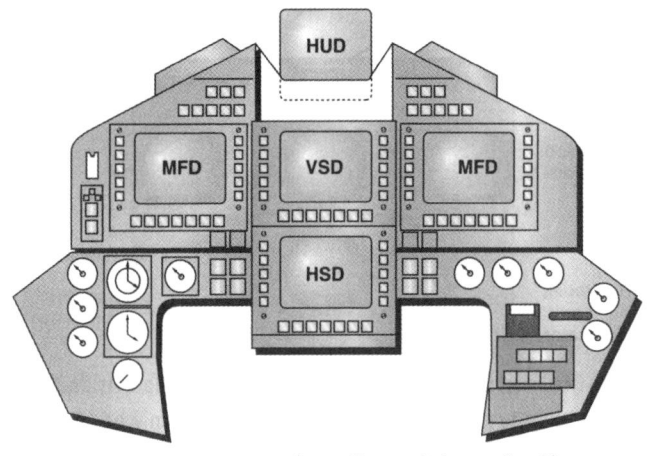

HUD：head-up display（ヘッドアップディスプレイ）
VSD：vertical-situation display（垂直状況表示盤）
HSD：horizontal-situation display（水平状況表示盤）
MFD：multiple-function display（多機能ディスプレイ）

図 5.15　現代の計器パネルは，HUD，VSD，HS，2台の MFD などで構成される．

るパイロットの目は短距離に焦点を合わせているが，意識は，計器が描く世界の人工的な筋道に向いている．パイロットの視線が「操縦席の外」にあるとき，彼の目は長距離に焦点を合わせ，意識は実世界の色，明度，角運動や移動物体に向いている．

　HUD によって，パイロットは「操縦席内に目を転じないで」，操縦席内にある利用可能な重要情報のいくつかを得ることができる．HUD 表示装置は，複雑なプリズムを通してパイロットの視界内にある1枚のガラス上のホログラムに直接投影する CRT である．データを含まない領域では，HUD は透明である．図 5.16 に基本的な HUD のシンボル表現を示す．対気速度，機首方位および高度は，標準の位置に表示される．ディスプレイの中心には，他のデータの基準として「自機」シンボルがある．進路シンボルは，脅威または地形を避けるためにどこを飛行すべきかをパイロットに示す．活動中の脅威のシンボルは，「ゼロ−ピッチ基準線」の下部に表示される．

　空中戦闘モードにおいては，自機および敵兵器の致死効果ゾーンに関連する特殊な表示が，HUD 上に設けられる．

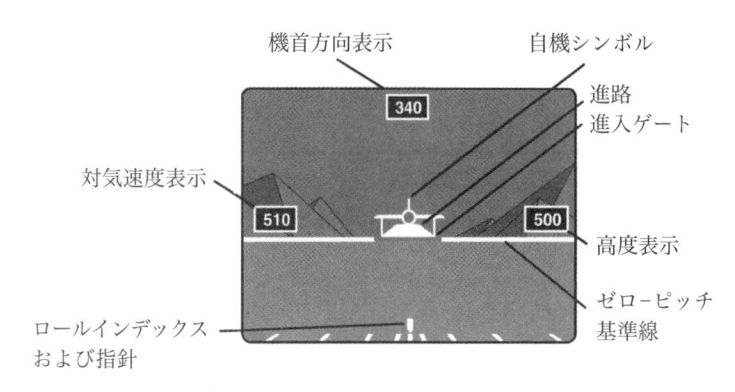

図5.16 のラベル:
- 機首方向表示
- 自機シンボル
- 進路
- 進入ゲート
- 対気速度表示
- 高度表示
- ゼロ-ピッチ基準線
- ロールインデックスおよび指針

図 5.16 HUD は「操縦席内で」利用可能な情報を表示し，操縦席外を見ているパイロットの視線内に情報を直接届ける．

5.5.3 垂直状況表示盤

図 5.17 は「地上モード」における垂直状況表示を示す．これは，機の背後から見た表示である．対気速度，機首方位および高度は，HUD 上と同じ位置に表示されることに注意しよう．地形地物は直接見たかのように表示される．この表示の最も特筆すべき特徴は，搭載 RWR で探知された脅威の致死効果ゾーンである．RWR は脅威の種類および位置を決定する．以前の電子情報分析から，脅威の各種類ごとに 3 次元の致死効果ゾーンはわかっている．したがって，コ

図 5.17 VSD は，機の後方から見たような航空機の周囲状況を表示する．この図は，地上モードの VSD 表示である．

ンピュータは状況に応じて各武器の致死効果ゾーンを示すことが可能であり，これによってパイロットがそれらを回避できるようにする．この種のディスプレイのほとんどの描写で，致死効果ゾーンは完全リーサルエリア（通常は黄色で表現）と，完全リーサルエリアの一部で脱出不可能の領域（通常は赤で表現）とに区分されている．自機ではなく他の航空機が探知した武器の致死効果ゾーンも表示でき，「飛行前ブリーフィング済み」(prebriefed) との確認ができる．

また，VSDには「空中モード」もあり，もしパイロットが状況をディスプレイから透視図法の視点で見ることができたなら，そう見えたであろう位置に空中や地上の脅威が配置されている．

5.5.4 水平状況表示盤

図5.18に示す水平状況表示盤（地上モード）は，上から見た航空機とその周囲の眺望である．自機シンボルは中心にあり，デジタル数値の方位角が最上部にある．パイロットは表示の縮尺を調整でき，現在の縮尺率が下部左に表示されている．飛行経路は，一連の線分と経由点で表示される．脅威は航空機の現在の作戦高度でのリーサルエリア（中央はより致死性が高い）で示される．地形は，航空機の現在高度の上方に広がる領域として表示される．戦況エレメントもディスプレイ上に表示される．例えば，友軍第一線 (forward line of

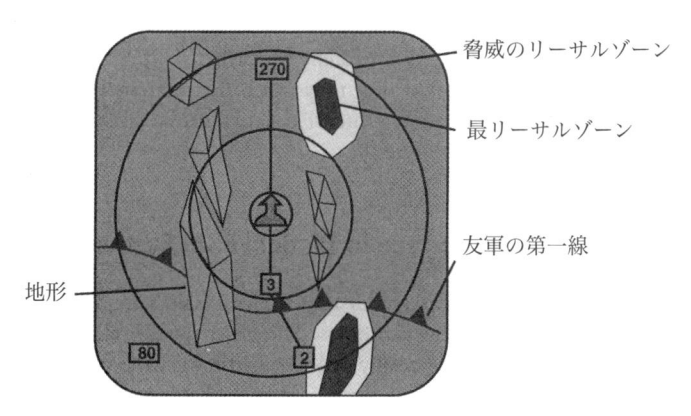

図5.18　HSDは，地形地物や航空機の現在高度における脅威の致死領域限界に加えて飛行経路を表示する．

troops; FLOT）は，敵の方向を指す各三角形がついた 1 本の線で示される．

HSD の空中モードは，空中戦闘に重要なエレメントを示している．自機の空対空火器の致死射程距離は，自機シンボルの前方に表示される．敵機は，その火器の致死効果ゾーンとともに，適切な色（通常は赤色）で表示される．

5.5.5 多機能表示システム

MFD は，搭乗員に対して，さほど即時性のない情報を画像形式で表示するのに用いられる．この種の情報の例として，エンジン推力，燃料状況，油圧系統の状況，武器状況などが挙げられる．図 5.19 は，対抗手段の状況を図画で表したものである．搭乗員は必要に応じて画面にこのような多数の表示を呼び出せる．一部の表示は，危険な状態，例えば「帰投残燃料」，エンジン故障，エンジン火災などになりつつあるという情報を含んでいるので自動的に表示される．

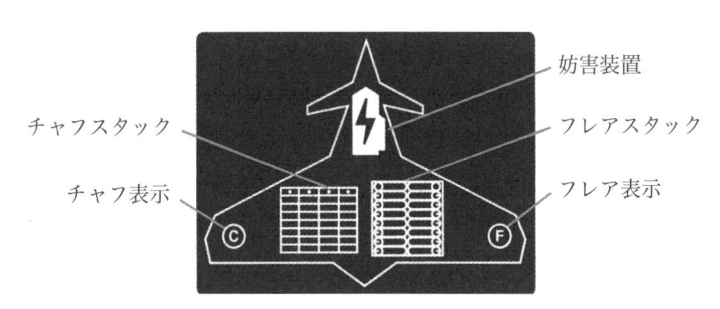

図 5.19　一般的な MFD（多くのうちの一つ）は，航空機の電子戦対抗手段の状況を表示する．

5.5.6 課題

これらの各種表示が，ディスプレイ用コンピュータにもたらす課題の一つは，表示をパイロットが見ているものと一致させることである．航空機のピッチやヨーは比較的ゆっくりであるが，極めて速い速度でロールすることがある．これらの表示は集約的な処理であるので，航空機のロール速度で表示を更新するよう注意しなければならない．

5.6 戦術 ESM システムのオペレータインタフェース

戦術 ESM システム（tactical ESM system）は，指揮官に状況認識を与えることを目的とするものである．ESM システムによって，敵の電子戦力組成（electronic order of battle; EOB; 敵の送信機の種類およびその位置）を判定することができる．軍の施設・装備は，その種類ごとに独特の電波源の組み合わせを持っているので，存在する各電波源の種類およびそれらの相対および絶対位置に関する知識によって，敵部隊の構成や配置を判定するための分析が可能になる．電子戦力組成から敵の意図を判定することさえできるかもしれない．

5.6.1 オペレータの役割

各電波源位置を判定した時点で，それらは上級レベルの解析中枢に電子的に渡される．しかしながら，ESM システムのオペレータは，妥当な電波源位置を決定するためにデータの評価（data evaluation）ができなければならないので，専用ディスプレイの援助を受ける．地上部隊に対して運用される戦術 ESM システムに特有の特徴は，単一のシステムで敵電波源の位置を決定できることはほとんどないことである．DOA は図 5.20 に示すように，位置が既知の複数

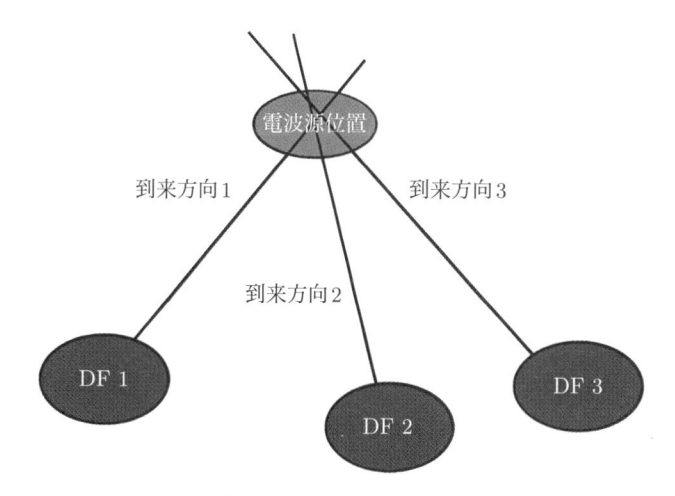

図 5.20　一般に，地上電波源の位置を確定するには，少なくとも 2 か所の既知の位置から到来方向を測定する必要がある．3 か所からの方探測定値により位置決定精度を評価できるようになる．

のサイトから測定しなければならない．そして，三角測量（triangulation）によって電波源位置が決定される．測定された電波源位置は，当然ながら，2本の到来方位線（line of bearing; 方測線）が交差する点である．

ある理想的な（平坦で障害のない）世界では，二つの到来方向の交点が，電波源の位置を決定するのに十分であろう．しかしながら，実際には，地形反射によりマルチパス信号が発生する．さらに地形によっては，受信機までの見通し線経路が遮られることもある．さらにまた，同一周波数の別の送信機が，複数の方探受信機に誤った測定値を与える原因となることもある．これら三つの要因により，各方位（方測）線が絶対に正確であるとは言えなくなってしまう．

5.6.2 実際の三角測量

3台のDF受信機がある場合，三つの三角測量点が存在する．実際は，(図5.21に示すように）それらは同一点にはならない．マルチパスや干渉の影響が大きいほど，計算した線の交点間の広がりが大きくなる．方探測定を数回行えば，これらの位置決定点の統計的変動を電波源位置の品質係数の計算に使用できる．すなわち，統計的広がりが小さいほど品質係数は高くなる．方位（方

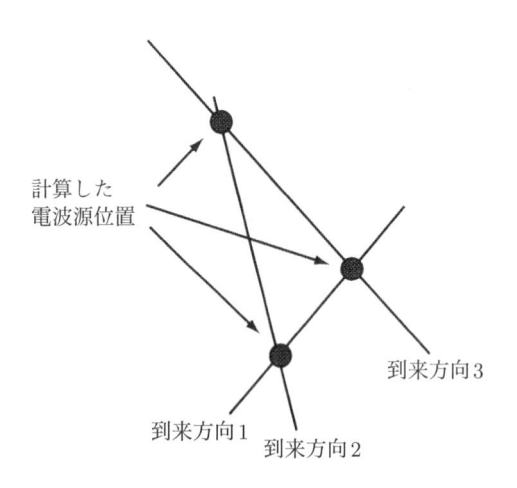

図5.21　図5.20の3本の方位線の三つの交点は，理想的には同じ位置となる．いくつかの測定値の組み合わせによるそれらの位置の広がりから，位置決定精度の評価基準が得られる．

測）線を確かめることができ，その地域の地形を知っているオペレータは，明らかに外れた方位線を計算から排除でき，コンピュータは最も正確な電波源位置候補を計算することができる．したがって，オペレータ表示は，方探受信機の位置，方位（方測）線および戦況を地形地物と関連付けることが重要である．

何年も前，電波源の密度がかなり低く，通常は戦況がさほど流動的でないころは，方探オペレータは自分たちの方探測定値を口頭で解析中枢に報告することが可能であった．解析員は作戦図上に方探サイトの位置をプロットし，報告された方位線を引くことになる．その後，解析員は地図から三角測量の座標を読み取ることができた．コンピュータ生成表示は，疑う余地のない一つの改善点であり，ことに信号密度（signal density）が増大し，戦術が機動的になるにつれて，そうであった．

5.6.3 コンピュータ生成表示

初期のコンピュータ表示は図 5.22 に示すような表示であった．重要な地形地物が線で描かれ，その上に戦況が重ね合わされた．方探受信機の位置と方位線は，システムがその上に描いた．画面左側のデータにより，オペレータは三角測量点を周波数（および，その他の何らかの利用可能な信号情報）と関連付けることができた．この表示から，オペレータは明らかに間違った方位線を取

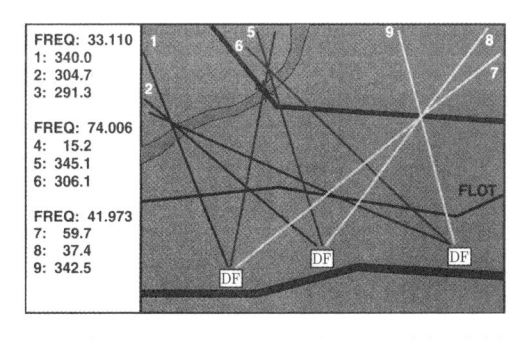

図 5.22 初期の電子化システムでは，測定された電波源位置は，線画表示で地形および戦術情報と合成された．個々の方位線は，マルチパスによるものと見られる場合や，マルチパスあるいは同一チャンネル干渉による誤りがあると考えられる場合，削除することができた．

り除き，三角測量点の詳細な分析のために拡大することができた．データが編集された時点で，システムは位置を報告することができ，それらを他の既知信号データと関連付けることができた．

言うまでもなく，コンピュータ生成データと戦術地図を1台のディスプレイ上で重ね合わせることが望ましかったが，デジタル地図はまだ利用できなかった．その解決策の一つは，電子的画像を作り出すため戦術地図の上にビデオカメラを置くことであった．それで，ビデオ地図をコンピュータ制御データと一緒に CRT 上に表示することができた．オペレータ制御でカメラを移動させたりズーミングさせることにより，緊要な地図位置の拡大図を表示できた．問題は，コンピュータ生成位置が地図の正しい位置に表示されるように，コンピュータデータと地図との指標付けを行うことであった．もう一つの解決策は，地図上に指標を描き，オペレータに各指標上に（マウスかトラックボールで）カーソルを置いてもらうことであった．その結果，UTM (universal-transverse-mercator) 座標（または，経度と緯度）が各指標と関連付けられ，コンピュータは地図表示を自身が生成した位置決定点に合わせることができた．面白い点は，これが，新しい OS (operating system) にアップグレードした携帯型コンピュータのタッチスクリーンを較正 (calibration) するのに利用される手順と同じであることである．この手順は，オペレータ作業を必要とし，オペレータが何か間違えば，（解決不可能な）さらなる誤差を取り込んだ．また，カメラが移動したりズーミングすると，正確な指標付けを維持することが難しかった．

5.6.4　最新の地図ベースの表示

いったんデジタル地図が利用できるようになると，地図をコンピュータに読み込み，他の情報をデジタルデータファイルに直接付加することが可能になった．いまや，地図に，戦況，方探受信機の位置，方位（方測）線，および何かほかの所望の情報を付加するため，リアルタイムで編集することができるようになった．図 5.23 は編集済みのデジタル地図表示を示す．この図で，FLOTが急勾配の尾根の頂付近に位置し，方探受信機 (1, 2, 3) は良好な見通し線が得られるよう高所地形域に位置していることがわかる．また，3 本の方位線

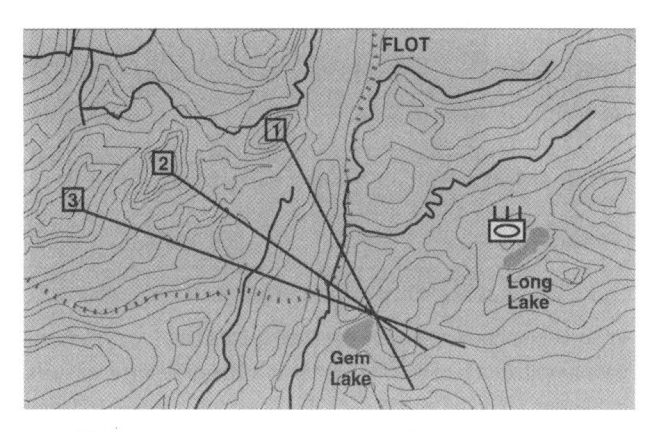

5.6 戦術 ESM システムのオペレータインタフェース　107

図 5.23　最新の ESM オペレータ用ディスプレイでは，デジタル地図と戦況情報が組み合わされており，方探受信所と方位（方測）線がオーバレイされている．

が Gem Lake 東端の敵送信機位置を示していることもわかる．敵の司令部は Long Lake の西方に（記号で）示されている．

　この表示は，戦況や地形地物を鑑みた電波源位置決定の評価を可能にする大量の情報をオペレータに提供する．また，この表示は，表示精度（display accuracy）を落とすことなくズームしたり，向きを変えたり，あるいは他の位置までスキャンすることができる．

　この種の表示は，数人のオペレータが容易に利用可能で，各オペレータの必要に応じて表示を最適化できる．解析員または指揮官は，より高いレベルの分析中に生じるどのような問題をも解決するため，生データに素早く目を通すこともできる．

　図 5.23 の作成に用いたデジタル地図は，市販品に基づいているが (Wildflower Productions Inc. の許可を得て使用)，軍用ディスプレイは，（旧）国防地図庁 (Defense Mapping Agency; DMA) の地図を使用する．DMA 地図には相当な量の追加データ（地表面など）が含まれており，必要に応じて展開しているシステムに電子的に送信できるようになっている．

第6章

捜索

　脅威信号の探知は，EWシステム設計者が直面する最も厄介な課題の一つである．理想的には，EWシステムの受信部は，全方向，全周波数，全変調方式を同時に，しかも極めて高感度で監視できるようにすることであろう．もっとも，そのような受信システムが設計できたとしても，その寸法や，複雑度，コストから，ほとんどの用途で実現不可能に終わるであろう．したがって，EW受信システムの実現にあたっては，要求された寸法，質量，電力，費用の制約の中で最良の傍受可能性を得るために，上記のすべての要素についてのトレードオフが必要となる．

6.1　定義およびパラメータの制約

☐ **傍受確率**（probability of intercept; POI）

　POIとは，EWシステムにおいて，脅威信号がEWシステムに最初に到達した時刻から，EWシステムがその任務の実行に間に合わなくなる時刻までに，特定の脅威信号を探知する確率をいう．EW受信機のほとんどは，規定時間内に信号が規定のシナリオの中に存在する場合，その脅威リストのそれぞれの信号に対して，90〜100%の傍受確率を達成できるよう仕様が定められている．

☐ **アンテナの対向**（scan-on-scan）

　図6.1に示すように，アンテナの対向とは，文字どおり，走査中の送信アンテナからの信号を探知するために，走査中の受信アンテナを使用する問題点を

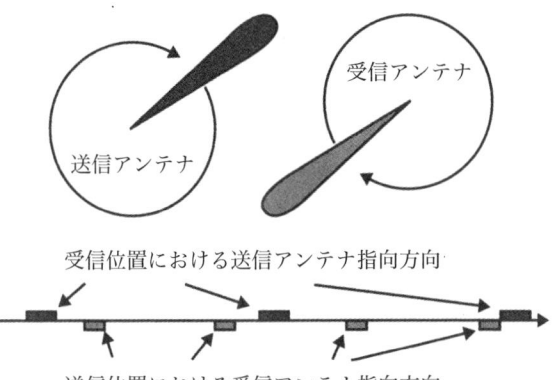

図 6.1　古典的なアンテナの対向状況では，送信・受信アンテナが互いに独立に走査する．受信機は，二つのアンテナが対向した場合にのみ受信可能である．

いう．ただ，この言い回しは，複数の独立した次元（例えば，角度と周波数）で信号を捜索しなければならないどの状況でも使われる．アンテナの対向状態で生じる難問は，信号が存在する時間は，受信機が信号を受信できる時間とは独立して変動するため，傍受確率が低下することである．

6.1.1　捜索項目

さて，EW 受信機が脅威電波源を探知する必要がある項目について考えてみよう．これは電波到来方向，周波数，変調方式，受信信号強度および時刻である．これらの項目が傍受確率に及ぼす影響について，表 6.1 に示す．

◻ 電波到来方向（direction of arrival; DOA）

特に航空機プラットフォームにとっては，信号の到来方向は捜索に大きな影響を与える推進力である．機動中の戦闘機や攻撃機は，任意の方向に移動することができる．また，地上の脅威送信機の信号も，あらゆる方向から到来する可能性がある．したがって，図 6.2 に示すように，一般に航空機周囲の「4π 立体角覆域」（4π steradian coverage）と呼ばれる完全な球形方向からの脅威について，想定する必要がある．通常は翼をほぼ水平にして飛行する航空機では，図 6.3 に示すように，ヨー平面では 360° の範囲，垂直面では ±10°〜±45° の範

表 6.1 捜索項目が POI に与える影響

捜索項目	傍受確率に与える影響
電波到来方向	広角度の捜索を行うためには，長い捜索時間または広いビーム幅（すなわち低利得）の受信アンテナが必要である．いずれも POI が低下する．
周波数	広い周波数範囲を捜索するには，長い捜索時間または広い帯域幅（すなわち低感度）の受信機が必要である．いずれも POI が低下する．
変調方式	強力な CW または FM 信号は，広帯域パルス受信機に干渉を与える．その結果，パルス信号の POI は低下する．また，CW および FM 信号を探知するには狭帯域受信機形式が必要である．
受信信号強度	微弱信号を探知するには，狭ビームアンテナおよび/または狭帯域受信機が必要である．ただし，POI が低下する．
時間	低デューティサイクル信号は，狭ビームアンテナおよび/または狭帯域受信機の所要捜索時間を延ばすようにして，信号が受信機の中にいる間のみ探知できる．捜索時間が，信号が出ていて捕捉が可能な時間を上回れば，POI が低下する．

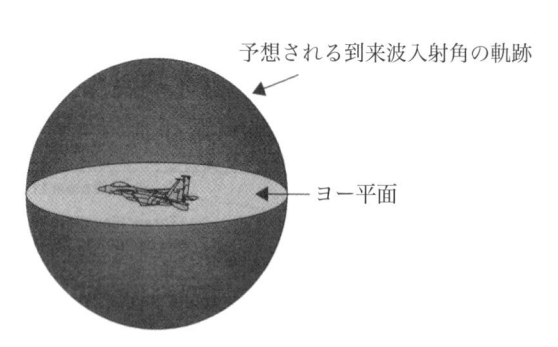

図 6.2 一般に，戦闘機または攻撃機に対する信号の到来波入射角は，機を取り囲む，球面のあらゆる方向がありうる．

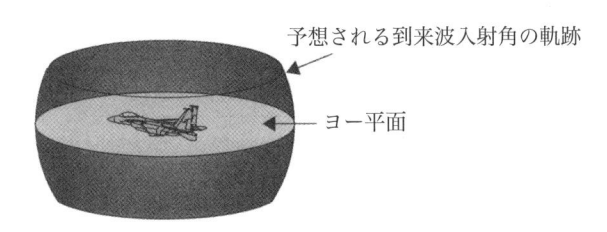

図 6.3　通常は翼を水平にして飛行する航空機搭載 EW システムでは，脅威探知角度は一般にほぼヨー平面に近い帯状の角度空間に限定される．

囲のみを考慮すれば十分であることが多い．

艦艇搭載および地上設置 EW システムにおいては，その任務にもよるが，捜索範囲は，一般に方位角 360°，仰角は 10°～30° である．これらのシステムは，あらゆる高度から侵入する経空脅威に対処すべきであるが，図 6.4 に示すように，高仰角には脅威電波源の量が比較的少ない．これは，高仰角には脅威電波源がわずかな時間しか存在しないからである．さらに，プラットフォームが高仰角で観測されるようになるころには，距離的に近くなっているので，その脅威電波源からの信号レベルは，探知を回避することが困難なレベルまで高くなっているということもある．

◻ 周波数（frequency）

レーダ信号は，UHF 帯からマイクロ波帯の範囲の周波数帯にある．さらに，ミリ波帯にも拡大している．しかしながら，仮想敵国の脅威電波源に関する詳細な情報からそれらの周波数帯域が判明すれば，捜索範囲を狭めることが可能

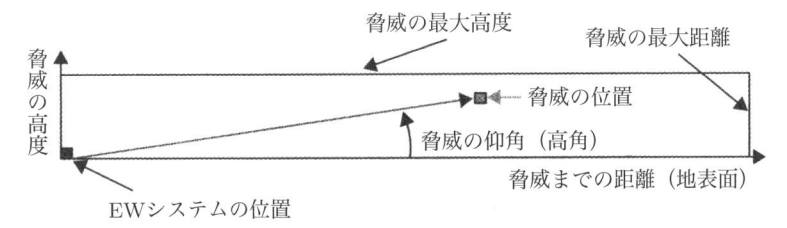

図 6.4　一般的な艦艇搭載または地上設置型の EW システムでは，最大脅威探知距離が脅威の最大高度よりはるかに大きいため，交戦期間のほとんどは脅威を低仰角で監視する．

になる．戦術通信信号は HF 帯，VHF 帯，UHF 帯にある．一般にどの形式の電波源も広い周波数範囲に同調できるので，通信波帯受信機は通常，対象周波数帯全域を捜索する必要がある．

❒ 変調方式（modulation）

信号を受信するためには，通常 EW 受信機を適切な復調器で構成する必要がある．大幅に異なる変調方式の信号が存在する場合，別の捜索項目が必要となる．最も良い例は，パルス信号に対する CW レーダ信号の場合である．通常，CW 信号はパルス信号に比べて，極めて低い電力レベルで送信されるので，別の探知方法が必要になる．

通信波帯信号の捜索（communication signal search）においては，初期捜索ではたいてい，CW と AM および FM 信号を同時に探知する「エネルギー探知」（energy detection）法が実行される．探知通過帯域（detection passband）が変調方式を取り込むのに十分なだけ広ければ，信号エネルギーは一定である．しかしながら，単側波帯（single side-band; SSB）変調では，搬送波が抑圧されているので，受信信号強度が変調とともに増減し，探知は特に困難となる．

❒ 受信信号強度（received signal strength）

主ビームのみを探知するシステムでは強力な信号を受けるので，当然のことながら，低感度の受信機形式および捜索技法を使用しなければならない．EW システムを装備したビークルを追尾していない脅威を探知するシステムは，送信アンテナのサイドローブからの信号を受信しなければならない．その強度は主ビームに比べて，40dB 以上低い．

❒ 時間（time）

脅威電波源を探知・識別する時間は，仕様で決められる（極めて短い秒数である）．通常，EW システムは，信号が消滅する前に識別に必要な分析時間を十分確保できるよう，迅速に探知を行わなければならない．たいてい多数の信号が存在するので——脅威信号はそのうちの一部かもしれないし，すべてかもしれない——，時間は極めて重要な捜索項目となる．

6.1.2　パラメトリック捜索におけるトレードオフ

表 6.2 に，捜索手法の設計を進める上での基本的なトレードオフ項目について示す．一般に，EW システムが受信する脅威信号の強度，およびそれを探知するため EW システムに許される時間は，捜索過程における重要な要素である．強力な信号を受信する場合，広ビームアンテナ（狭ビームアンテナより利得が低い）と広帯域受信機（狭帯域受信機より感度が低い）を使用する．大きいアンテナビーム幅にすれば，到来波入射角（angle of arrival; AOA）を迅速に捜索でき，また，広帯域受信機では周波数を迅速に捜索できる．角度および周波数の捜索は，いずれも信号の探知が許される時間内に終えなければならない．

表 6.2　捜索項目のトレードオフ

捜索項目	トレードオフ対象	作　用
到来波入射角	感度	アンテナ利得は，ビーム幅に反比例する．
周波数	感度	受信機感度は，ビーム幅に反比例する．
信号強度	到来波入射角	強い信号強度には，広ビームアンテナが必要である．
	時間	受信システムは脅威となるアンテナのサイドローブを探知できることもある．

6.2　狭帯域周波数の捜索方法

各種の広帯域受信機を適用することによって可能な洗練された捜索方法を取り上げる前に，単一の独立した受信機の帯域幅より著しく広い周波数範囲内の信号の探知に影響する事項について考察することは有益である．通信およびレーダの信号を対象とする基本的な狭帯域受信機の捜索方法を考察しよう．

6.2.1　課題の確認

図 6.5 に示すように，信号が周波数範囲 F_R（kHz または MHz）に存在し，周波数スペクトル F_M（Hz, kHz または MHz）を占有しているものと仮定する

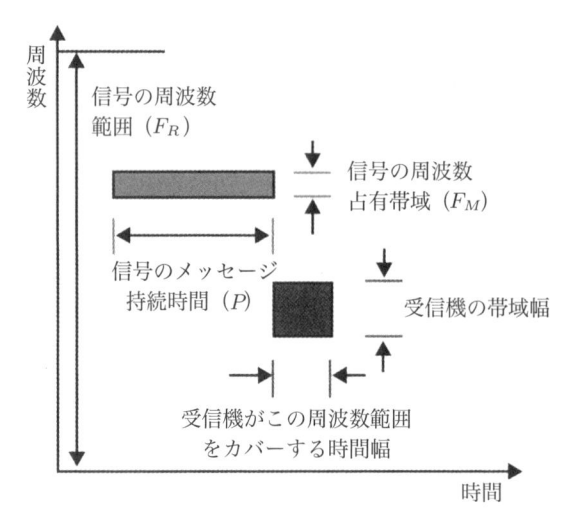

図6.5 捜索に関する問題は，受信機の通過帯域，滞留時間のステップ，目標信号の占有帯域およびメッセージ持続時間が表示されるような時間と周波数の空間として視覚化できる．

(信号を探知するため，スペクトルの総量が受信機の帯域幅内になければならないと解する)．捜索受信機 (search(ing) receiver) の帯域幅の単位は Hz, kHz または MHz である．信号は，P (秒またはミリ秒) のメッセージ (または信号) 持続時間に存在している．通常，捜索機能に許される時間は，信号が存在していると予想される時間，あるいはその信号に関係する致死脅威への対抗手段をとる時間までである．通信波帯では，通常，メッセージ送信が終わる以前に信号の存在を探知するか，もしくは，メッセージが終了する以前に，十分な余裕を持って分析，位置決定または効果的な妨害ができるように，信号を迅速に探知する必要がある．レーダ信号に関する捜索機能は通常，一定の時間内 (通常，秒未満) で致死脅威の識別・報告ができ，かつ，EW 防護されたプラットフォームに最初にビームが当たってからある時間内 (通常，1, 2秒) で，対抗手段の開始指示ができるように信号を探知する必要がある．

一般に，捜索受信機の同調速度 (単位時間に捜索される周波数スペクトルの総量) は，帯域幅の逆数に等しい時間内で，1 帯域幅より小さくする必要がある．例えば，捜索受信機は帯域幅が 1MHz であれば，1MHz/1μsec より速くは

掃引できない．最近のデジタル式同調受信機では，帯域幅の逆数に等しい時間だけ，各同調ステップに留まるというように言い換えている．これはよく「帯域幅の逆数の捜索速度」と表現される（一部の受信システムにおける制御や処理速度に関する制約は，捜索速度も制限することがあることに注意しよう）．

捜索方法には，さらに二つの制約がある．一つ目は，受信機の帯域幅は探知信号を受信するのに十分に広くなければならないことであり，二つ目は，適切な品質を持つ信号を受信するためには，受信機はそれに見合った適切な感度を持つべきであるということである．捜索経験が深い読者は，対象信号についての何らかの予備知識があれば，これら三つの制約のいずれかを巧妙な処理によって緩和できる．これは，目標信号を余裕を持って受信できる状況にあっては特に正しい．この問題は後ほど扱うが，ここでは，人がいかにうまく処理しても，物理学の法則を破るに至らないことだけを記憶しておいてほしい．

6.2.2 感度

当然のことながら，狙った信号を探知するためには，受信機の受信感度が十分大きくなければならない．すなわち，受信信号強度は感度より大きくなければならない．感度とは，受信機が満足できる結果を出せる最小限の受信信号レベルであると定義されたことを思い起こしてほしい．第 4 章で説明したように，感度を構成する要素には，雑音指数 (NF)，所要信号対雑音比 (SN 比)，熱雑音レベル (kTB) の三つがある．NF と SN 比（いずれも dB）は，kTB（通常 dBm）に加算され，その和は受信機の感度に等しい信号レベルとなる．NF は，受信機の構成と構成品の品質によって決まる．所要 SN 比は，信号の変調方式と伝送される情報の種類に依存する．kTB は，主に受信機の帯域幅によって変化する．

$$\mathrm{kTB\,[dBm]} = -114\mathrm{dBm} + 10\log_{10}\left(\frac{\mathrm{BW}}{1\mathrm{MHz}}\right)$$

最適な捜索帯域幅は，感度（帯域幅が広がれば感度は低下）と受信機が同調可能な速度（帯域幅が広いほど高速の同調が必要）とのトレードオフであることを，この式は意味している．

信号の受信に必要な感度は，傍受の位置関係によって決まる（受信信号強度については，第 2 章で記述済み）．

6.2.3 通信波帯信号の捜索

通信波帯の信号捜索の過程は，パルス信号の捜索に比べていくつかの点で容易なので，これについて最初に考察しよう．現状の傍受位置関係においても，通信波帯の受信に適度の感度が得られるものと仮定する．

図 6.6 に示すように，基本的な捜索方法は，可能な限り広い周波数範囲を，実現可能な広い帯域幅にわたり，可能な限りの最大捜索速度で，信号が見つかるまで捜索することである．ここで考慮すべき帯域幅の主な制約は感度への影響であるが，信号環境および適用される信号処理に応じて，帯域幅は干渉信号の影響によっても制限を受けることがある．

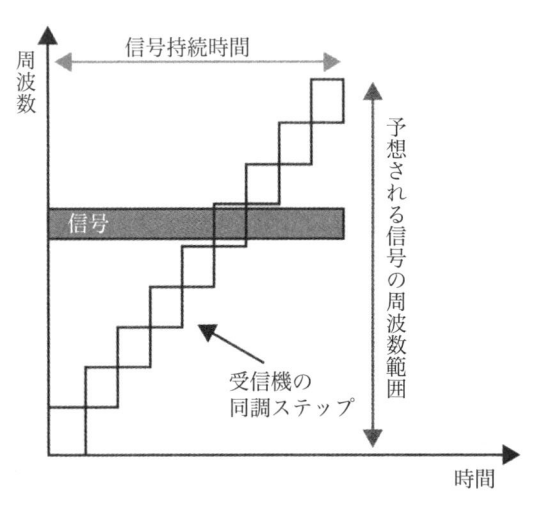

図 6.6 通信波帯の信号の捜索では，受信機の帯域幅および同調ステップ持続時間は，可能なら，予想される最小の信号持続時間内で信号の周波数範囲全体がカバーされるようにしなければならない．

6.2.4 レーダ信号の捜索

レーダ信号については，捜索に関してさらなる課題が提起されるが，ここではそのうちの二つについて考察する．レーダ信号は（通信波帯信号が連続変調であるのに対して）パルス化されていることがある．また，一般に通信波

信号では無指向性アンテナまたは固定式広ビームアンテナを使用するのに対し，レーダ信号では受信機位置を走査できる狭ビームアンテナ（narrow-beam antenna）を使用する．

初めに，図 6.7 に示すようなパルス信号の捕捉による影響について考察する．パルス信号の多くは高電力なので，狭帯域捜索より有効な技法があるが，狭帯域捜索しか使えない状況も存在する．信号は，パルス持続時間（pulse duration; PD）内しか存在せず，そのパルスもパルス繰り返し間隔（PRI）ごとに 1 回しか発生しない．したがって，狭帯域捜索受信機は，各同調ステップにおいて，パルス繰り返し間隔の全期間で待つか，あるいは，PD の間，多数のステップをカバーするのに十分高速に同調する（また，PRI 全体において同調パターンを繰り返す）かのいずれかを選択しなければならない．受信機の帯域幅が 10MHz で，PD が 1μsec ならば，受信機は PD の間，100MHz のみをカバーできるにすぎない．レーダ信号捜索帯域は一般に数 GHz であるので，この方法はあまり期待できる捜索方法とは言えない．代わりに，各同調ステップにおいて，1 PRI 全体にわたって捜索する方法がある．速度は遅いが，より広い受信帯域幅を利用すれば改善することができる．

さて，図 6.8 に示すような，狭ビーム走査型送信アンテナの効果について検討してみよう．図は，受信機位置での時間対受信信号電力を表している．送信アンテナが受信機に対向したときの受信電力は，前出の受信電力計算式で計算

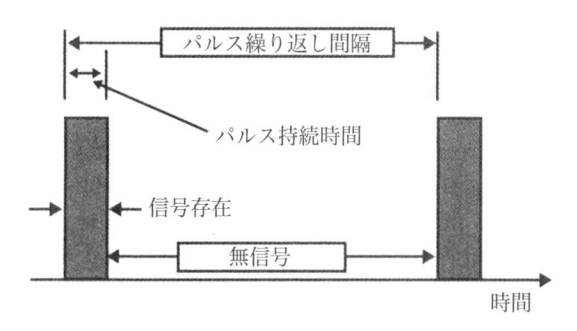

図 6.7 目標パルス信号が存在する時間中に受信機はパルスの期間内のみエネルギーを受信するので，信号が観察されたことを保証するために，受信機はパルス間隔の期間は一つの周波数に留まっていなければならない．

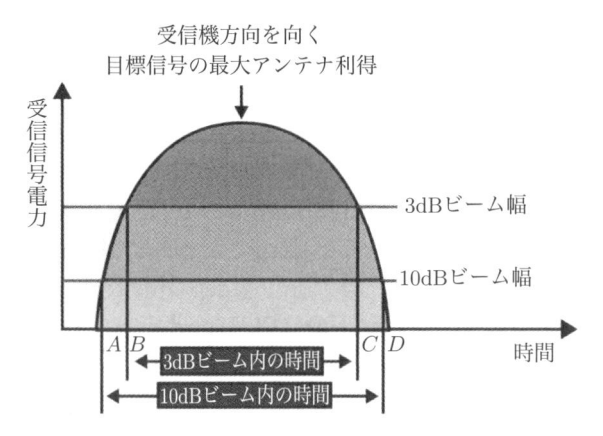

図 6.8 目標信号アンテナが受信機位置を掃引する際，受信電力は時間の関数で変化する．

することができる．受信機の感度が最大電力より 3dB 弱い信号を受信できれば，信号は時間 B から C の間存在していると見なせる．受信感度が 10dB 弱い信号を受信するのであれば，時刻 A から D の間存在していることになる．しかしながら，受信機感度が送信アンテナのサイドローブを受信できるレベルであれば（第 3 章参照），信号は常時存在するものと考えられる．

6.2.5 狭帯域捜索の概念

狭帯域受信機を用いた信号の捜索について論じると，EW および偵察受信機の直面する捜索問題のパラメータを深く検討できる．しかしながら，これは必ずしも現実の場面で行う最良の信号捜索ではない．信号環境の特性について検討した後には，与えられた環境において，捜索に最適なさまざまな形式の受信機を組み合わせる方法を議論するための予備知識が身につくであろう．

6.3 信号環境

多くの一般論によれば，信号環境は極めて信号密度が高く，その密度は増大の一途を辿りつつあるという．これはほとんどの一般論同様に当てはまるが，それだけでは話は済まない．具体的に言えば，EW または偵察システムが任務

を果たすべき信号環境は，システムの位置，その高度，受信感度およびカバーすべき一定の周波数範囲の関数である．さらに，信号環境のインパクトは対象信号の識別のために受信機が見つけるべき信号の特性，およびそれらの信号から抽出すべき情報に強く影響される．

信号環境は，受信機がカバーする周波数範囲内で，受信アンテナに到達するすべての信号として定義される．この環境には，受信機が受信しようとする脅威信号のみならず，友軍，中立軍，非戦闘組織の信号も含まれる．そこには脅威信号より多くの味方や中立の信号が存在しているが，関心がなく，脅威判定の必要のない信号を除外するためには，受信システムは到来信号のすべてに対処しなければならない．

6.3.1 関心対象信号

EWシステムや偵察システムが受信する信号形式は，一般的にパルス波または連続波（CW）に分類される．この場合，「CW信号」には，連続波形のすべての信号（非変調RF搬送波，振幅変調，周波数変調波など）が含まれる．パルスドップラレーダ信号はパルス化されてはいるが，中には捜索段階においてCW信号のように扱わなければならない高デューティサイクル（high-duty-cycle）の信号もある．そのような信号を捜索するためには，当然のことながら，受信機はどの諸元も計測し分析するのに十分かつ適切な帯域幅を持っていることが必要である．ある種の信号については，信号の存在の探知に必要な帯域幅が，信号の復調に必要な幅よりはるかに狭いことがある．

6.3.2 高度と受信感度

図6.9に示すように，扱うべき信号の数は受信機の高度と感度に比例して増加することを考えておかなければならない．

VHF帯以上の信号においては，見通し線内（line-of-sight; LOS）の伝搬に限られ，電波水平線（radio horizon）より上空にある信号のみが信号環境にあるものと考えられる．電波水平線とは，ある受信機から見通し内伝搬にある最も遠い送信機までの地表面の距離をいう．これは基本的には地球の曲率の関数であり，大気の屈折によって光学水平線（optical horizon）より遠方に延長さ

図 6.9 受信機が扱うべき信号の数は，プラットフォームの高度と受信機感度の双方の増加に伴って増大する．

れる（平均約 33%）．電波水平線を決定する一般的な方法は，図 6.10 の三角法を解くことである．この図で，地球半径は，屈折係数（「4/3 地球」曲率（4/3 earth factor; 4/3 等価地球半径係数）と呼ばれる）を勘案すると，真の地球半径の 1.33 倍となる．送受信機の見通し距離は，次式から求められる．

$$D = 4.11 \times \left[\sqrt{H_T} + \sqrt{H_R}\right]$$

ここで，D：送受信機間の距離〔km〕，H_T：送信アンテナ高〔m〕，H_R：受信アンテナ高〔m〕である．

したがって，電波水平線は相対的に定義される．これは受信機および存在するあらゆる送信機の双方の高度に依存する．そのほかがすべて同等であれば，電波水平線範囲内の地上の表面積に比例して，受信機が見る送信機の数を予想することができる．もちろん，電波源の密度もその距離内で発生する事象に依存する．

例えば，潜水艦の潜望鏡上のアンテナは，ほんの数 km 内に存在すると予想されるわずかな送信機からの信号しか受信できない．大規模な水上任務部隊，または沿岸地域に近接して多くの活動に従事する場合であっても，5 万フィートの高度で飛行する航空機の場合に比べれば，潜水艦が受信できる信号密度は，依然として極めて低い．高空を飛行する航空機は，1 秒当たり何百万ものパルスを持つ何百もの信号の探知が期待できる．

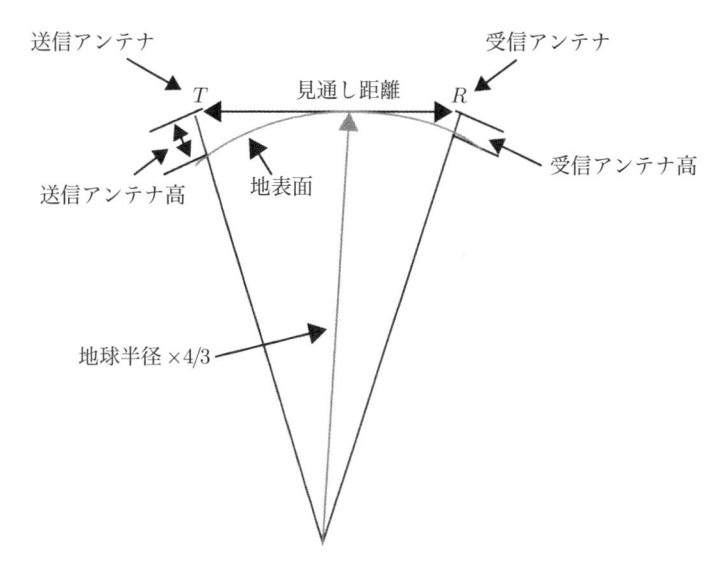

図 6.10　送受信機間の見通し距離は，双方のアンテナの高度によって決まる．

　受信機が 30MHz 以下で運用される場合，信号はかなりの「水平線以遠」（beyond the horizon）の伝搬モードになるので，信号密度は高度の要素にそれほど直接的に影響されない．VHF 帯および UHF 帯信号は見通し線を超えて（beyond line-of-sight）受信できるが，受信信号強度は，周波数と伝送される地球表面形状との関数になる．周波数が高いほど，また非見通し線角度（non-line-of-sight angle）が大きいほど，減衰は大きくなる．すべての実用使用においては，マイクロ波信号が届くのは電波水平線が限界と考えられている．

　信号密度を決定するその他の要素として，受信機感度（加えて，アンテナ利得に関連したあらゆる事項）がある．第 2 章で詳細に述べたように，受信信号強度は送受信機間の距離の 2 乗に比例して減少する．受信機感度は，受信機が信号から必須情報を復元できる最小の信号強度であると定義される．また，ほとんどの EW 受信機には，受信感度より低いレベルの受信信号について考慮しなくてよいように，何らかのしきい値化の機構がある．したがって，低感度で，低利得アンテナを使用している受信機は，高感度または高利得アンテナの恩恵を受けている受信機よりはるかに少ない信号を扱うことになる．これによ

り，脅威電波源を識別する際，システムが考慮すべき信号数が低減し，捜索問題を簡素化することができる．

6.3.3 信号から復元される情報

EWシステムや偵察システムが受信信号の変調パラメータのすべてを復元しなければならないことは，至極当然である．例えば，目標信号が通信用送信機から出たものであれば，「敵が言っていることを聴く」ことを命じられていないシステムであっても，送信機の形式（したがって，それに関連した装備の形式）を識別するために，周波数や正確な変調方式，および何らかの変調特性を究明することは必要である．レーダ信号では，受信機は通常，レーダの形式や運用モードを明らかにするために，受信信号の周波数，信号強度，パルス諸元，FM変調とデジタル変調の別を分析しなければならない．

ESMシステムと偵察受信システムの一つの大きな違いは，通常，ESMシステムは受信信号の識別に必要な情報のみを復元すればよいのに対して，偵察システムは所定のすべての諸元を測定する必要があることである．

多くのESMシステムは電波源位置決定と捜索過程を統合しているが，この場合，事前の電波源位置決定を信号分離・識別の一環として実施している点に注意すべきである．信号捜索との関連からは，信号は位置特定結果に従って味方または中立として分類されるので，電波源位置決定に基づき以降の捜索の対象から排除されることを理解すべきである．

6.3.4 捜索用受信機の形式

EWシステムや偵察システムに用いられる受信機の形式を，表6.3に示す．第4章ではそれぞれの受信機形式の機能面について記述した．この表では，それらのうち，捜索問題に特有の特徴について示す．

クリスタルビデオ受信機は，広い周波数範囲を連続的にカバーできるが，受信感度に制約があり，振幅変調のみ，また同時に1波しか探知することができない．このため，高密度パルス信号環境下では理想的に動作するが，CW信号が一つ存在しただけで，どのパルスも正確に受信できなくなる可能性がある．

表 6.3 受信機の形式ごとの捜索能力

受信機形式	受信感度	復元可能要素	複数信号への対応可否	瞬時周波数覆域
クリスタルビデオ	貧弱	振幅変調	否	全帯域
IFM	貧弱	周波数	否	全帯域
ブラッグセル	中程度	周波数・信号強度	可	全帯域
コンプレッシブ（圧縮型）	良好	周波数・信号強度	可	全帯域
チャネライズド	良好	周波数・全変調方式	可	全帯域
デジタル	良好	周波数・全変調方式	可	中程度の範囲
スーパーヘテロダイン	良好	周波数・全変調方式	否	狭い範囲

IFM 受信機は，極めて短時間のデジタル周波数測定が可能であるが，受信感度に制約がある．全周波数帯を通じて，各到来パルスの周波数を測定することができる．ただし，クリスタルビデオ受信機と同様に，同時に1波しか扱えない．1波のみが他の信号より十分強力な場合，その周波数測定は行えるが，ほぼ同等の信号強度を有する複数の信号に対しては，有効な周波数測定ができない．クリスタルビデオ受信機同様，IFM 受信機は，高密度パルス環境下では理想的に動作する一方で，ただ一つの CW 信号により，いかなるパルスも測定できなくなる可能性がある．

ブラッグセル受信機は，同時複数信号の周波数測定が可能であり，そのため，単一の CW 信号に阻害されない．しかしながら，現時点ではほとんどの EW 応用に適用できないほど，ダイナミックレンジに制約がある．

コンプレッシブ（圧縮型）（すなわち，マイクロスキャン (micro-scan)）受信機は，（たいてい単一のパルス幅内であるが）広い周波数範囲を極めて高速に掃引する．また，同時複数信号の周波数および受信信号強度を測定でき，良好な受信感度を有する．ただし，信号の復調はできない．

チャネライズド受信機は，複数信号が異なるチャンネルにある限り，それらの周波数の同時測定および完全な復調を行うことが可能である．また，チャン

ネル幅にもよるが，良好な受信感度を有する．しかしながら，帯域幅が狭いほど，与えられた周波数範囲をカバーするには，より多くのチャンネルを必要とする．

デジタル受信機は，広い周波数セグメントをデジタル化し，その後，ソフトウェアでフィルタをかけ，復調する．また，周波数測定および同時複数信号に対する全変調方式の復元が可能であるとともに，良好な受信感度が得られる．

スーパーヘテロダイン受信機は，周波数測定を行い，いかなる形式の変調方式も復調する．一般に，一時に1波のみの受信を行うので，同時複数信号の影響を受けることがない．帯域幅によっては，良好な受信感度を有する．スーパーヘテロダイン受信機の一つの重要な特徴は，周波数覆域と受信感度とのトレードオフを行うことにより，ほとんどの帯域幅においても設計可能になることである．

6.3.5　広帯域受信機を使用した捜索方法

EW 受信機を使用した基本的捜索方法は三つある．第1の方法は，何台かの受信機のうちの1台を捜索目的専用として割り当てる方法である．第2の方法は，広帯域周波数測定受信機で存在するすべての信号の周波数を判定し，詳細分析または監視を追跡用の受信機に行わせる方法である．第3の方法は，ノッチフィルタ（notch filter）を用いた広帯域受信機で必要な信号の捜索・測定を行い，特定の信号環境で生起する困難な事態に対処するために，狭帯域の補助受信機を使用するやり方である．

第1の方法を図 6.11 に示す．これは，ELINT および通信 ESM システム（communications ES system）における通常の方法である．通常，捜索受信機は追跡受信機より広い帯域を有し，最大実用速度で掃引する．次に，必要な詳細情報をすべて抽出するために，探知信号の周波数など迅速に測定した情報を，個々の信号に追跡受信機を割り当てる処理装置に送る．捜索受信機はどれも周波数範囲のどの周波数にも同調できるので，アンテナの受信出力は各受信機入力用に電力分配されなければならないことに注意しよう．電力分配器（power divider）はシステムの感度を低下させるので，実際には，前段に低雑音前置増幅器（low-noise preamplifier）が置かれる．

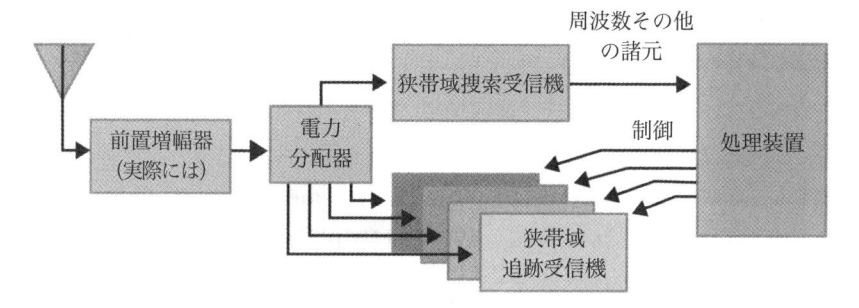

図 6.11 狭帯域受信機類のみを使用するシステムにおいては，受信機1台は捜索機能専用とされることが多く，最大速度で掃引し，完全な分析をするために信号を追跡受信機に渡す．

図 6.12 に，第2の方法を示す．先ほどと同様に，アンテナ出力は電力分配されなければならない．また，1台の受信機が追跡用の情報を複数の狭帯域受信機に供給する．しかしながら，第1の方法とは違い，広帯域周波数測定受信機が用いられる．周波数測定受信機には，IFM 受信機，圧縮型受信機，または（もし実現できれば）ブラッグセル受信機を利用することができる．この受信機は目下受信中の信号の周波数測定のみ可能であるので，処理装置は周波数の情報のみに基づいて追跡受信機を割り当てなければならない．処理装置は，最近見つけた全信号の記録を保持することになる．一般に，この受信機は新規または優先度の高い信号に限定して，監視受信機を割り当てる．

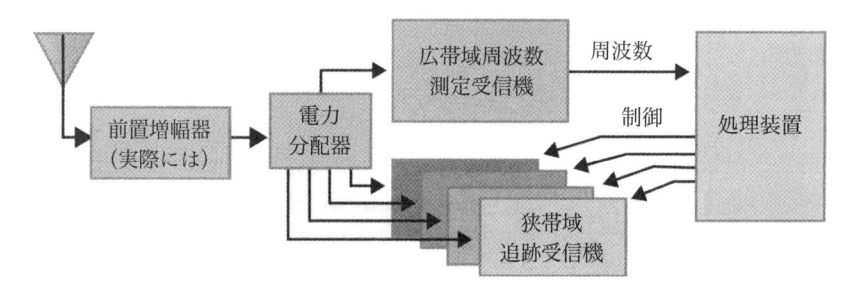

図 6.12 広帯域周波数測定受信機は，存在するすべての信号の周波数判定に使用されることもある．そこで，処理装置は，最優先の信号から必要とする情報を収集するため，最適な周波数を各狭帯域受信機にセットする．

ある種の周波数測定受信機は，狭帯域追跡受信機より受信感度が低いので，監視すべき信号の一部を受信できないこともある．これは次の二つの方法で解決できる．一つ目は，受信信号が走査中のレーダからのものであれば，感度の低い周波数測定受信機でも，受信アンテナに主ビームが向いたときに信号を探知することができる．その後，さらに感度の高い監視受信機で目標となる電波源のサイドローブを受信すれば，その受信機能を完結させることもできる．二つ目の緩和要素は，信号の探知や，そのRF周波数を測定するための受信信号強度は，信号変調全部を分析するのに必要な信号強度よりかなり小さいのが普通だということである．

RWRシステムにおいては，システムの基本的な機能として，捜索機能を保有するのが一般的である．図6.13に示すように，一般的なRWRは，高パルス密度に対処するため，一組の広帯域受信機（クリスタルビデオおよび/またはIFM）を保有している．この処理装置では，受信パルスについての情報を受け取るとともに，必要な信号の識別解析を行う．ノッチフィルタは，CWまたは高デューティサイクル信号による広帯域受信機の遮断を防止する．狭帯域追跡受信機またはチャネライズド受信機は，CWまたは高デューティサイクル信号に対処するとともに，広帯域受信機では復元できないその他のデータを収集する．パルスごとの到来方向情報を得るため，数個の周波数帯それぞれに専用の

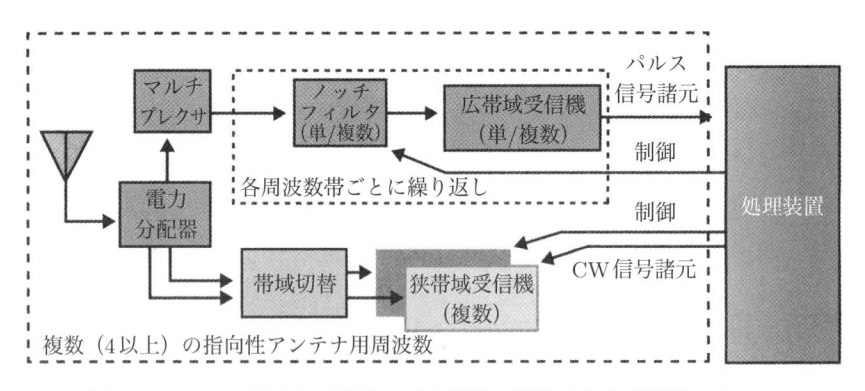

図6.13 パルス信号が支配的な信号環境で運用される受信機においては，通常，ノッチフィルタでCW信号から防護された広帯域受信機が基本的な捜索機能を果たす．狭帯域受信機は，CWおよび高デューティファクタ信号に対応する．

広帯域受信機を保有し，また，数本の指向性アンテナごとに専用の受信機一式を保有するのが一般的である．

6.3.6　デジタル受信機

デジタル受信機は極めて柔軟性に富むので，いつかは捜索および監視業務すべてにわたる処理ができるようになるかもしれない．また，デジタル化およびコンピュータ処理における（寸法や電力消費に対する）最新技術の制約を受けるが，この分野の最新技術は，ほぼ毎日変化しつつある．

6.4　ルックスルー

一般に，いかなる EW 受信システムにおいても，捜索機能が利用できるわずかな時間に存在する，あらゆる脅威信号を懸命に探知しようとする．大部分が常に広範な周波数範囲をカバーするが，狭帯域の受信装置でなければ受信できない信号形式も少数存在する．妨害機によって，受信機への到来信号がマスクされる可能性があることから，妨害機が受信機と一緒に同じプラットフォームに搭載されているか，あるいは近傍で運用される場合，その探知処理はより困難となる．EW 受信機の感度が $-65 \sim -120$dBm，妨害機が数百～数千 W の出力の場合について考えてみよう．100W の妨害機の実効放射電力（ERP）は，+50dBm をアンテナ利得に加えられるので，妨害機出力は受信機が捜索している信号より 100～150dB（あるいはそれ以上）強いと見込まれる．

受信機と連携した妨害機は，可能な限り運用的に分離される．すなわち，この受信機は，帯域または周波数範囲に妨害が行われていない一瞬に捜索するよう，妨害機と連携してその捜索機能を果たすのである．スポット妨害（spot jamming）およびある種の欺まん妨害（deceptive jamming）を用いる場合，この運用上の分離によって，受信機はかなり有効な捜索が可能になる．ただし，妨害による受信機のフロントエンドが飽和（saturation）しない，ある程度のアイソレーションを維持できる限りにおいてである．残念ながら，これによってすべての問題が解決することはまれなので，他の手段をとらなければならな

い．広帯域妨害（wideband jamming）が用いられる場合，十分な分離を実現できない限り，一般的に，帯域全体において受信機は使用できない．

ルックスルー（look-through）の第一の手法は，可能な限り妨害機と受信機を分離することである．図 6.14 に示すように，アンテナ利得パターンのアイソレーションは重要である．被妨害中の脅威の方向における妨害アンテナと，自身の受信アンテナの方向に対する妨害アンテナとの間にどのような利得差があっても，妨害を低減することができる．同様に，受信アンテナ利得の脅威方向と妨害機方向の利得との差も，助けになる．図のアンテナパターンは比較的鋭いが，利得パターンの分離は，互いに物理的に遮断されている広ビームまたは水平方向全周覆域アンテナにとっても都合が良い（例えば，一方のアンテナが航空機の頂部にあり，もう一方が機体底部にあるような場合）．

アンテナを物理的に分離することも助けとなる．2 本の無指向性アンテナ間の伝搬損失式については，第 2 章で論じた．より近距離の場合における別の数式表現は，次式で表される．

$$L = -27.6 + 20\log_{10}(F) + 20\log_{10}(D)$$

ここで，L：伝搬損失〔dB〕，F：周波数〔MHz〕，D：距離〔m〕である．

そこで，妨害機が受信機から 10m の位置で，4GHz で運用されれば，妨害ア

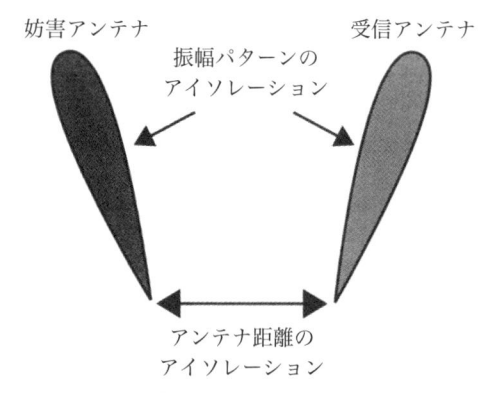

図 6.14 受信機の妨害信号電力からのアイソレーションは，受信アンテナと妨害アンテナの離隔距離，アンテナ利得パターンのアイソレーション，および偏波アイソレーションの関数である．

ンテナと受信アンテナ間の距離だけで 64.4dB のアイソレーションとなる.

妨害アンテナと受信アンテナの偏波が異なる場合には，さらにアイソレーションの効果が加わる．例えば，右手方向と左手方向の円偏波アンテナ相互間のアイソレーションは，概ね 25dB となる．一般に，偏波によるアイソレーションは，広帯域アンテナの場合これより小さくなり，超狭帯域アンテナの場合これより大きくなる.

最後に，アイソレーション効果を追加するためにレーダ波吸収体（radar-absorptive material; RAM）を使用することができる．マイクロ波の高い周波数帯においては，特に使用できる.

妨害アンテナと受信アンテナの間のアイソレーションが十分にとれないならば，妨害中に受信機が捜索できるように，（図 6.15 に示すような）短いルックスルー時間を設ける必要がある．ルックスルー期間のタイミングと持続時間は，脅威信号に対する受信機の傍受確率（POI）と妨害効果とのトレードオフにより決定される．ルックスルー時間は，脅威レーダが本来の被妨害信号を受信して任務を達成できない程度に，短くする必要がある．一方，受信機が規定の時間内に難しい脅威信号を受信できる確率は，妨害機の送信時間比率に大きく関連する係数分だけ低下することもある.

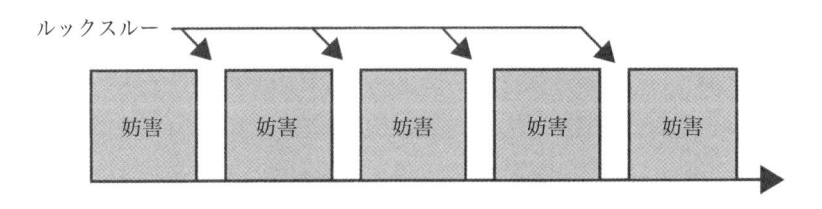

図 6.15 受信機と妨害機の間に十分なアイソレーションがないならば，受信機が捜索するためには，妨害を中断する必要がある．

第7章
LPI信号

7.1　LPI信号

　レーダ波帯と通信波帯信号は，どちらも低被傍受/探知確率（low-probability-of-intercept; LPI）信号と見なされている．LPIレーダには，狭アンテナビーム，低実効放射電力（ERP），および，レーダ信号を周波数的に拡散する変調方式など，いくつかの組み合わせがある．一般に，LPI通信信号は探知および妨害を困難にする拡散変調方式を利用している．ここでは，LPI通信信号，もっと具体的には，敵の受信機と妨害機に対して有効な周波数拡散変調を中心に説明する．

　LPI信号は，その設計意図から，探知を試みる受信システムにとって厄介である．LPI信号は，信号の探知や電波源の位置決定を困難にするあらゆる特徴を含めて，極めて広範に定義されている．最も簡単なLPIの特性は，発射管制（emission control; EMCON），すなわち，脅威信号（レーダまたは通信）に対しては最小限の送信出力レベルに低減し，同類の受信機には適切な信号対雑音比を確保することを可能にすることである．どのような特定の敵の受信機であっても，送信電力が低いほど，信号の探知可能距離は縮小される．類似のLPI手段には，狭ビームアンテナまたはサイドローブ抑圧アンテナの使用がある．これらのアンテナは，主方向外への電力の放射が少なく，敵の受信機による探知をさらに困難にする．信号持続時間が縮小されれば，受信機が周波数や信号到来波入射角を捜索する時間が短縮する．よって，傍受確率（POI）を低

減することができる．

一方，LPI信号について考えるとき，信号変調について考える場合が多いが，信号変調は信号の検出可能性を下げるのである．LPI変調では，信号の情報を搬送するのに必要とされる帯域幅（情報帯域幅（information bandwidth））よりも，伝送信号の周波数スペクトルを桁違いに広げて，信号エネルギーを周波数的に拡散する．信号エネルギーを拡散することで，情報帯域幅当たりの信号強度（signal-strength-per-information bandwidth）は低減される．受信機の内部雑音は（第4章で説明したように）その帯域幅の関数であるので，全帯域幅内の信号を受信・処理しようとするどの受信機の信号対雑音比も，信号が拡散されることで大幅に低下してしまう．

図7.1に示すように，送信機と通信対象の受信機の間に通信対象の受信機が拡散変調を除去できるようにする同期方式（synchronization scheme）があるので，受信機は情報帯域幅内で受信信号を処理することが可能となる．敵の受信機は同期方式の仲間ではないので，信号の帯域幅を狭めることはできない．

周波数的に信号を拡散する変調方式には，以下の三つがある．

- 周期的に送信周波数を変更する方式（frequency hopping; FH; 周波数ホッピング）
- 高速で信号を掃引する方式（chirping; チャープ）

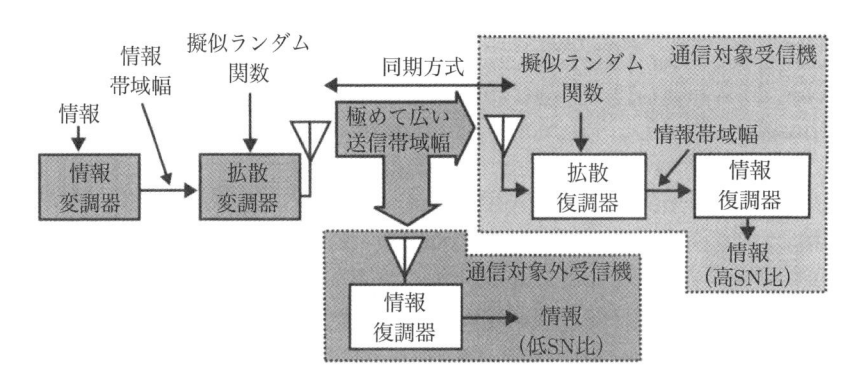

図7.1 スペクトル拡散信号は，信号が伝送すべき情報の帯域幅よりはるかに広い帯域幅で一斉送信される．通信対象の受信機は帯域幅を情報帯域幅に縮減できるが，通信対象外の受信機は帯域幅を縮減できない．

- 高速デジタル信号により信号を変調する方式（direct sequence-spectrum spreading; DSSS; 直接拡散式スペクトル拡散）

捜索機能に対してすべての LPI 変調が提起する課題は，感度と帯域幅との都合の悪いトレードオフを強要することである．いくつかのケースでは，拡散技術の仕組みは受信機にとってかなりの利点がある反面，変調方式の特性について一定の知識が必要とされ，また，受信機やその関連処理装置の複雑度を著しく増大させる可能性がある．

7.1.1　LPI の捜索方法

基本的な LPI 捜索方法には，捕捉帯域幅の最適化と，以下に示す技法の一つ以上が常に必要とされる．

- 各種の集積方法を用いてエネルギーを探知する技法
- 蓄積機能を備えた高速掃引，並列受信（multiple intercepts）の分析技法
- 高速同調受信機（fast-tuning receiver）への引き継ぎにより広帯域の周波数を測定する技法
- 各種の数学的変換法を用いてデジタル化と処理を行う技法

LPI 変調方式のそれぞれの形式に適用される技法については，該当する節で説明する．

7.2　周波数ホッピング信号

周波数ホッピング信号（frequency hopping signal）は，軍用システムに広く使用されていることから，また，在来型の探知，捕捉，電波源位置決定および妨害技法によっては有効に対処できないことから，EW 上の極めて重要な問題となっている．パルス間の周波数をランダムに変化させるレーダを，周波数ホッパ（frequency hopper; FH 送信機）と見なすこともできるが，ここでは，周波数ホッピングを利用した通信波帯信号を中心に説明する．

7.2.1 周波数対時間特性

図 7.2 に示すように，周波数ホッピング信号はそれぞれの周波数に短時間留まり，その後，別の周波数に「跳ぶ」（ホップする）．ホッピング周波数は，通常，一定間隔（例えば 25kHz）おきに配置され，かつ，極めて広い周波数範囲（例えば 30〜88MHz）をカバーする．この例では，信号がホップ可能な周波数枠は 2,320 個ある．信号が一つの周波数に留まる時間は，ホップ周期（hop period）またはホップ時間（hop time）と呼ばれている．周波数が変化する速度（時間率）は，ホップ速度（hop rate; ホップレート）という．

以下の理由により，周波数ホッピング信号は情報をデジタル形式で伝送するので，データ速度（data rate; 情報信号のビットレート）とホップ速度の二つの速度が用いられる．信号は，低速ホッパ（slow hopper）または高速ホッパ（fast hopper）と表記される．その名のとおり，低速ホッパはデータ速度がホップ速度より速いもの，高速ホッパはホップ速度がデータ速度より速いものを指す．もっとも，1 秒間に概ね 100 ホップ程度を低速ホップと呼び，それ以上の極めて速いホップ速度を高速ホップと呼ぶ人が多い．

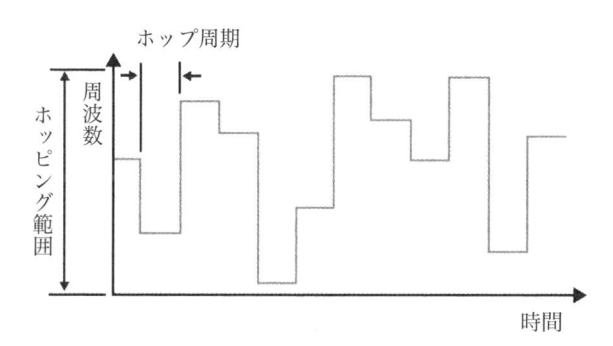

図 7.2　擬似ランダムホッピングの時間系列

7.2.2 周波数ホッピング送信機

図 7.3 に周波数ホッピング送信機（frequency hopping transmitter）のごく一般的なブロック図を示す．送信機は，まずその変調方式によって伝送する信号を発生させる．そして，変調された信号は，局部発振器（かなり高速のシンセ

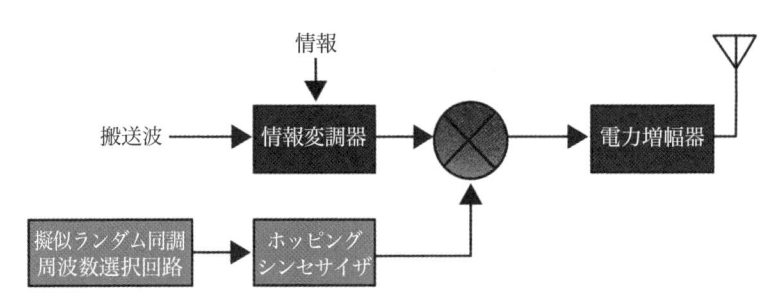

図 7.3　周波数ホッピング信号は，擬似ランダム同調周波数選択回路のコマンドにより同調した局部発振器で被変調波を周波数変換することにより作られる．

サイザ）で，送信周波数に変換される．それぞれのホップごとに，シンセサイザは擬似ランダム（pseudorandom）処理によって選択された周波数に同調される．これは，敵の聴取者には次の同調周波数を予測する方法がないのに対し，連携している受信機は送信機に同期する手段を持っていることを意味する．同期すれば，連携した受信機は送信機と同調することによって，ほぼ連続的に信号を受信することができる．

　同期回路が新しい周波数を安定させるのにわずかな時間を要するので（図 7.4 参照），各ホップの冒頭に，データを送信できない期間が存在する．これは，ホップ期間比としてはわずかである．安定化のために時間を要するのは，情報

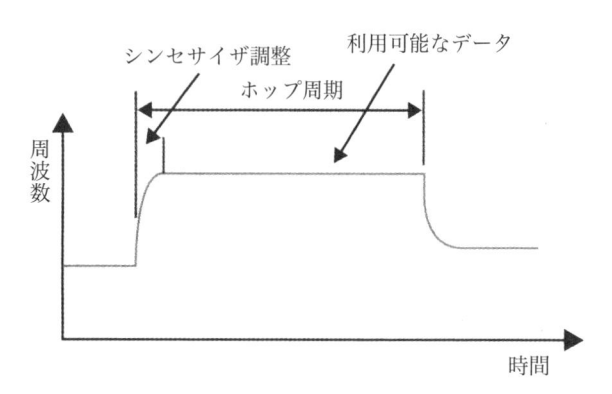

図 7.4　ホッピングシンセサイザは，周波数ホッピング送信機がデータを送信できるようになるまでに，周波数安定のために多少の時間を必要とする．

をデジタル形式で送信しなければならないからである．ホップの安定した間に送信されるデータは，受信機で出力信号を持続的に発生するのに使えるようになっている．したがって，人間の耳がホッピング変移に対処する必要はない．

7.2.3　低被傍受/探知確率

信号を探知するオペレータにとって，周波数ホッパは周波数を占有する時間があまりにも短すぎることから，LPI信号と言われている．上記の例では，どの既定周波数にも時間的にほんの0.04%しか存在しないので，ホップ周期の間，単一の周波数に全電力が存在したとしても，その受信電力は（時間とともに）大幅に低下することになる．

7.2.4　ホッパの探知法

実のところ，周波数ホッピング信号（特に低速ホッパ）は，ある期間（低速ホッパの場合，約10msec），（固定周波数受信機と同様に）全電力が単一の情報帯域幅内にあるため，他の一部のLPI信号形式より探知が容易である．受信機は，この時間のほんの一部でエネルギーを探知できるので，それぞれのステップで同調できる周波数をより多くカバーすることから，受信機の帯域幅が増加すればなおさら，より高速で跳ぶことが可能になる．記憶しておくべきその他の要点は，1回のホップの間，全帯域をカバーする必要はないことである．つまり，時折発生するホップを捕捉しさえすれば，信号の存在を探知できるということである．ホップ速度が高くなるにつれ，当然ホッピング信号の探知は困難になっていく．

周波数を測定する広周波数範囲の受信機形式（例えばブラッグセル，IFM，またはコンプレッシブ）は，十分な受信電力があれば，もっともうまく探知できる．広帯域受信機形式の一部は，感度に限界があることを記憶しておいてほしい．

7.2.5　ホッパの捕捉法

ホッパの探知は容易ではあるものの，ホッピング信号の捕捉はより困難だがやりがいがある．問題は，信号変調受信を開始できるようになるまでに，ホッ

パを探知し，その位置を見つけ出した後，その周波数に同調しなければならないことである．次にホップする周波数を予測する手段はないので，それぞれのホップごとに捜索を繰り返す必要がある．各ホップの 90% の受信で満足するとしても，1 ホップ期間の 10% の間（安定化時間より短い）に全ホッピング範囲を捜索しなければならない．このためには，相当凝った捜索が要求される．たぶん，ある種の広帯域周波数測定が必要になるであろう．

7.2.6　ホッピング送信機の位置決定法

周波数ホッピング信号の方探（DF）には，二つの基本的な方策がある．一つは，高速同調受信機でホッピング範囲を掃引し，見つかり次第迅速に DF 測定を行うことである．この形式の DF システムは，一般に全ホップのほんの一部を捕捉するにすぎないが，測定が可能になるたびに電波到来方向を追尾し続ける．単一の電波到来方向で若干の DF 測定値を取得した後，その方向に周波数ホッピング送信機があることを報告する．

二つ目は，全ホッピング範囲，またはその主要な部分を，複数の広帯域受信機で瞬時にカバーし，これらの受信機の出力を処理することによって，DF 測定値を得るやり方である．これらがデジタル受信機であれば，デジタル化された信号は，信号の周波数および電波到来方向を判定するため，いくつかの変換法の一つを使用して処理される．広帯域アナログ受信機を使用するのであれば，電波到来角を決定するために，受信機入力の相対振幅または位相が比較される．

7.2.7　ホッパの妨害法

周波数ホッパは，対妨害優位性（antijam advantage）を持つと言われている（図 7.5 参照）．この優位性は，妨害機には全ホッピング範囲のみがわかっており，その周波数範囲全体にその妨害電力を拡散しなければならないという前提に基づいている．前記の例（25kHz 刻みで 2,320 ステップ）では，周波数ホッピング無線機は，妨害に対し 2,320 倍有利であると言え，それを dB 換算すれば 33.6dB となる．これは妨害機がこの周波数ホッパに対して所望の J/S 比を達成するには，固定周波数の通信回線に対して必要な電力より，さらに 33.6dB

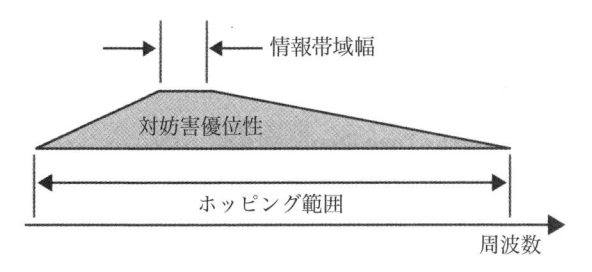

図 7.5 従来型の妨害機で，周波数ホッピング信号を持続的に妨害するには，妨害機の出力電力をホッピング範囲全体に拡散しなければならない．情報の帯域幅に対するホッピング範囲の比が，対妨害優位性となる．

大きい妨害電力が必要になることを示している．

この方策のもう一つの欠点は，ホッピング周波数範囲内で運用中の味方通信回線のそれぞれに対して妨害を与える可能性が極めて高いことである．したがって，他の2方策が用いられる．一つは，追随妨害 (follower jamming) を実施することである．追随妨害はそれぞれのホップの周波数を探知し，その周波数に対して妨害を行う．これは一種の見事な解決策ではあるが，妨害機がそれぞれのホップにおいて十分迅速に敵の情報伝送を打ち消すには，極めて高速な周波数測定技術が必要である．

二つ目の方策は，広帯域妨害を行うことである．ただし，妨害機を敵受信機近傍に配置する必要がある．これによって，最小限の妨害出力で効果的な妨害ができるようになるとともに，友軍の通信を防護することができる．

7.3　チャープ信号

本章で取り上げる LPI 信号形式の 2 番目は，チャープ化信号 (chirped signal) である．チャープ化レーダ信号は，距離分解能 (range resolution) を改善するために，受信反射パルスの圧縮ができるようにパルス内で周波数変調を行う．一方，通信またはデータ信号に対して掃引周波数変調 (swept frequency modulation) を適用する場合の狙いは，信号の探知，捕捉，妨害，あるいは送信機の位置決定を阻止することにある．

7.3.1 周波数対時間特性

図 7.6 に示すように，チャープ信号は比較的広い周波数範囲を比較的速い掃引速度で迅速に掃引する．掃引波形は，必ずしも図のように直線である必要はないが，敵の受信機が，その信号がいつ，どう明確な周波数となるかを予測することを困難にすることが，脆弱性の最小化にとって重要なことである．これは，掃引速度（または同調曲線の形状）をある任意のやり方で変化させるか，または，掃引の開始時刻を擬似ランダムに選択できるような仕組みを実行することで達成されるだろう．

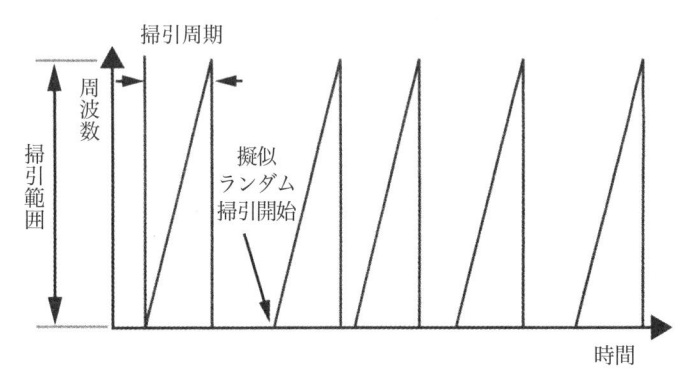

図 7.6 チャープ信号は，その掃引サイクルの開始時刻を擬似ランダムに選択し，広い周波数範囲全体を掃引する．これによって，敵の受信機がチャープ掃引と同期することを防止できる．

7.3.2 チャープ送信機

図 7.7 に，ごく一般的なチャープ信号送信機のブロック図を示す．まず，その変調方式で情報を搬送する信号を発生させる．次に，変調された信号は，高速で掃引する局部発振器により送信周波数に変換される．受信機は，送信機の掃引に同期した掃引発振器を保有する．この発振器は，受信信号を規定の周波数に再変換するのに使用される．これにより，受信機が情報の帯域幅内で受信信号を処理できるようになり，受信機にチャープ処理を「透過的に」（意識しなくてよいように）させる．周波数ホッピングの LPI 方式と同様に，伝送される

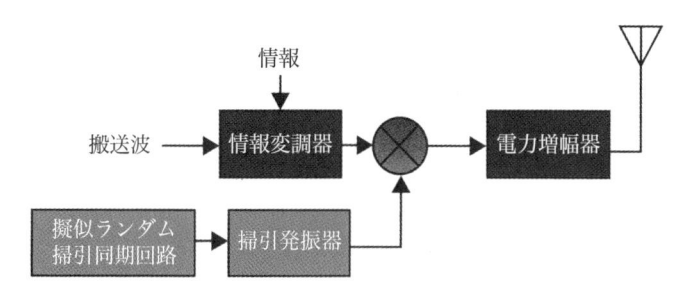

図 7.7　チャープ式 LPI 信号は，広い周波数範囲を高速同調掃引する局部発振器で被変調を周波数変換することにより作られる．各掃引の開始時刻は擬似ランダムに選択される．

データは，データブロック (data block) が掃引と同期でき，受信機で連続的なデータの流れに再編成できるように，デジタル形式であることが期待される．

7.3.3　低被傍受/探知確率

チャープ信号の LPI 品質は，受信機の設計方針と関連している．受信機は一般に，受信すべき信号の周波数占有 (frequency occupancy) 帯域幅と概ね等しい帯域幅を有する．これによって最適な受信感度が得られる．伝送効率 (transmission efficiency) を最大にするために，信号変調帯域幅 (signal modulation bandwidth) は，伝送（または，変調方式に起因したある不変要素あるいは可逆要素により変化する）情報の帯域幅に概ね等しくなる．

第6章で述べたように，信号は，受信機が最大の受信感度で信号を探知するために，その受信機の帯域幅内に少なくとも帯域幅の逆数に等しい時間残留していなければならない（例えば，10kHz の帯域幅に対しては 1/10,000Hz，すなわち 100μsec の間は存在すべきである）．図 7.8 に示すように，チャープ信号は，受信機の情報の帯域幅内には，所要時間よりはるかに短い時間しか存在していない．

例えば，情報帯域幅が 10kHz で，10MHz/msec の線形掃引 (linear sweep) 速度でチャープする信号を仮定する．掃引された信号は，その 10MHz の掃引幅のどの 10kHz の部分にも 1μsec しか残留しない．これは，その信号を受信するのに十分な所要残留時間のほんの 1% にすぎない．

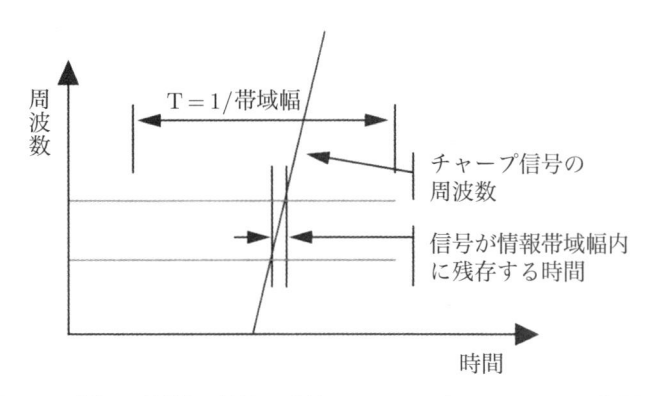

図 7.8 通常の受信機で信号を受信するには，少なくともその帯域幅の逆数と等しい時間，その帯域幅内に信号が存在する必要がある．チャープ信号は掃引速度が高いので，情報の信号受信に最適化された受信機の帯域幅内には，これよりはるかに少ない時間しか存在しない．

7.3.4 チャープ信号の探知法

探知に対するチャープ信号の弱点は，チャープ範囲内の全周波数を最大信号電力で通過するということである．これは，（変調を捕捉することなく）受信信号の周波数測定のみを目的とする受信機は，一つのチャープ信号で，多数の「ヒット」（命中）を達成できるかもしれないということである．このデータを解析することで，この信号がチャープ化されていることがわかり，その周波数掃引特性について，ある程度の情報が得られる．信号の変調を再生するのに必要な帯域幅より高い受信感度対瞬時 RF 帯域幅（sensitivity versus instantaneous RF bandwidth）を備えた「搬送波周波数限定」（carrier-frequency-only）の受信機を設計することが可能である．

7.3.5 チャープ信号の捕捉法

チャープ信号を捕捉（すなわち，搬送されている情報を復元）するには，多かれ少なかれ，変調信号の持続的出力を作り出すことが必要である．このための明らかな方法は，対象とするチャープ送信機（chirped transmitter）と同じ同調傾斜（tuning slope）を持った受信機を使用し，何とかして受信機の掃引を信号の掃引に同期させることである．

一連の搬送波周波数の捕捉から同調傾斜が計算できるのであれば，正確な受信機同調曲線（receiver-tuning curve）の形成が容易になる．そして，擬似ランダム掃引同期方式（pseudorandom sweep-synchronization scheme）が解明できれば，掃引ごとのタイミングが予測できるであろう．別のアプローチとしては，全チャープ範囲をデジタル化し，ある程度の処理遅延（process latency）をもって，変調を再生するために，ソフトウェアで曲線を当てはめるやり方がある．

傾斜を擬似ランダムに選択してチャープ信号の変調を再生する方法と，掃引同期で再生する方法は，どちらも技術的には困難ではあるが，やりがいがある．

7.3.6　チャープ送信機の位置決定法

チャープ信号を探知できれば，第8章で取り上げるほとんどの方向探知技法が，送信機の位置決定に利用できるようになるであろう．概して，選択された技法の実現法は，その到来波入射角を測定するのに十分な搬送信号を間欠的に受信するといったものになるに違いない．したがって，その信号を複数の受信アンテナによって同時に受信する技法が最適と思われる．

7.3.7　チャープ信号の妨害法

周波数ホッパ同様，チャープ信号の妨害には二つの基本的な方策がある．一つは，信号の周波数対時間特性（frequency versus time characteristic）を予測し，受信対象のチャープ信号と同じ周波数で被妨害受信機にエネルギーを入力する妨害機を使用する方法である．これにより，どのような妨害機出力および妨害位置関係においても，最大の妨害対信号比（jammer-to-signal ratio; JSR; J/S比）を得ることができるであろう．

2番目の方策は，「再生されたチャープ」出力内で，十分なJ/S比を作り出すのに十分な電力で，敵の受信機で受信される広帯域妨害信号をもって，チャープ範囲の全域または一部をカバーするやり方である．図7.9に示すように，チャープ信号は，情報の帯域幅とチャープ化された周波数範囲との比に等しい対妨害優位性を有する．

情報信号の変調の仕様値にもよるが，効果的な部分帯域（partial-band; パーシャルバンド）妨害を行うことが現実的な場合もある．この妨害技法は，妨害

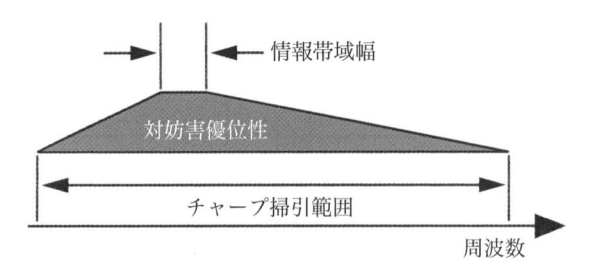

図 7.9 妨害機が信号のチャープ速度に同期して掃引できない限り，妨害機電力は，掃引幅全体に拡散してしまうに違いない．情報帯域幅に対するチャープ範囲の比が対妨害優位性である．

を受ける部分の J/S 比が，信号情報を搬送するデジタル変調に高率のビットエラーを起こせる J/S 比となるように，チャープ範囲の一部に妨害電力を集中させる．もちろん，妨害されるわずかな距離範囲は，妨害機電力，チャープ送信機の ERP，被妨害受信機と送信機および妨害機との間の相対距離によって決まる．一般的にパーシャルバンド妨害は，どの所与の妨害機電力と妨害位置関係にあっても，最大の通信途絶を引き起こすことになる．

7.4 直接拡散式スペクトル拡散信号

本章で説明するスペクトル拡散信号の最後の種類は，直接拡散（direct sequence; DS）である．この信号の形式は，広い周波数範囲にわたり高速に同調するというより，むしろ周波数的に文字どおり拡散されるので，スペクトル拡散信号の定義に最も近い．DS は，意図的・非意図的な干渉・妨害に対する防護が可能であるとともに，周波数帯の多重使用も可能であることから，軍用と民間の多くのアプリケーションに利用されている．

7.4.1 周波数対時間特性

図 7.10 に示すように，DS 信号は，広い周波数範囲を途切れることなく占有する．DS 信号の電力はこの拡散範囲全体にばらまかれるので，信号の情報帯域幅内（すなわち，拡散前の帯域幅）で送信される電力の総量は，拡散係数

図 7.10 DS スペクトル拡散信号の送信電力は，基本的な信号の変調方式よりかなり広い周波数範囲全体に均一に拡散される．

(spreading factor) によって低減される．第 4 章では，あらゆる既存の受信機の帯域幅における雑音電力の総量 (kTB) についての計算式を取り上げた．一般的なアプリケーションにおいては，DS スペクトル拡散信号による信号電力の総量は，この雑音電力の総量より少ない．図 7.10 は，実のところ，直接拡散信号の周波数に対する時間覆域 (time coverage) との関係を単純化したものである．実際には，周波数スペクトルは，信号によって伝送される情報のスペクトルと比較して極めて広い $\sin(x)/x$ 曲線を描く．

7.4.2 低被傍受/探知確率

DS 信号の低被傍受/探知確率は，信号受信が十分可能なほど広い帯域の DS に不適合の受信機でも kTB 雑音が極めて高くなり，捕捉される信号の信号対雑音比が極めて低くなるという事実による．これが DS 信号が「雑音以下」となると言われるゆえんである．

7.4.3 DS スペクトル拡散送信機

図 7.11 に，DS スペクトル拡散送信機 (direct sequence spread-spectrum transmitter) の極めて一般的なブロック図を示す．まず，その変調方式で情報を担った信号を発生させる．この信号は，情報を伝送するのに十分な帯域幅を持つ．そこで，これを「情報帯域幅」信号と呼ぶことにする．次に，この変調された信号は，高ビットレートのデジタル信号で第 2 の変調を受ける．この 2 次変調段階では，いくつかの位相変調方式の一つが用いられる．このデジタル変

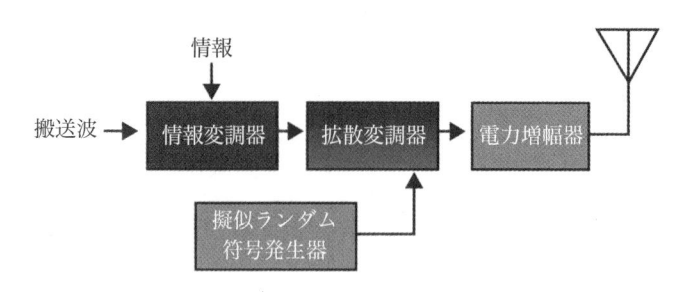

図 7.11 DS スペクトル拡散送信機は，信号の情報を伝送するのに必要なビットレートより著しく高いビットレートを持つ擬似ランダムデジタル信号で情報信号を変調する．

調信号は，最高情報信号周波数（maximum information signal frequency）より 1 桁以上高いビットレート（チップレート（chip-rate）と呼ばれる）で，擬似ランダムなパターン（pseudorandom bit pattern）を持つ．この変調方式の擬似ランダムは，出力信号の周波数スペクトルを広い周波数範囲に均一に拡散するという特性がある．この電力散布特性（power-distribution characteristic）は用いられた位相変調の形式で変化するが，有効帯域幅はチップレートの逆数と同じオーダである．

7.4.4　DS 受信機

DS スペクトル拡散信号用の受信機は，送信機で加えられたものと同じ擬似ランダム信号（pseudorandom signal）を使用する拡散復調器（spreading demodulator）を持っている（図 7.12 参照）．信号は擬似ランダムであるので，ランダム信号の統計的な性質を有するが，再生が可能である．同期化プロセスによって，受信機の符号を受信信号の符号と一致させることができる．こうすると，受信信号は圧縮されて情報帯域幅に戻り，送信機の拡散変調器（spreading modulator）に入力された信号が再生される．

軍用アプリケーションにおいては，拡散符号は厳密に保護されている——ちょうど暗号化に用いられる擬似ランダム符号のように管理される——ので，敵が DS 信号を捕捉しようとしても，信号を圧縮することはできないし，それゆえ，拡散伝送された極めて低い電力密度を相手にせざるを得なくなる．

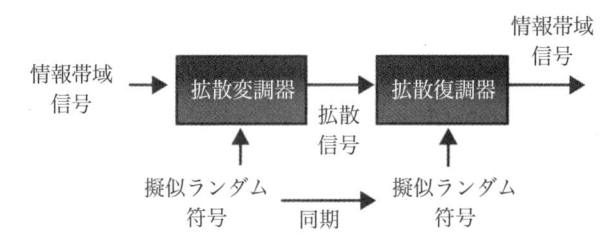

図 7.12 拡散信号が互換性のある受信機のデジタル復調器に渡されると，送信機で用いられたのと同じ擬似ランダム符号を使用して復調され，受信機の符号発生器は，送信機の符号発生器と同期する．これによって情報帯域信号が復元される．

7.4.5 非拡散信号の逆拡散

拡散復調器の極めて便利な特性は，図 7.13 に示すように，正規の符号を持たない信号も，正しく符号化された信号が逆拡散 (despreading) されるのと同じ比率で拡散されることである．これは，DS 受信機（DS receiver）で受信された CW 信号（すなわち，無変調単一波送信機からの信号）も周波数拡散されることになるので，（逆拡散された）希望信号への影響を大幅に低減できるということである．どのようなアプリケーションでも，遭遇する干渉信号のほとんどは狭帯域であるので，DS 回線は雑音の多い環境にあっても極めて優良な通信を提供することができる．この技術が軍用同様，民間利用にも大きな影響

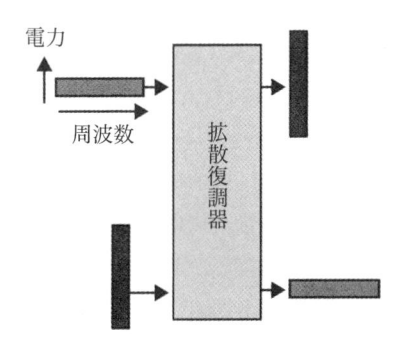

図 7.13 スペクトル拡散信号の周波数スペクトルを元の情報帯域幅に圧縮して戻すのと同じ処理が，同じ係数分だけ，どの非同期信号も拡散させる．

を与えている．

DS拡散方式が用いられるもう一つの理由は，符号分割多元接続（code division multiple access; CDMA）により，同じ信号スペクトルの多重使用が可能となることである．相互に「直交する」ように設計された符号の組がある．つまり，どの二つの組をとっても，相互相関は極めて低い．この直交性はdB比で表される．すなわち，弁別器の出力は，正しい符号の組が選択されない場合，何dBも小さくなる．

7.4.6　DS信号の探知法

DS拡散信号を探知するには，二つの基本的な方法がある．一つは，各種フィルタリング法の選択によるエネルギー探知である（これについては，Artech House社から出ているDillard & DillardのDetectability of Spread Spectrum Signals (1989)に詳しい）．一般に，これには受信信号が極めて強力である必要がある．

もう一つの方法は，送信信号の特徴の一部を利用するものである．特徴の一つは，二相変調方式（biphase modulation）が，探知しやすい強力な第2高調波を持っていることである．利用できるであろう二つ目の特徴は，拡散変調のチップレートが固定されていることである．このため，探知の際の信号対雑音比を大幅に改善するために，探知や処理の範囲を，チップレートと数学的に関連したスペクトル線の周りに極めてしっかりと狭くできる可能性がある．

7.4.7　DS信号の捕捉法

すべてのスペクトル拡散信号と同様に，DS信号の捕捉（すなわち，送信情報を再生すること）は困難である．拡散符号が一部でも判明していれば，高度な処理を適用することができる．ほかには，広帯域デジタル受信機でかなり近い距離から信号の断片の一つを捕捉し，さまざまな符号を非リアルタイムで適用してみて，変調を再生する方法もある．

7.4.8 DS送信機の位置決定法

複数のセンサを用いるなどの形式の方向探知技法であっても，DS送信機位置の決定に利用することができる．しかしながら，センサは信号を探知できなければならない．そうすれば，それぞれのセンサで受信された振幅，位相または周波数から電波源の位置決定処理が可能になる．一般的には，DS送信機の位置決定は，受信電力が強力であればかなり容易であるが，弱い信号においては，極めて困難となる．

7.4.9 DS信号の妨害法

図7.14に示すように，DS拡散は帯域幅の比に等しい対妨害優位性を与えられる．それゆえ，妨害機がその拡散変調に関する情報をかなり持っていない限り，広帯域妨害を実施することと，敵の受信機位置に極力近接した位置に妨害機を配置することが，唯一現実的な対応となる．これによって，最小限の妨害出力による効果的な妨害とともに，妨害機位置から自己の受信機を十分遠ざけて友軍の通信を保護することが可能になる．

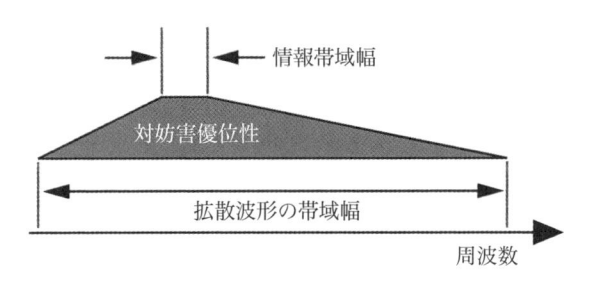

図7.14 スペクトル拡散信号を妨害するためには，逆拡散処理の全体を通して十分な妨害エネルギーを獲得する必要がある．それにより，非同期信号を拡散帯域幅の情報帯域幅に対する比率によって弁別する．

7.5 いくつかの実際的考慮事項

LPI信号の位置決定と妨害という興味深い仕事に影響を与える，いくつかの重要な新しい技法や技術がある．

7.5.1 スペクトル拡散信号の周波数占有

FH波は，一般に隣接する周波数範囲全体を占有することはなく，また最新の受信・分析システムでは使用する周波数を決定することができる．図7.15（ドイツ・ハンブルグのC. Plath GmbH社の好意により提供を受けた）に，それらのシステムの一般的な出力を示す．占有ホップスロット（occupied hop slot）に集中することにより，電波源位置決定および妨害システムの有効性を高めることができる．

他の形式のLPI信号が占有するスペクトルについても，同じ形式のシステムで判定することができる．図7.16（同じくC. Plath社提供）に，DSスペクトル拡散信号の周波数スペクトルを示す．もちろん，この情報は，これまで検討したスペクトル拡散の各形式で示した，「対妨害優位性」の効果を減ずる．

周波数ホッパの探知および対妨害の利点を増大させる要因として，最新のFH無線機は，ホップスロットの使用において使用スロットを極めて選択的にすることができる点が挙げられる．これにより，妨害と同様に，意図しない干渉を回避することが可能になる．

次項のパーシャルバンド妨害（partial-band jamming）で取り上げるように，

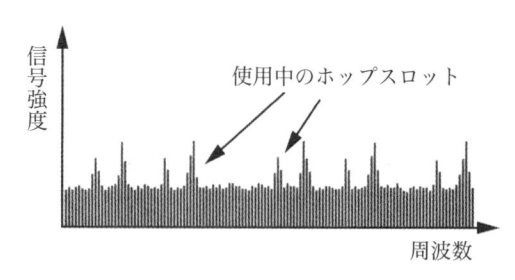

図7.15 測定されたFH信号の周波数スペクトルで，どのチャンネルが使用されているかがわかる．

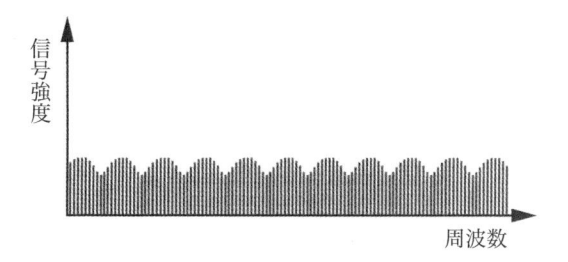

図 7.16 DS スペクトル拡散信号の測定された周波数スペクトルで，周波数範囲全体に電力が均一にばらまかれていないことがわかる．

誤り訂正符号 (error correction code) によっても，ホッパの耐妨害性 (jamming resistance) を増進できる．

　(もっと多くの) 厄介な問題を抜きにして，LPI 信号を運用する方法について考えることから始めるのが適当である一方で，現実の運用は複雑で絶えず変化していることがわからなければ，判断を誤りやすくなる．ほとんどの EW の様相と同様に，これは，通信機（またはレーダ）とその対抗策との間の非常にダイナミックな戦いなのである．

7.5.2　パーシャルバンド妨害

　これは，FH 信号に対する妨害性能を最適化する妨害技法である．FH 信号は，情報をデジタル形式で伝送する．デジタル信号を妨害する目的は，送信機から受信機への有用な情報の伝送を阻止するのに十分なビットエラーを作り出すことにある．許容しうるビットエラーの割合は，伝送される情報の種類による．ある種の情報（例えば，遠隔制御コマンド）には，極めて低いビットエラーレートが要求されるのに対し，音声通信は，もっとエラーに強い．誤り訂正符号もシステムをビットエラーに対してより強くし，ひいては妨害に対しても強くする．

　図 7.17 に示すように，デジタル受信機への信号対雑音比と，それが作り出すデジタル出力に与えるビットエラーレートの割合との関係は，非線形である．通信理論の教科書には，これらの一連の曲線が記述されており，変調技法形式の一つはデジタルデータの伝送に利用されている．しかしながら，これらの曲

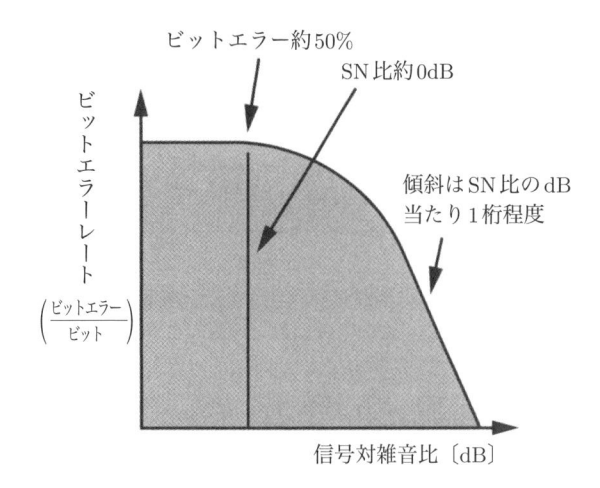

図 7.17 デジタル受信機の出力におけるビットエラーレートは，受信機入力の帯域内信号対雑音比（SN 比）に関係する．変調形式によって曲線は異なるが，図は代表的な形を示している．

線のすべてが，この代表的な例に示す基本的な形を持っている．図のとおり，概ね 50% のビットエラーレートで曲線の上部が平らになる．これは，50% のエラーレートというのが，デジタル信号で得られる誤り率で最悪の限界値であることを考えると，当然のことである．ビットエラーレートが 50% を超えると，出力は伝送メッセージとさらに干渉するようになる．信号対雑音比が約 0dB（すなわち，信号＝雑音）において，すべての曲線が 50% 点に到達する．これは，使用されている変調方式にかかわらず，雑音レベル（または妨害レベル）が受信信号レベルに等しくなれば，妨害レベルが上昇しても，それ以上ビットエラーレートは上がらないということである．

送信機と受信機の位置および送信実効放射電力（ERP）が既知であると仮定すれば，受信機に到達する信号電力を計算することができる．図 7.18 に通信と妨害の位置関係を示す．受信アンテナに到達する信号強度〔dB〕は，次式で求められる．

$$P_A = \text{ERP} - 32 - 20\log(d) - 20\log(F)$$

ここで，P_A：受信アンテナに到達する信号強度〔dBm〕，ERP：送信アンテナからの実効放射電力〔dBm〕，d：送受信機間の距離〔km〕，F：送信される信

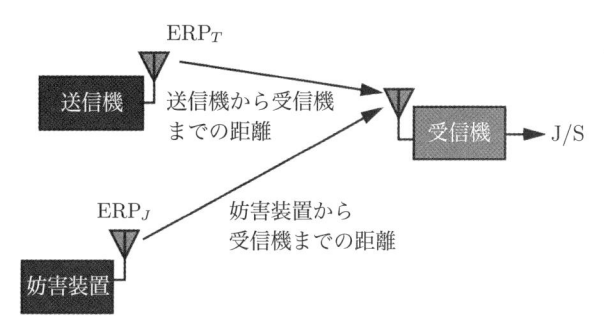

図 7.18　パーシャルバンド妨害においては，可能な限り多くのチャンネルに対して，チャンネルごとの妨害電力が送信機からの受信信号強度と等しくなるように，使用できる妨害電力を最適化する．

号の周波数〔MHz〕である．

上式から，妨害対信号比（J/S 比）は，受信アンテナが無指向性であるとして，次式で表される．

$$J/S = ERP_J - ERP_T - 20\log(d_J) + 20\log(d_T)$$

ここで，J/S：妨害対信号比〔dB〕，ERP_J：妨害機の ERP〔dBm〕，ERP_T：送信機の ERP〔dBm〕，d_J：妨害機と受信機間の距離（任意の単位），d_T：送受信機間の距離（d_J と同単位）である．

理想的には，受信機の所要受信電力と同等の妨害電力（すなわち，J/S = 0dB）とするために，妨害に十分な電力を送信機がホッピングするすべてのチャンネルにわたって拡散する必要がある．

われわれの妨害機が，全ホッピング範囲にわたって J/S = 0dB となる適切な出力を持っていないと仮定した場合，妨害周波数域を狭めることになるだろう．この方法では，それぞれの被妨害チャンネルが J/S = 0dB となるまで，より少ないチャンネル数に妨害電力を集中させることで，「パーシャルバンド妨害」による妨害効果を最適化することができる．J/S が 0dB 未満となる妥当なビットエラーレートを与えることが確信できる送信信号の仕組みについて精通すれば，別の妨害機の電力を配分することで，最適な結果を得ることができるかもしれない．

7.5.3　LPIについてさらに学習するための参考書など

　以下に挙げるものが推奨される．McGraw-Hill 社から，*A spread-spectrum communications handbook*（1,200 ページ）が出版されている．IEEE からも LPI に関する有用な情報を含む極めて詳細な通信ハンドブック（1,600 ページ）が出版されている．Wiley 社から出ている Robert Dixon 著 *Spread Spectrum Systems with Commercial Applications* には，変調波形および探知・対抗手段技術に関して優れた詳細情報が記述されている．Artech House 社が出版している Don Torrerieri 著 *Principles of Secure Communication Systems* には，LPI 通信，パーシャルバンド妨害，および各種妨害手段と対抗手段に関する技術について記述されている．これらの教科書に加えて，LPI 信号を扱う受信機および妨害機製造メーカーのデータシートを多用した詳細な指導書 *EW Reference & Source Guide* が JED から出版されており，入門書として最適である．

第8章
電波源位置決定

　ほとんどの電子戦および信号情報システムには，敵の信号源の位置を標定する機能が必要である．これは「方向探知」機能と呼ばれることが多い．方探の仕様は希望の位置決定精度（location accuracy）および前提となる受信位置関係に基づくものであることから，重要な概念である．

8.1　電波源位置決定の役割

　EW および SIGINT システムには，信号放射源を標定するいくつかの理由があり，それを表 8.1 に要約する．多くのシステムにおいて，情報は複数の使われ方がなされる．最高の位置決定精度を必要とする用途は，そのシステムの目的により決まる．表中の精度値は，単なる一般的な値である．個々の適用業務に対する要求は多岐にわたる．例えば，電子戦力組成（配備された電子システムの数量および種類など）の判定に必要な位置決定精度は，戦況によるであろうし，精密攻撃を前提とする目標位置決定精度は，目標の攻撃に使用する武器の有効破壊半径（effective kill radius）によって決まる．

　多くの場合，完全な位置決定精度は，システムに与えられた分解能ほど重要ではない．「分解能」とは，方探システムがその運用される距離において異なる電波源の数を判定しうる度合のことである．例えば，EOB に必要な電波源の位置決定情報を収集するシステムには，配備されている電波源を特定するのに足りる分解能が必要である．なぜなら，これこそが EOB 作成の重要な要素であるからである．

表 8.1　電波源位置決定の目的に応じる意義

目的	意義	希望精度
電子戦力組成 (EOB)	敵の戦力，展開，任務がわかる特定の武器および部隊に関連する電波源の種類の位置	中 ($\simeq$ 1km)
武器センサの位置 (自己防護)	妨害電力指向，または脅威回避のための機動を考慮	低：一般角および距離 ($\simeq$ 5km)
	他の味方戦闘部隊の脅威回避を考慮	中 ($\simeq$ 1km)
敵アセットの位置	偵察・捜索活動の範囲縮小またはホーミング装置への目標移管を考慮	中 ($\simeq$ 5km)
目標の精密な位置	「爆弾投下」または砲兵射撃による直接攻撃を考慮	高 ($\simeq$ 100m)
電波源の区別	識別処理のために脅威を位置によって分類・分離することを考慮	低：一般角および距離 ($\simeq$ 5km)

　周波数ホッピングおよびパルス繰り返し周波数のジッタ化といった，信号の特性を変化させることによって信号を隠蔽しようとする手法が増加しているため，方探システムにとっては，電波源位置の区別がより重要な機能になった．位置決定によって個々のパルスまたは通信信号のホップを分類することは，それらが同じ電波源からのものか否かを決定する唯一の手段であり，また脅威の種類を識別するために十分なデータを収集する唯一の手段でもある．

　電波源位置を計測するそれぞれの理由は，「直流から光まで」の周波数範囲に及ぶ電磁波のいずれの放射体にも当てはまる．これらの目的の一つを満足させるのに，あるやり方や技法がよりふさわしいかもしれないが，適切に仕様が決められ，適切に設計されれば，大多数の方法がどの目的にもかなう．通常，収集された信号の特性や，位置決定システムが搭載されたプラットフォーム，および予想される戦況が，そのやり方を選択する要因となる．

8.2 電波源位置決定のための幾何学

位置決定は，以下に示す五つの基本的な技法の一つを用いて実行される．

❏ 三角測量（triangulation）

三角測量技法は，既知の位置からの2本の直線の交点によって，電波源の位置を決定する方法である．図8.1はこれを2次元で表したものであり，2本の線分は2か所の傍受サイト（intercept site）で受信された信号の「方位」を示す．電波源が3次元に位置していることが明確なときは，各サイトから方位および「仰角」を測定する．電波源位置は3本の方位線の交点によって決められるように，第3の傍受サイトを設けることが極めて望ましい．なぜなら，1本の方位線の誤差は極めて大きい位置決定誤差（location error）を起こす可能性があるので，第3の方位線で一種の「健全性チェック」ができるからである．

❏ 角度・距離法（angle and distance）

図8.2に示すように，この技法は一つだけの傍受サイトで測定できるが，方位と距離を測定しなければならない．アクティブな発射体であること，および距離測定を直接行うことから，ほとんどのレーダが目標の位置決定にこの技法を用いているが，EWおよびSIGINTシステムでは，距離をパッシブな方法で測定せざるを得ない．単一局方向探知（single site location; SSL; 単局方探）システムでは，この方式をHF帯（約3～30MHzの間）送信機の距離測定に使用

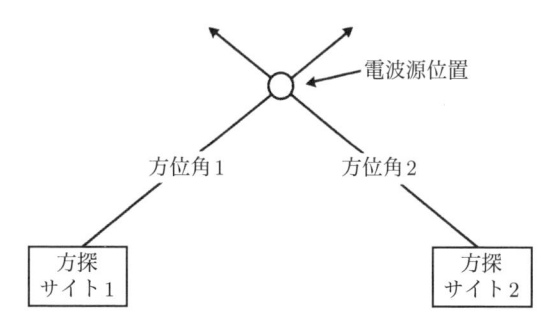

図8.1 三角測量は，複数の測定位置から方位を測定する必要がある．2次元の測定値（方位）の交点が，可能性のある電波源の位置となる．

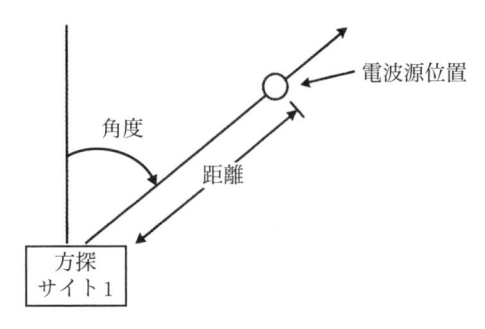

図 8.2　角度・距離法では，方探システムから電波源までの距離は，受信信号強度から導き出せる．

している．HF 帯の信号は電離層（ionosphere）で「反射される」ため，反射信号の受信点における到来仰角（elevation angle）および電離層反射点（ionosphere point of reflection）の状態（電離層高度（ionosphere height））から距離を測定することができる．航空機のレーダ警報受信機（RWR）では，受信信号電力レベルを測定し，既知の出力のレーダまでの距離を，伝搬損失による受信点までの減衰量から計算して決定する．精度は双方の技法ともに低い．

◻ **複式距離測定法**（multiple distance measurements）

2 か所の傍受サイトを中心とする半径が既知の 2 本の円弧の交点から，電波源の位置を決定する技法である．ここで，EW および SIGINT システムにおいて，実際に距離測定による位置決定を実施するには，二つの大きな問題がある．最初の問題は，図 8.3 に示すように，2 か所の傍受サイトから 2 本の円弧を描くと，交点が二つできるので，このアンビギュイティ（ambiguity; 曖昧さ; 多義性）を何らかの方法で解消しなければならないことである．2 番目の（一般に極めて困難な）問題は，パッシブな距離測定では，適切な正確さで敵の送信機までの距離を測定することは困難であるということである．「到着時間差法」（time difference of arrival; TDOA）を用いた位置決定システム（詳細については，8.8 節で扱う）では，この方法を含めた各種技法を用いることで，極めて正確な位置決定が可能である．

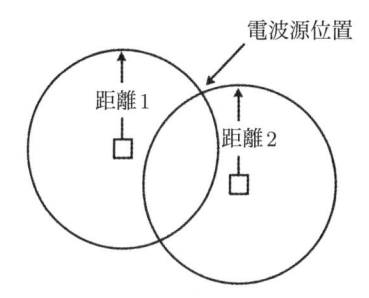

図8.3 複式距離測定法では，二つの円弧の交点によって，電波源の位置決定を行う．円弧の交点が二つできることから，どちらの交点が実際の電波源の位置かを判断しければならない．さらに，各円弧の縁からそれぞれの中心までの距離を決定する必要があるが，多くの場合，極めて困難である．

❏ 2角と既知の高度差法（two angles and known elevation differential）

方探システムと送信機との標高差が既知の場合，図8.4に示すように，方位角と仰角から送信機の位置を決定することができる．この技法の最たる例は，慣性航法（inertial navigation）で飛行中の航空機から，地上設置の電波源を位置決定しようとするものである．送信所の標高は，傍受システムのコンピュータのデジタル地図から決定することができる．

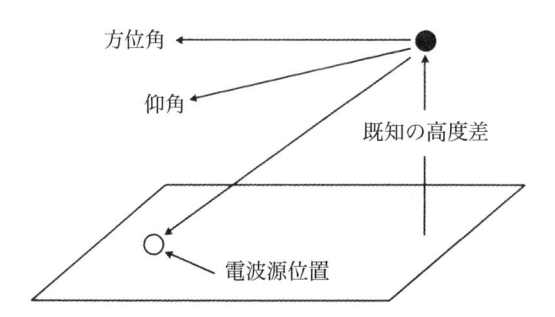

図8.4 システムで，自己位置および電波源の位置の高度差がわかれば，方位および仰角を測定することで，電波源の位置を決定することができる．

❒ 単一の移動受信装置による複数角の測定（multiple angle measurements by single moving interceptor）

図 8.5 に示すように，単一の受信装置が別の場所に移動して方位を測定する方探測定技法により，送信機の位置の決定が可能である．しかしながら，正確な位置決定のためには，送信機が電波発射中で，静止している間，受信装置は方位線交会角が約 90° になるまで，目標までの最小距離の約 1.4 倍の距離を移動する必要がある．遠距離の送信機の場合，機上の受信装置を用いても困難である．

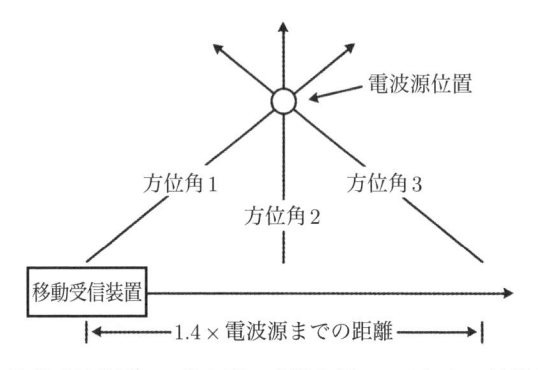

図 8.5 移動受信装置は，数か所で方測を行い，それらの結果を総合して，固定電波源の位置を決定する．

8.3　電波源位置決定の精度

電波源位置決定システムの精度は数種の方法によって明らかにされているが，製造メーカーと EW および SIGINT 分野のユーザとの間で，用語の定義に関する意見の不一致が大きいことから混乱している．精度は通常，測定誤差（measurement error）という言葉で規定されている．角度測定システム（angle-measuring system）（方探システム）では，誤差は角度であるのに対し，距離測定システム（distance-measuring system）における誤差は長さである．最も一般的な定義を以下に示す．

❐ 二乗平均誤差 (root mean square error; RMS error)

あるシステムの，ある数値範囲（一般に，到来周波数 (frequency of arrival) または到来波入射角 (AOA)）全体にわたる実効精度を特性化 (characterization) した数値のことである．方探システムにおける到来波入射角の RMS 誤差について論じることが最も簡単ではあるが，同じ定義はどの電波源位置決定技法にも適用することができる．角度の RMS 誤差は，試験用測定機器を備えた試験場で測定された到来波入射角と，真の到来波入射角 (true angle of arrival) とを比較することによって得られる．データは多くの角度と周波数で取得される．各データ点ごとに測定誤差が 2 乗される．RMS は，この二乗誤差値を平均したものの二乗根である．一つの周波数に対するすべての角度の RMS 誤差，または一つの角度に対するすべての周波数の RMS 誤差を見るのが普通である．

❐ 広域 RMS 誤差 (global RMS error)

すべての周波数および到来波入射角全体に分布する極めて多数の測定値に対する RMS 誤差である．

❐ 最大誤差 (peak error)

予想または測定された個々の誤差の中での最大値をいう．たいてい，実際の位置決定システムでは，大きな誤差が測定される角度/周波数点は少数である．特に野外試験の間に，最善ではないサイト位置で測定したことに起因する．ほとんどの角度と周波数での測定誤差が極めて少ない場合，この RMS 誤差は，最大誤差より大幅に小さくなる．

8.3.1 傍受のための位置関係

三角法を用いる位置決定システムにおいては，傍受のための配置が極めて重要な考慮事項である．図 8.6 に示すように，位置決定精度は角度測定誤差と測定される電波源までの距離の関数である．したがって，長距離方探システムでは，さほど精度が高くないシステムがより近距離で達成するのと同等の位置決定精度を実現するには，さらに高い角度精度が求められる．

精度についての 2 番目の問題は，受信所と目標送信機との相対的位置に起因するものである．円形公算誤差 (circular error probable; CEP) という用語が，

第 8 章 電波源位置決定

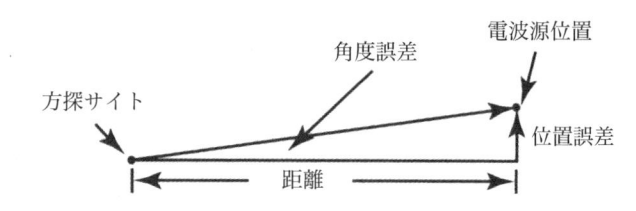

図 8.6 方探システムで作り出される位置決定精度は，角度誤差と電波源までの距離に依存する．

電波源位置決定システムの位置決定精度を説明するのによく使用される．本来，CEP は爆弾や砲弾の半数が落達することが見込まれる架空の円の半径を表す砲爆撃用語である．電波源位置決定においては，図 8.7 に示すように，電波源からの ±RMS 誤差角の間の空白部に内接する円であると，たまに（誤って）用いられることがある．位置決定円のサイズは，角度誤差（angular error）と目標送信機から傍受サイトまでの距離の関数である．「CEP 円」が円形になるには，二つの受信所が（目標送信機から見て）90° の角度をなし，距離が概ね等しくなければならない．図 8.8 に示すように，90° に満たない場合，方位線に挟まれる範囲が非対称となり，楕円でなくては表せなくなる．この場合は，一軸方向の位置決定精度が他方向に比べて極端に悪い状況を表す「誤差確

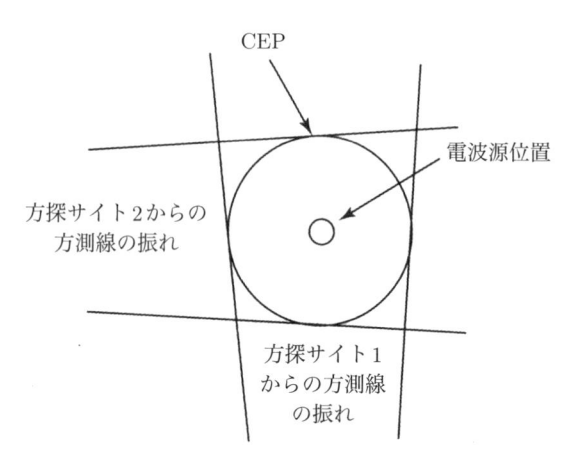

図 8.7 「円形公算誤差」は 2 か所の方探サイトによる方位測定で得られる位置決定精度を説明する方法として，一般に用いられる．

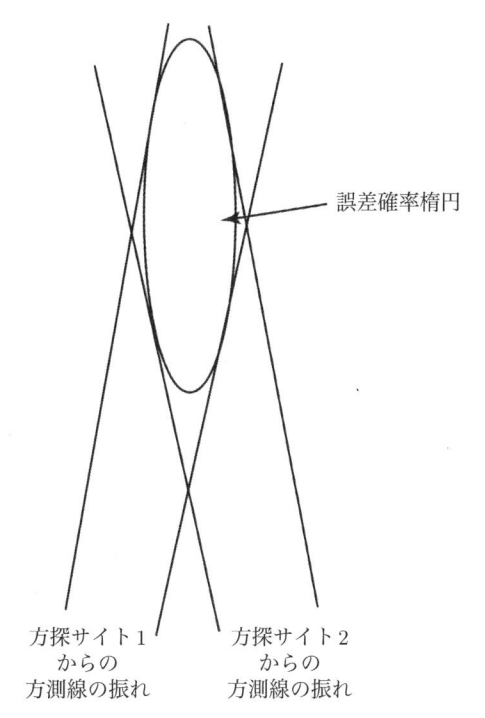

図 8.8 「誤差確率楕円」は，方探サイトが最適な傍受位置関係になく，位置決定精度の非対照的な特性を説明する一般的な方法である．

率楕円」(elliptical error probable; EEP) という用語が用いられる．同様に対称性の欠如が起こりうるのは，サイトが 90° 以上離れる場合，または一つのサイトが目標に極めて近接している場合である．CEP という用語は，このようなあまり望ましくない傍受位置関係に対しても適用される．この場合は通常，誤差楕円の短径および長径のベクトル和で規定され，被測定電波源の位置は，電波源の真位置から CEP 半径内に入る確率が 50% となるように補正される．

8.3.2 位置決定精度の割り当て量

どの位置決定システムでも，位置決定精度は測定技法固有の精度，およびシステムの搭載・展開方法の関数となる．実現すべき位置決定精度は，ほとんどの場合，角度または距離計測データに含まれる RMS 誤差で表される（図 8.9）．

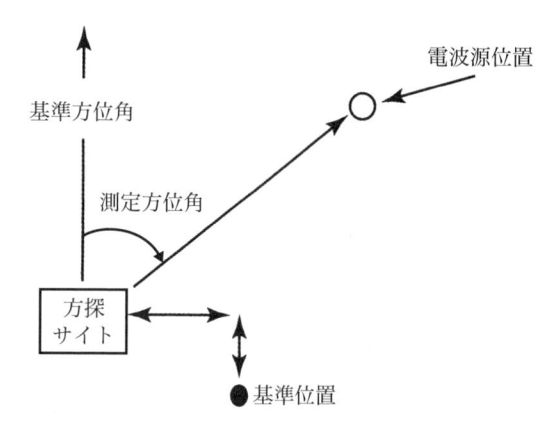

図 8.9 実際の位置決定精度は，測定精度および基準精度の関数となる．

これは次の数式で規定される．

$$E_{RMS} = \sqrt{E_L^2 + E_I^2 + E_M^2 + E_R^2 + E_S^2}$$

ここで，E_L：受信所の座標誤差（location error of the intercept site），E_I：システムの機器誤差（instrumentation error of the system），E_M：システムの設置誤差（installation error of the system），E_R：標点誤差（reference error），E_S：位置誤差（site error）である．

上式は，誤差源がそれぞれ独立しており，合理的に確率的誤差を生じさせるのであれば，運用に供するシステムの位置決定精度をかなり良く判断できる．実際の運用における精度は，別の原因による誤差が体系的に加わる場合や，補償し得ない最大規模の機器誤差が残されている場合には，精度が低下してしまう．

❒ E_L：受信所の座標誤差

これは，電波源位置決定の初期には，極めて大きな問題であった．しかしながら，低価格 GPS（global positioning system; 全地球測位システム）受信機が利用できるようになって，この誤差要因は扱いやすくなってきた．

❒ E_I：システムの機器誤差

個々の位置決定システムの精度として公表されることが多い．これは，システムの設置誤差および位置誤差と比較して，たいてい小さいものである．

- E_M：システムの設置誤差

　これは通常，慎重な較正を通して大幅に低下させることができる．

- E_R：標点誤差

　通常，角度測定系における標点誤差は，基準北に対する測定方位の誤りである．中・高精度のシステムにおいては，慣性航法機器を持たない小型プラットフォームが支配的な精度制約要因（accuracy-limiting factor）になりうる．極めて高精度のシステムでの標点誤差は，時間または周波数測定用の基準時計に由来する．最新のシステムでは，GPSから入手できる時間/周波数の極めて良好な基準によって，この問題は減少した．

- E_S：位置誤差

　これは通常，地上設置式の位置決定システムだけの問題である．その主要な原因は，近傍の地形または物体からのマルチパス反射である．固定サイトの精度は，サイトキャリブレーション（site calibration）によってかなり改善されるが，移動型システムでは通常，実用的ではない．

8.3.3 電波源位置決定技法

　表8.2に，EWおよびSIGINTシステムで一般に用いられる電波源位置決定技法を，主用途および性能指数とともに示す．

　これらの各技法——加えて，それらの具体的な実現，EW・SIGINTシステムの展開に付随する実際上の問題——については，後ほど説明する．

8.3.4 較正（校正）

　いかなる方式の電波源位置決定システムでも，その精度は，較正作業を経て改善することができる．この手順には，管理された場所での多量のデータを取得することと，試験用送信機を実際に位置決定（標定）して測定誤差を測定することが含まれる．電波到来方向方式のシステムでは，真方位に対する測定方位を収集する．このデータは，周波数と到来波入射角で構成されるテーブルとして，大容量のコンピュータメモリに蓄積される．別の（より正確な）データ蓄積法は，到来波入射角計算のもとになった内部データの誤差の形で，蓄積す

表8.2 電波源位置決定技法における一般的性能指数および主用途

技法	精度	費用	感度	速度	主用途
狭ビームアンテナ	高	高	高	低	偵察および海上ESM
振幅比較	低	低	低	極高	機上レーダ警報受信機
ワトソン・ワット方探	中	低	中	高	固定式および地上移動型ESM
インターフェロメータ	高	高	高	高	機上および地上移動型ESM
ドップラ	中	低	中	中	固定式および地上移動型ESM
差動ドップラ	極高	高	高	高	精密位置決定システム
到着時間差法	極高	高	高	中	精密位置決定システム

ることである．

　次に，システム運用中は，収集されたデータは，較正テーブル（calibration table）をもとに修正が行われる．較正テーブルが「位置決定方式」ごとのものであれば，データが収集されたどの種類の電波源位置決定（または方探）システムに対しても，その同じデータが使用される．較正テーブルはさらに，個別のシステムで収集された一連の固有データの「一連番号」あるいは「登録番号」であってもよい．一連番号による較正は，はるかに良い精度を提供できる反面，何らかのシステムの変更（例えば，故障した重要な構成品の交換）があった場合，もはや使用できなくなる．

　較正の詳細については，8.5節のインターフェロメータ技法による方探で説明する．

8.4 　振幅利用による電波源位置決定

　多くの電波源位置決定技法の中でも，信号の振幅抽出により位置決定を行う技法は，精度が最も低いと考えられている．一般にはまったくそのとおりであるが，この技法はまた（一般に）実現が最も容易ではある．持続時間が極

めて短い信号に対してはうまく機能するので，振幅比較技法は EW システムに幅広く利用されているが，電波源の精密な位置決定が必要な場合には，別の技法と組み合わせて使用されることがある．本節では，3 種類の振幅利用技法，すなわち，1 本の指向性アンテナを使用する方法，ワトソン・ワット技法（Watson-Watt DF）および複数アンテナを使用する振幅比較方式について述べる．

8.4.1　1 本の指向性アンテナを使用する方探

　概念上，最も単純な方向探知技法は，1 本の狭ビームアンテナを使用する方法である．ただ一つの電波源が都合良くアンテナビーム内に入り，アンテナが指し示している方位と仰角がわかれば，電波源に対する方位と仰角を知ることができる．電波源に対する方位だけが必要な場合，扇形の受信アンテナビームを使用することができる．図 8.10 に典型的な 1 次元の狭ビームアンテナのビームパターンを示す．これは，パラボラアンテナまたはフェーズドアレイのいずれかで実現できる．通常，サイドローブとバックローブの利得は「主ビーム」よりかなり低い．

　多くの艦艇搭載型 ES（昔の ESM）システムは，新規に出現する脅威信号を最大距離で探知するため，常時回転する狭ビームアンテナを用いている．指向

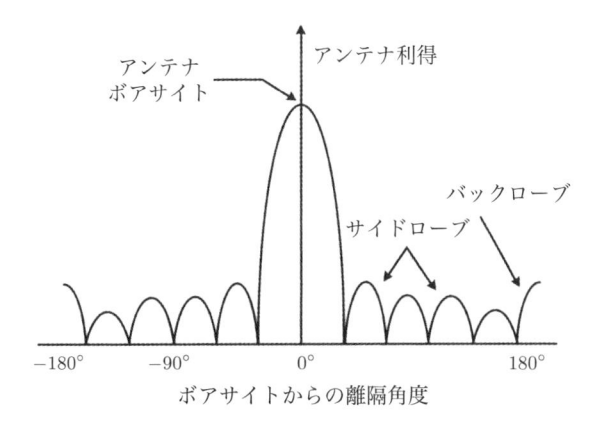

図 8.10　狭ビームアンテナの利得は，ボアサイト近傍が非常に大きい．その他の角度における信号は，大幅に減衰される．

性アンテナを用いた方策には多くの利点がある．精度の高い方探測定が可能なので，（他の方策ではよく問題になる）信号密度の高い環境でも個々の信号を分離することができる．微弱な信号に対するアンテナ利得を備え，しかも極めて正確である．しかしながら，この技法には，一部の EW アプリケーションに対しては二つの大きな問題がある．すなわち，短時間しか存在しない電波源の位置決定にあたってのかなり大きな「アンテナ対向」の問題と，高精度を得るには大型のアンテナが必要になる問題である．これと同類の厄介な問題は，「アンテナ対向」問題に必要な方位精度に直結するトレードオフである（アンテナ対向分析についての詳細は，6.1 節で説明した）．

1 本の指向性アンテナを用いて実際に電波源位置を決定するには，何らかの距離測定が必要になる．電波源の放射電力がわかれば，受信信号レベルから距離を推定することができる（EW 脅威信号ではよくある）．そうでなければ，他の何らかの情報（例えば，図 8.4 に示した既知の高度差）によって距離を決定しなければならない．

8.4.2 ワトソン・ワット技法

この方式は，1920 年代に Sir Robert Watson-Watt によって開発され，中程度の価格の地上移動型方探システムに広く使用されている．図 8.11 に示すように，3 本のダイポールアンテナ（dipole antenna）が別個の受信機に接続され

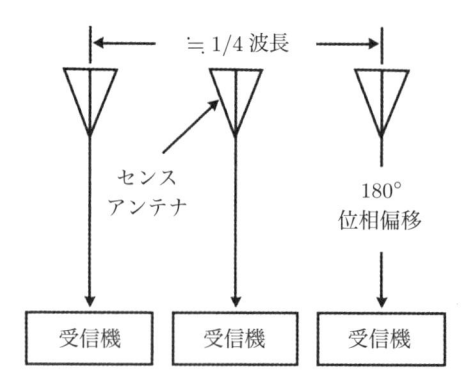

図 8.11 ワトソン・ワット技法では，約 1/4 波長離隔した 2 本のアンテナと中心のセンスアンテナを使用する．

ると，（相互に，概ね 1/4 波長離隔した）両端のアンテナと中央のセンスアンテナ（sense antenna）との位相合成（coherent sum）は，図 8.12 のような素子の配列では，カージオイド利得パターン（cardioid gain pattern）を形成する．外側の 2 本のアンテナ素子がセンスアンテナ素子の周囲を回転すれば，回転するカージオイド利得パターンによって，任意方位の信号の電波到来方向情報が与えられる．実際のワトソン・ワットシステムでは，図 8.13 に示すように，多数のアンテナ素子が配列されており，外側の一対のダイポールアンテナ素子入力が，回転を模擬するように適切な受信機に順次切り替えられて入力される．アンテナ素子数が多いほど，方探精度は向上する．しかし，適正に較正す

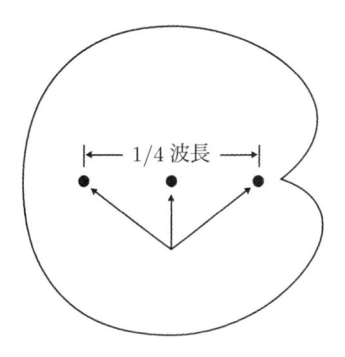

図 8.12 基本的なワトソン・ワット配列の 3 本のアンテナは，カージオイド利得パターンを形成する．

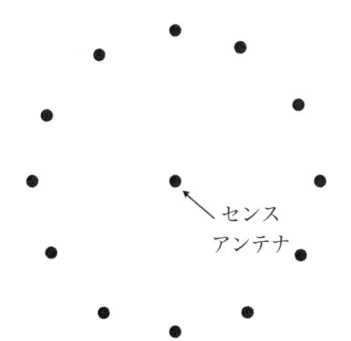

図 8.13 円形ダイポール配列の対向する素子は，回転を模擬するように順次切り替えられ，ワトソン・ワット受信機に入力される．

れば，わずか4本のアンテナ素子でもまずまずの結果が得られる．

さらに単純化する場合，外側のアンテナの利得を合成することで，中央のセンスアンテナの機能が実現する．これにより，アンテナマストを中心にして，4本の垂直ダイポールアンテナ（vertical dipole antenna）を対称に配置した，単純な配列を用いたワトソン・ワットの原理を使用することができる．本章の後の節で触れるが，同じようなアンテナ配列の形式は，別の方探技法においてもそれぞれ利用できる（とはいえ，システムへのアンテナの切り替え法や，データの処理法はまったく違う）．

8.4.3　複数の指向性アンテナを使用する方探

複数の指向性アンテナを用いる方探技法はどのEWシステムにも適用できるが，最も一般に利用されているのは，レーダ警報受信機（RWR）システムである．主としてこの方式は，極めて広い周波数応答と，安定した利得対ボアサイト離隔角度特性を持つ4本以上のアンテナを用いて実現される．高「フロント・トゥ・バック比」（front-to-back ratio; 前後電界比）（すなわち，アンテナボアサイトから90°以内にない信号を無視する能力）も，たいへん望ましい．理想的には，電力利得は，角度とともに（dB値で）直線的に減少する（図8.14）．最新のRWRには，この理想に近い（また，アンテナボアサイトから90°を超

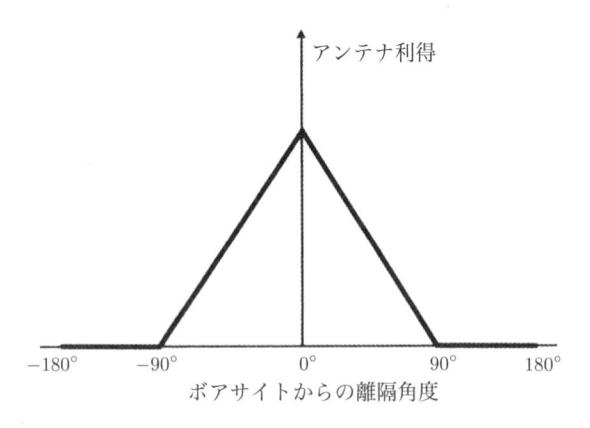

図8.14　理想的な振幅比較型方探アンテナでは，角度がアンテナのボアサイトから外側90°まで，電力利得は直線的に変化する．

える方向からの信号の排除に優れた）利得特性を持つキャビティバックスパイラルアンテナが使用されている．

この技法で，電波源位置をどのように決定するかを理解するために，図 8.15 のように，ある方位から到来する信号が含まれる平面内に，相互に 90° の角度をなして搭載されたキャビティバックスパイラルアンテナについて考察する．この二つのアンテナの利得パターンは，極座標で示されている．それぞれのアンテナ出力は，受信電力を測定する受信機に渡される．この図から，到来信号の経路が「アンテナ 1」のボアサイトにより近いので，「アンテナ 1」の受信電力は「アンテナ 2」の受信電力より相当大きいことがわかる．ここで，ベクトル線図を考える．2 本のアンテナが受信した信号のベクトル和は送信機方向を指し，その長さは受信電力に比例する．電波到来方向が 2 本のアンテナのボアサイト間にある場合（さらに，方向が 90° 離隔している場合），電波到来方向と受信信号電力は，P1（アンテナ 1 の受信電力）および P2（アンテナ 2 の受信電力）から，以下のように容易に計算できる．

$$\text{到来波入射角（アンテナ 1 との相対値）} = \arctan\left(\frac{P2}{P1}\right)$$

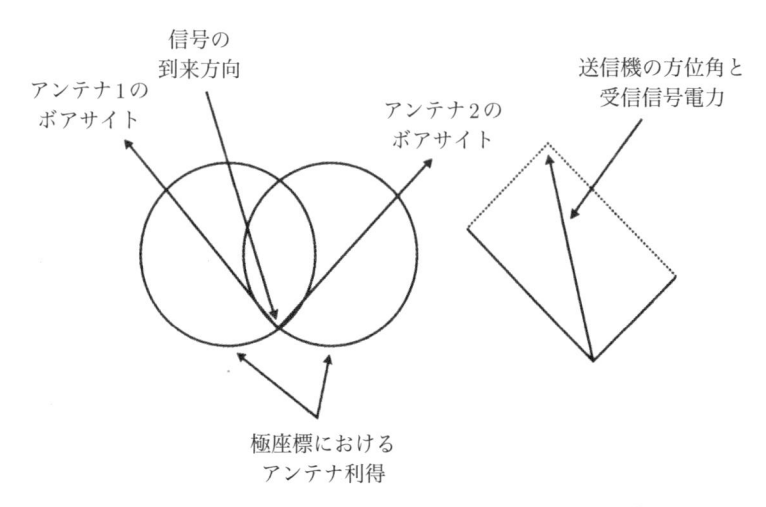

図 8.15 相互に指向性が 90° になるように配置された二つの線形利得アンテナの極座標表示は，複数アンテナの振幅比較によって電波源位置がどのように決定されるかを示している．

$$受信信号電力 = \sqrt{P1^2 + P2^2}$$

EW脅威信号の放射電力は一般に既知なので，受信電力から電波源までの概略の距離の計算ができ，電波源の位置を正確に決定することができる．

図8.16に示すように，そのような4本のアンテナを機体の周りに対称に配置することによって，360°全周の覆域が得られる．アンテナの高フロント・トゥ・バック比は，送信機がそのうち1本のアンテナのボアサイトに極めて近くない限りは，2本のアンテナのみで，どの同一の送信機からも相当の電力を受信することになることを意味する．変則的な機体の形状により各アンテナの利得パターンが歪められるので，システム較正によって合成誤差（resultant error）を除去しないと，達成すべき方探精度が低下することになる．一方，この種のシステムで距離または方向のいずれかで高精度を達成するには，極めて複雑な較正方式が必要となる．したがって，5～10°より良好な方探精度を必要とする場合には，通常他の方探技法を用いる．

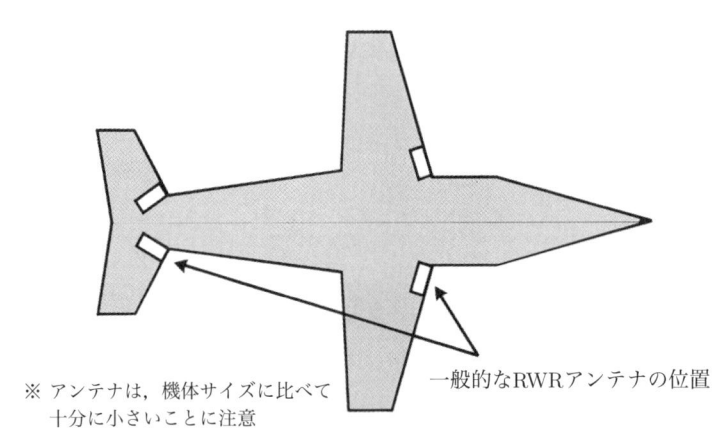

※ アンテナは，機体サイズに比べて十分に小さいことに注意

一般的なRWRアンテナの位置

図8.16 機体周りに対称に配置された4本のキャビティバックスパイラルアンテナによって，360°全方位で瞬間的に電波源位置を決定することが可能になる．

8.5 インターフェロメータによる方探

インターフェロメトリ（interferometry; 干渉法）は，DC のすぐ上から光を優に超える周波数範囲を使用する電波源の高精度位置決定に一般に用いられる技法である．インターフェロメータ（interferometer）方式では，通常複数の方探サイトで到来波入射角（AOA）を測定して電波源の位置決定を行う．この技法を用いたシステムは，一般に $1°$ RMS レベルの角度測定精度を有する．インターフェロメータ方探（interferometer direction finding）は，広範な EW システムで使用されており，特にレーダ ES システム（radar ES system）および通信 ES システムでは最も一般的である．

8.5.1 基本的な構成

インターフェロメータの基本的構成を図 8.17 に示す．主要構成品は，一対の調整済みの受信機に接続され，相互の位置関係が固定された，一対の整合アンテナである．受信機の中間周波（IF）出力は，2 信号の相対位相を測定する位相比較器に送られる．この相対位相角は処理装置に送られ，2 本のアンテナの方位と相対的な幾何学的位置関係（基線と呼ばれる）に対する AOA が計算される．ほとんどのシステムでは，電波源の真方位または仰角を決定する（真

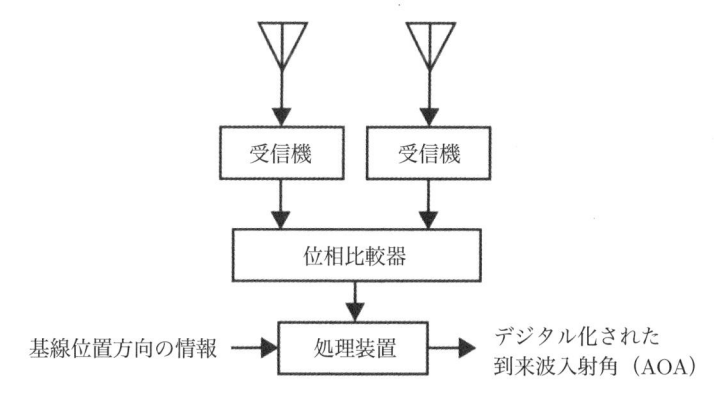

図 8.17　基本的なインターフェロメータシステムでは，信号の到来波入射角を決定するため，調和した 2 台の受信機に，一対の整合アンテナからの受信信号を送り，信号の位相を比較している．

北（true north）または真の局地水平線に対する）基線の方向に関する情報も，処理装置に入力される．

インターフェロメータ方探システム構築の最大の課題は，AOA測定精度は2台の受信機出力間の位相差比較精度に依存することから，一対のアンテナと受信機との間の長さが可能な限り等しくなるような電気的経路（electrical path）を維持することである．このため，アンテナ，受信機，前置増幅器，および切替器を経由する位相比較器までの全経路が，「厳密に」同じケーブル長で，「厳密に」同一の位相応答（phase response）であることが必要とされる——しかも，すべての信号強度，そしてすべての温度においてである．このように困難な課題があるので，現在使用されているほとんどのインターフェロメータシステムは，位相の不整合を修正するために，何らかのリアルタイム較正機構を用いている．例外は，アンテナおよびすべての主要構成品を同じ（決して大きすぎない）筐体に組み込むシステムである．後の節で触れるが，受信機をアンテナから離隔せざるを得ないシステムには，さらに回路の重要な部分とアンテナとの近接を保持するための多くの巧妙な仕組みもある．

8.5.2　干渉三角形

図8.18に示す干渉三角形（interferometric triangle）は，インターフェロメータ方探システムが基線を形成する2本のアンテナにおける信号の相対位相から，信号のAOAを決定する方法を説明している．この「基線」とは，それぞれ堅確に取り付けられた2本のアンテナの電気的中心を結ぶ直線のことである．基線の長さをBとして，通常この基線における信号のAOAは，基線の中央の垂線を基準にする．この仕掛けはdの値を測定するものである．いったんdがわかれば，AOAは次式から計算される．

$$\text{AOA} = \arcsin\left(\frac{d}{B}\right)$$

干渉法の原理を理解するため，「波面」（wave front）と呼ばれる仮想の線を考える．電磁波は送信アンテナから放射状に伝搬する．基礎的な電気の教科書では，しばしば，池に石を落としたときに同心円状に広がっていく輪に例えた表現が使われる．この「波面」とは，送信機から遠ざかるように放射された波

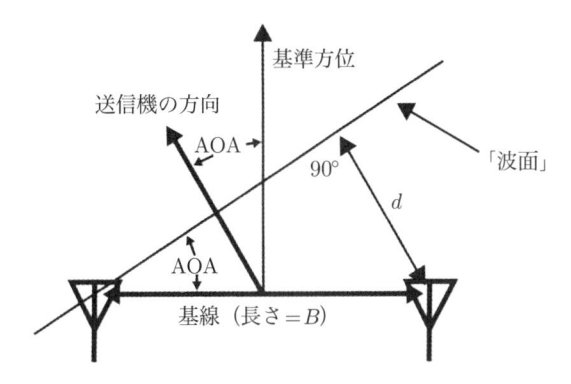

図 8.18 インターフェロメータでは，干渉三角形を用いて，基線に対する信号の到来波入射角を決定する．

のどこでも位相が一定である点のことである．

図 8.18 では，極めて大きい円の極めて微小な部分であることから，波面は直線で描かれている．どのような固定受信アンテナでも，概ね光速で通過する正弦波のように変化する信号として，伝搬する波が観察される．図 8.19 に示すように，受信信号は 1 波長で 360° 位相が変化しながら受信アンテナを通過する．受信信号の周波数を測定することによって，波長を次式で測定することができる．

$$\lambda = \frac{c}{f}$$

ここで，λ：波長〔m〕，f：周波数〔Hz〕，c：光速（3×10^8 m/sec）である．

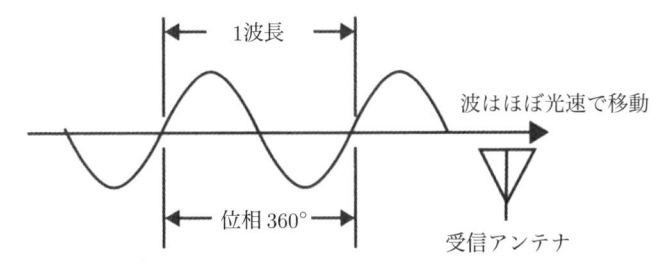

図 8.19 受信波はほぼ光速で伝搬し，位相は受信アンテナを通過する 1 波長の間に 360° 変化する．

よって，d は次式で与えられる．

$$d = \frac{\phi \times c}{360 \times f}$$

ここで，ϕ は 2 本のアンテナに到来する信号の相対位相〔度〕である．

8.5.3 システム構成

ほとんど実際の方探システムでは，1 本の基線では不十分である．すなわち，アンビギュイティの問題が存在するのである．これは一般に，方向の異なる複数の基線，あるいは長さの異なる基線を用いて処理を繰り返すことによって解決される．したがって，システム全般のブロック図は，図 8.20 のようになる．この一連のアンテナは，「アンテナアレイ」と呼ばれ，最適な一揃いの基線が得られるように構成される．アンテナの各対は，上記で分析したような基線を形成し，受信機へ順次切り替えられる．

図 8.21 に，マイクロ波帯レーダ送信機の正確な方位および仰角の測定に使用される，キャビティバックスパイラルアンテナの配列例を示す．水平方向に配列されたアンテナは方位を測定し，垂直方向に配列されたアンテナは仰角を測定する．いずれの場合にも，長い基線はアンビギュイティを持つが高精度を与えるために，さらに短い基線はアンビギュイティを解決するために切り替えられる．

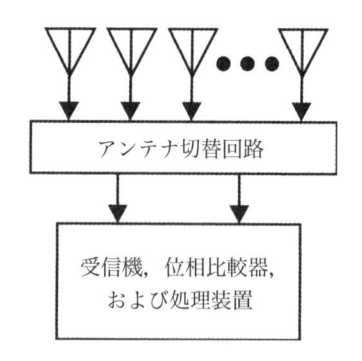

図 8.20 完全なインターフェロメータ方探システムは，複数の基線を形成するため，それぞれ対で，インターフェロメータに切り替えられる複数のアンテナを保有する．

図 8.22 に，VHF 帯または UHF 帯方探システムに適した垂直ダイポールアンテナの配置を示す．この事例では，4 本のアンテナのどの対をとっても，6 本の基線のいずれか 1 本を選択することができる．対角線の基線は，各辺の基線に比べて 1.414 倍の長さとなる．

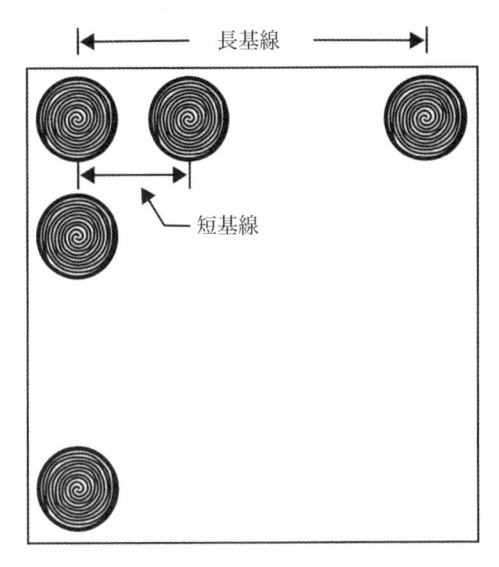

図 8.21 5 個のキャビティバックスパイラルは，高精度で広帯域の方位および仰角をインターフェロメータ方探システムに供給するアレイを形成する．

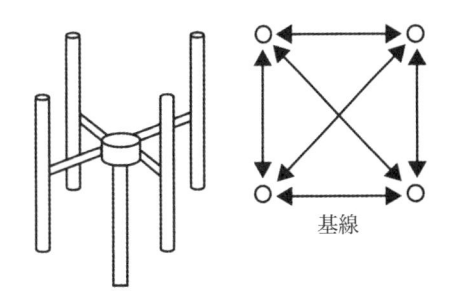

図 8.22 インターフェロメータ方探システムでは，4 本の垂直ダイポールで 6 本の基線を形成することができる．

8.6 干渉法による方探の実現

インターフェロメータ方探システムの実現について理解するためには，特有のアンビギュイティ（およびその解決法）と精度を支配する要素（および，較正による改善法）について，考察すべきである．

8.6.1 鏡像によるアンビギュイティ

まず，インターフェロメータは単に，基線を形成する2本のアンテナに到来する信号間の位相差を測定するものであることを理解しなければならない．そして，この情報を到来波入射角に変換するのである．この基線の2本のアンテナが無指向性であれば，インターフェロメータが同じ AOA 出力をもたらすことで，図 8.23 に示す円錐上の任意の位置からの到来信号の位相差は同じになる．送信源が水平面上またはそれに近い位置にあることがわかれば（地上設置の方探システムでは極めて一般的な状況である），このアンビギュイティは図 8.24 に示すように低減される．円錐が水平面を通過する位置で，予想される DOA は二つに減少する．追加の情報がない限り，インターフェロメータでは二つのうちどちらが正しい答えかは単純には言えない．2本のアンテナに高フロント–バック比とともに多少の指向性があるならば，2本のアンテナで「見る」ことができる範囲内で，一つの答えだけが嘘をついていることになるので，解決は簡単である．

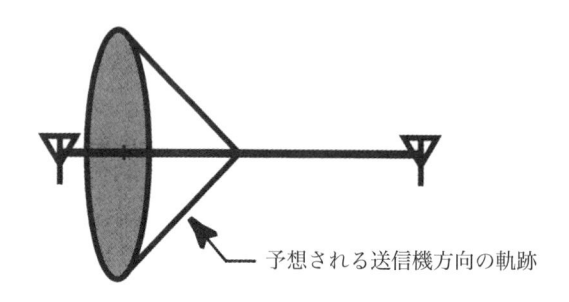

図 8.23　インターフェロメータにより決定された到来波入射角は，予想される送信機方向の円錐形で規定される．

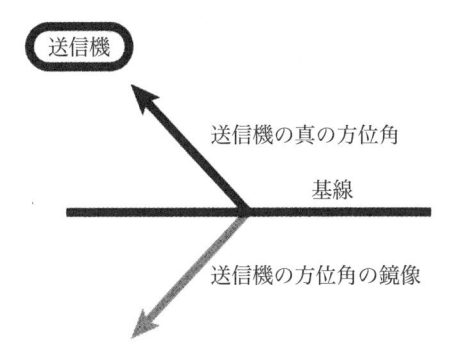

図 8.24 水平面における図 8.23 の円錐形の交点は，測定された信号の二つの予想到来方向を示す．

　図 8.25 に，有指向性インターフェロメータシステム（directional interferometer system）に使用される典型的なアンテナアレイのパターンを示す．ここで留意すべきなのは，干渉法の原理は，両方のアンテナでカバーされる範囲内のみで作用することである．しかしながら，この原理は，アンテナで受信した信号間の位相差に対してのみ適用されるので，送信機方向のアンテナ利得の差が原因となる受信信号内の振幅の差は，単に副次的効果しか持たない．

　地上設置型方探システム（ground-based DF system）の多くは，瞬時に 360°

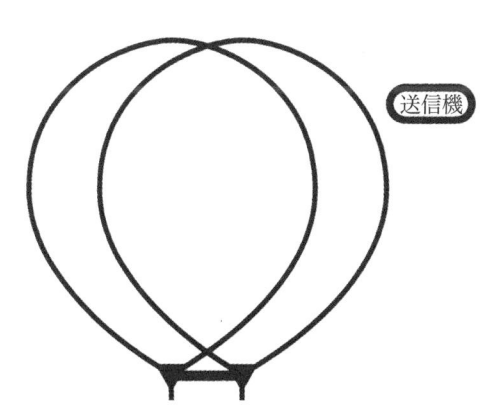

図 8.25 インターフェロメータ方探システムに指向性アレイを使用すれば，目標となる送信機は，基線を形成する両方のアンテナパターン内に落ち込むことになる．

をカバーする必要があるので，基線を形成するアンテナは，水平方向に無指向（垂直ダイポールでは極めて一般的）でなければならない．これらのシステムは，異なる指向性を持つ別の基線を使用してもう一つの測定を行うことにより，鏡像によるアンビギュイティ（mirror image ambiguity）を解決する．図 8.26 は，360°に対応する地上設置型方探システムを示す．アンテナ 1 とアンテナ 3 によって形成される基線は，アンテナ 2 とアンテナ 4 によって形成される基線と同様に，一つの答えを持つ．これは正しい答えである．

インターフェロメータ方探システムが，水平面から数度以上離れて存在する信号に対処しなければならない場合（ほとんどの場合，航空機搭載システム），正確な DOA を得るためには，方位と仰角の両方の測定が必要になることは疑

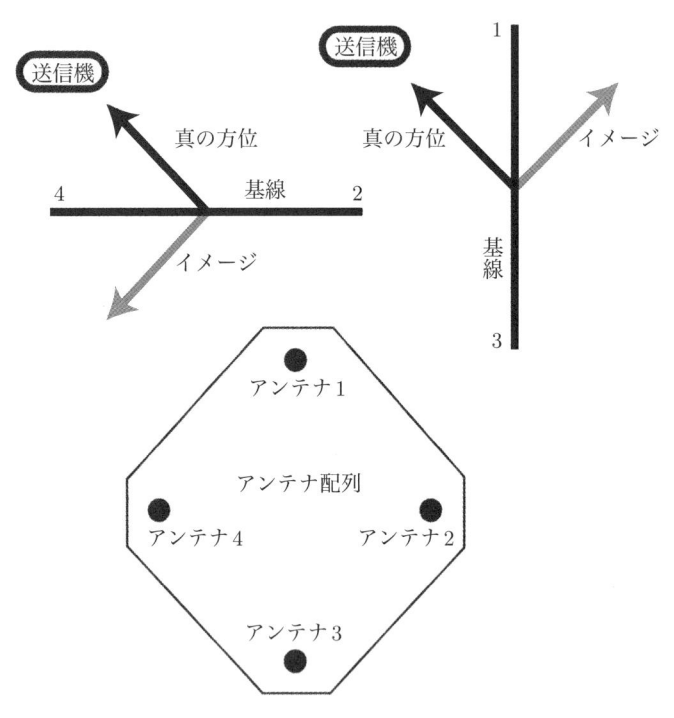

図 8.26 二つの異なる指向性を持つ基線によって，全方位地上設置型インターフェロメータ方探システムでの鏡像によるアンビギュイティを解決することができる．

う余地がない．ここで重要な例外がある．すなわち，地上またはその近傍に存在することがわかっている比較的遠距離の電波源を航空機が位置決定する場合で，さらに，そのシステムがほぼ一定方向に飛行する際のデータ受信のみを考慮すればよい場合にあっては，それでも2次元航空機搭載システム（2-D airborne system）は有益なデータを提供することができる．

8.6.2　長基線によるアンビギュイティ

　前述したように，インターフェロメータでは，基線を形成する2本のアンテナによって受信信号の位相差を測定することで，AOAを決定する．ここでは，得られた位相差とAOAの関係について検討しなければならない．これは，AOA，信号の周波数，および基線の長さの関数である．信号の波長 λ は，光速 c と周波数 f から，$\lambda = c/f$ として与えられる．図8.27に，基線の長さ（信号の波長を単位として表現）とシステムの「ボアサイト」（基線に直角の方向と規定）に対するAOAの関数として，基線を形成する2本のアンテナで測定された位相差のグラフを示す．AOAの変化に必要な位相変化が大きいほど（すなわち，この図の曲線の勾配が急であるほど），方探システムの精度は良くなる．

　図8.27には，二つの重要な概念が示されている．まず，どのようなインターフェロメータ方探システムにおいても，基線に垂直な角度（図では0°）に近い点で最良の精度になり，基線端近傍（図では±90°）では最悪の精度になることである．次に，（受信信号の波長に対して）基線が長いほど，精度が良くなることである．

　図8.27には，3番目の，より微妙なメッセージが示されている．それは，基線が1/2波長より長くなる場合，AOAが+90°から−90°に移動すると，位相差が360°以上変化することである．インターフェロメータは極めて高精度であるが，2本のアンテナが同一周期の信号を受信しているかどうかを知る手段を持たないので，アンビギュイティのある答えを出してしまう．このアンビギュイティは通常，より短い基線を用いた分離測定（separate measurement）を行うことで解決できる．

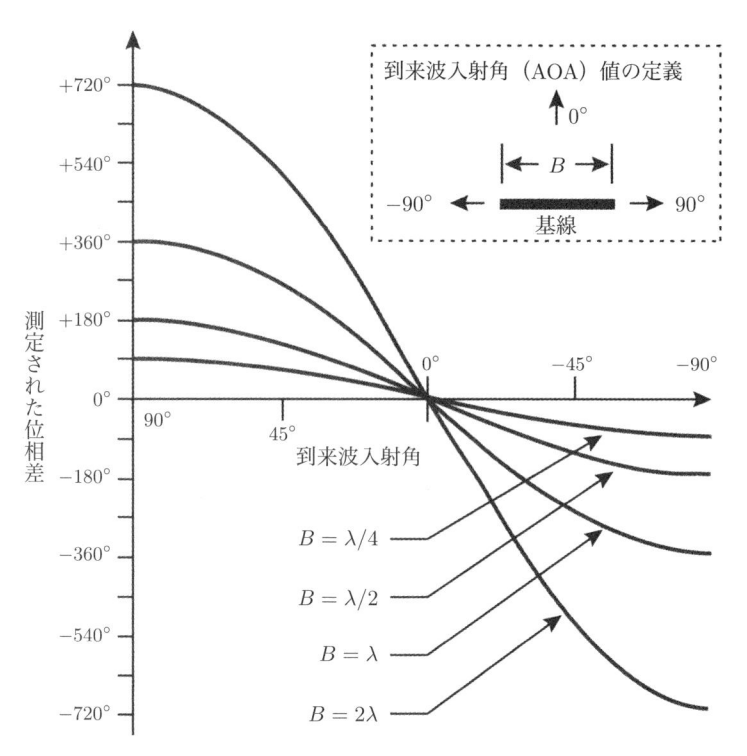

図 8.27 2本のアンテナが形成するインターフェロメータ基線によって測定される位相差は，到来波入射角および受信信号の波長に対する基線長によって変化する．

8.6.3 較正（校正）

どの種類のマスト，地上移動車両，航空機にインターフェロメータのアンテナアレイが搭載されても，それぞれのアンテナで受信される信号は，目標になる送信機からの直接波とアレイ近傍のすべての反射波とが合成されたものになる．反射波の経路は直接波より長いので，各反射波は，アンテナに若干遅れて到達することになる（当然，異なる位相を与える）．幸いこれらの反射波は，直接波に比べて信号強度が極めて小さいのが普通であるが，各アンテナで受信されたすべての信号の総和は，直接波信号単独のそれとは異なる位相を持つ．2本の基線アンテナで相対位相を測定すれば，直接波のみが受信された場合の

信号のそれとは異なる．この位相差は「位相誤差」(phase error) と呼ばれ，方探システムが誤った AOA を得る原因になる．「測定された」AOA と，送信機から方探装置への（「真」の方位と呼ばれる）直接波ベクトルとの差は，「角度誤差」と呼ばれる．

　システムを較正するには，AOA は数度ごとに，周波数は数 MHz ごとに一連の方探データをとる（アンテナアレイの既知の方位に基づいて，試験用送信機の位置を参照する）．真の方位を決定するために，何らかの方策が用いられる．その後，各 AOA/周波数の組み合わせに対して角度誤差が測定され，較正テーブルに蓄積される．あとでシステムが未知の送信機の方位測定を行う際，較正テーブルに蓄積された地点との間における補間法 (interpolation) によって，適当な補正率 (correction factor) が計算される．

　インターフェロメータ方探システムでは，較正テーブルに，上記のような角度誤差データ，または各測定地点における各基線による位相誤差のいずれかを含めることができる．ここでは，位相測定値は AOA 計算前に修正される．現実には，すべてのインターフェロメータ方探システムはいくつかの基線を使用して位相データを蓄積することから，極めて多量のコンピュータメモリを必要とするが，それによってより正確な結果を生み出せるようになる．

8.7　ドップラの原理を使用した方探

　多くの中程度価格の方探システムおよび一部の精密電波源位置決定システムにおいては，電波到来方向の決定に，信号の受信周波数内の測定された変化を用いている．これは，ドップラの原理 (Doppler principle) の利点を活用して実施される．

8.7.1　ドップラの原理

　ドップラ効果 (Doppler effect) は，本来の送信周波数を受信する際，送信機と受信機の間の相対速度に比例した量に応じて，信号の受信周波数が変化する現象である．周波数の変化は，正（送受信機が互いに接近する方向に移動する）または負（送受信機が互いに離隔する方向に移動する）のいずれかにお

いて起こる．最も簡単な例では，一方が相手の方向に向かって移動する場合，ドップラ効果は次のように規定される．

$$\Delta f = \frac{v}{c} \times f$$

ここで，Δf：受信周波数の変化（ドップラシフトと呼ばれる），v：移動体の速度（すなわち速度の大きさ），c：光の速度（3×10^8m/sec），f：送信周波数である．

送信機および受信機が互いに相手方向にも相手から遠ざかる方向にも向かっていない場合，ドップラシフトは両者の距離の変化率に応じて，以下のようになる．

$$\Delta f = \frac{V_T \times \cos\Theta_T + V_R \times \cos\Theta_R}{c} \times f$$

ここで，V_T：送信機の移動速度，Θ_T：送受信機間の直接路と送信機の速度ベクトルとがなす角度，$V_R =$ 受信機の移動速度，$\Theta_R =$ 送受信機間の直接路と受信機の速度ベクトルとがなす角度である．

送信機または受信機の一方のみが移動する場合，もう一方の速度項を 0 にすることで，数式を簡略化することができる．

8.7.2　ドップラ利用による方探

図 8.28 に最も単純なドップラ方探（Doppler DF）を示す．アンテナ A は固定されており，アンテナ B はその周囲を回転する．それぞれのアンテナは受信機に接続されており，アンテナ B の受信周波数はアンテナ A のそれと比較される．図 8.29 は，360°回転間のアンテナ B の速度ベクトルを表している．送信機方向の速度成分は，プラス方向の最大値を持つ正弦波で，図ではアンテナ A が真下に来たときにピークが発生する．

図 8.30 に示すように，どのような方向からの受信信号においても観察される周波数の差（アンテナ B の周波数－アンテナ A の周波数）は，時間とともに変化する．アンテナ B がアンテナ A と送信機の間を横切る際，ドップラシフトは負に移行する．方探システムには移動アンテナの位置が既知であるので，この 0 を横切る時間は，信号の到来波入射角に容易に変換される．

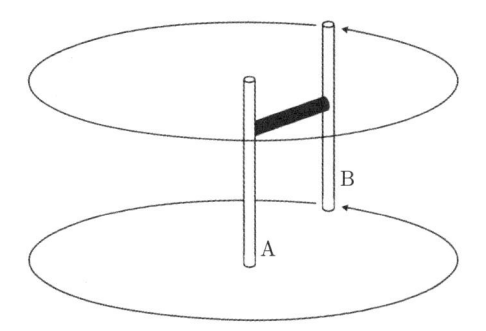

図 8.28 ドップラ方探システムは，1 本の固定アンテナ A の周囲を回転する 1 本のアンテナ B で構成することができる．

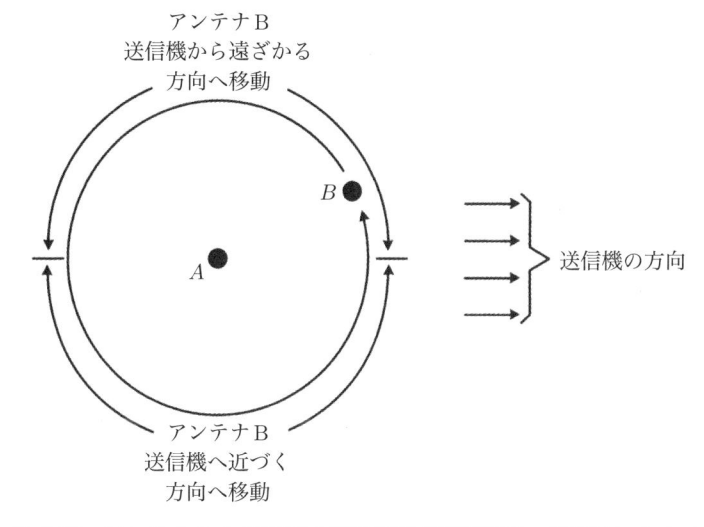

図 8.29 アンテナ B と送信機の間の距離の変化率は，固定アンテナ A の周囲を回転することにより，周期的に変化する．

8.7.3 実際のドップラ方探システム

1 本のアンテナの周囲を物理的に回転させることは，明らかに機械的に困難であることから，ほとんどのドップラ方探システム（Doppler DF system）では，中心の「センス」アンテナの周囲に，数本のアンテナを円周状に配置している．多くのヨーロッパの空港で着陸時に見かける円状のアンテナは，航空機

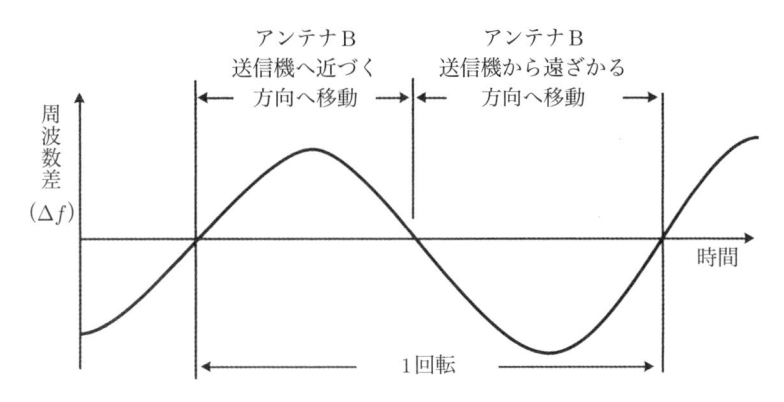

図 8.30　ドップラ効果は，アンテナ A の受信周波数に対して，アンテナ B の受信周波数を正弦的に変化させる．

に搭載された空地通信用送信機をパッシブに位置決定するためのドップラ方探アレイ（Doppler DF array）である．

外側のアンテナは，回転式アンテナの効果を出すように，受信機に順次切り替えて接続される．外側の全アンテナの合成出力を「基準入力」（reference input）として使用することにより，センスアンテナを省略しているシステムもある．外周に配置するアンテナを増やせば精度はより高まるが，この方式では「円周」内でわずか 3 本のアンテナを連動させることがある．少数のアンテナのみを使用する場合，良好な方探精度を達成するために，未加工方探データにかなりの補正要素を加味する必要がある．

8.7.4　差動ドップラ

ドップラの原理を用いた精密位置決定システムが，「差動ドップラ」（differential Doppler）システムである．これにより，位置決定にあたって広域に広がった複数の受信機位置でドップラシフトを瞬時に測定することができる．この方法は，送信機または受信機のグループのどちらが移動しても実行できる．もちろん，この動きはドップラシフトを生み出すのに必要となる．送信機と受信機の「双方」がかなりの速度で移動している場合には，それぞれの移動中の要素がドップラシフトの一因となるので，計算が煩雑になる．

EW アプリケーションが遭遇する一般的な送信機または受信機の速度では，

ドップラシフトは送信周波数に対して，極めて小さい割合となる．この異なる周波数は，(「回転式アンテナ」方式のように) 双方の信号を直接ミキサに供給できるのであれば，容易に発生する．しかしながら，何百メートル (あるいはそれ以上) 離隔した位置で受信した信号を比較するには，それぞれの位置で極めて精密な周波数測定が必要になる．ごく最近までは手もとにセシウムビーム発振器が必須であり，それが差動ドップラアプリケーションを利用する厳しい制約となっていた．しかしながら，GPS の出現によって，使い勝手の良い GPS 受信機で同等の周波数基準が得られるようになり，正確な周波数測定が比較的容易に実現できることになった．

8.7.5　2 台の移動受信機による電波源位置決定

2 台の移動受信機による固定式送信機の位置決定の事例を図 8.31 に示す．正確な送信周波数がわかっていれば，それぞれの受信機で測定された周波数から，その速度ベクトルと送信機との間の角度が明確になる．よって，それぞれの受信機の (速度と方向の両方の) 速度ベクトルがわかれば，送信機位置を決定できることになる．この図では，すべてが同一平面上にあるものと仮定する．すなわち，3 次元の位置決定を行うには，直線上にない 3 台の受信機が必

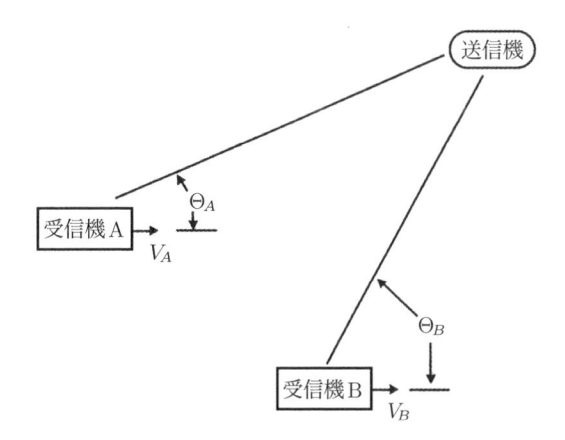

図 8.31　固定位置の送信機からの信号は，各移動受信機によって，その速度ベクトルと送信機方向の方位とのなす角との関数である周波数で受信される．

要となる．

　EWアプリケーションにおいて，正確な送信周波数がわかることは極めてまれである．一方，2台の受信機で受信した周波数の差から送信機位置決定に役立つ情報を得られることは，位置決定にとってまさに好都合である．2台の受信機の移動速度が「厳密に」等しければ，その差周波数は，それらの速度ベクトルと送信機方向がなす角の余弦（コサイン）値の差に比例する．この基準を満たす送信機位置は無数に存在するが，すべて（正確に定義可能な）ある曲線に沿って位置する（図8.32参照）．ほとんどの場合，2台の受信機は，少なくともわずかながら速度に差があるので，計算は若干面倒になるが，予想されるすべての送信機位置はコンピュータが計算した曲線に沿って常に位置する（読者の手計算でもやろうと思えばできるが，たぶん生きているうちにはできないだろう）．

　アンビギュイティのない位置を決定するには，送信機が線上のどこに所在するかを解明する必要がある．最も一般的な方法としては，もう一組の受信機で（3台の受信機では，二つの独立した組み合わせが可能），独自に周波数差測定を行うことである．2組目の受信機により，最初に送信機位置で交わる別の曲線が描ける．3次元での位置決定には，独立した3組の受信機が必要となる．

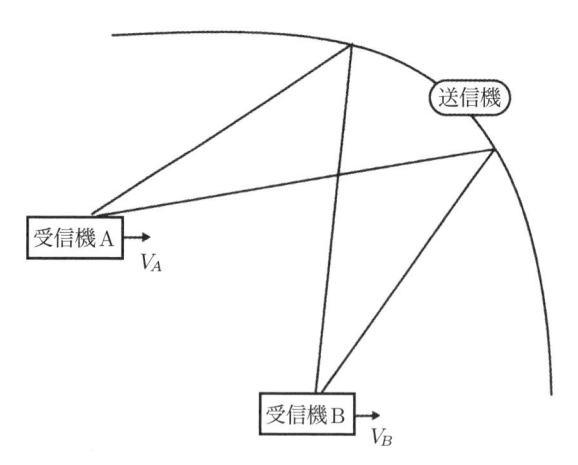

図8.32　2台の移動中の受信機によって測定された周波数差は，送信機位置を通る曲線の計算に利用できる．

8.8 電波到来時刻による電波源の位置決定

電波源の精密な位置決定が必要な場合，電波到来時刻（time of arrival; TOA）または到着時間差法（TDOA）による技法が，たいてい最良の選択枝である．どちらの手法も，信号がほぼ光速 c（3×10^8 m/sec）で伝搬するという事実に依存している．

ある規定された時刻に送信機をあとにした電波は，d/c 後の時刻に受信機に到達する．ここで，d は送受信機間の距離である（例えば，d が 30km であれば，信号は送信機を離れた後，$30 \div 3 \times 10^8$〔sec〕= 100〔μsec〕で到達する）．よって，TOA で距離が明確になる．その距離の精度は，その伝送時間の精度および受信時刻の測定精度に依存する（信号は 1ns で約 1 フィート進む）．GPS 受信機によって極めて正確な時刻基準（time reference）が出力されるため，数年前に比べて TOA の測定は（論理上）大いに容易になった．

2 台の受信機の位置が既知であり，信号が既知の時刻に送信され，それぞれの受信所で到着時刻が正確に測定されれば，2 台の受信機から送信機までの距離を計算することによって，送信機の位置が決定される．これは，送受信機が同一平面にある場合（例えば，送受信機がすべて通視範囲内にあり，高度がほとんど同じ場合）に限って正しい．自由空間においては，2 点間の距離は円で説明される．もし，送信機が地表面にあるとわかっていれば，もちろん，この円が表面と交わる 2 点のうちの一つが，送信機の位置になる．受信アンテナが，極めて高いフロント-バック比を有していれば，これらの点は，1 か所だけが当てはまる．さもなければ，「鏡像による」アンビギュイティは，複数の TOA 基線（TOA baseline）を用いて解決しなければならない．

8.8.1 TOA システムの実現

受信機位置を離隔することで TOA 電波源位置決定システムを実現する方法は，主として二つある．2 台の受信機で構成される基線が，物理的に同じ構造のもの（例えば，一つのアレイ，または同じ航空機の別の部位）に搭載されている場合，図 8.33 に示すようなシステムへの組み込みが現実的であろう．アンテナ，受信機（R），ケーブルを注意深く整合させれば，1 台の処理装置で到

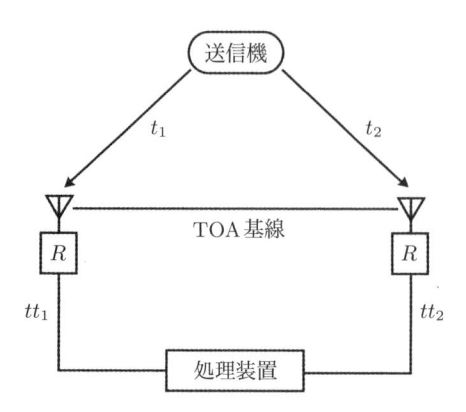

図 8.33 2 台の受信機が適度に近接していれば，較正済みのケーブルを処理装置に接続することによって，TOA 位置決定が実現できる．

来時刻を測定することができる．内部の伝送時間（tt）が正確に同じなら，各アンテナにおける電波到来時刻は tt の差をとることで決定でき，処理装置における到来時刻差は，アンテナにおける到来時刻（t_1, t_2）の差と正確に等しくなる．

実際上の問題としては，製作公差，温度差の影響，部品の経年劣化などの環境条件の影響があることから，アンテナから処理装置までのそれぞれの受信経路について，何らかの電気配線距離の実時間測定が必要になる．その後，これに補正率を加えることになる．

受信機が遠く離れている場合（別の航空機または地上局にある場合），図 8.34 に示す組み上げが必要になる．この場合，精密な時刻計測は各受信機位置で実施され，それらの時刻計測値は，計算と位置決定を行う処理装置に送られる．

8.8.2　到着時間差

正確な TOA 技法では，電波が送信機をあとにした瞬間の時刻を知る必要がある（すなわち，ある種の復号可能な時刻基準などの信号が必要となる）．これは，EW アプリケーションではめったにないケースであるが，ありがたいことに，2 台の受信機での信号の到来時刻の差から，電波源の位置について何らかの計測を行うことができる．すべてが同一平面上にあれば，時間差は送信機

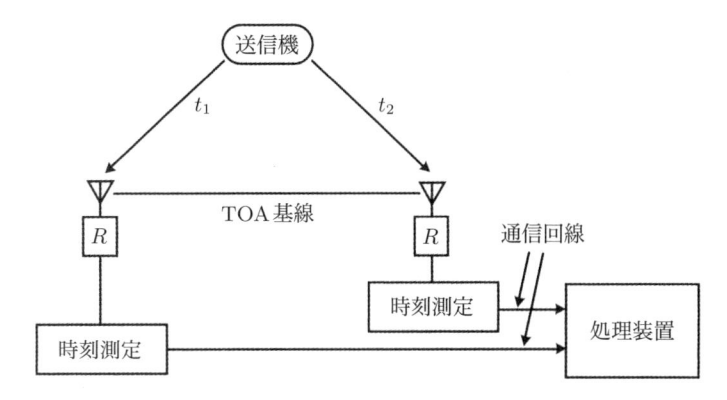

図 8.34　広い間隔の受信機を用いた TOA 位置決定における精密 TOA 測定は，それぞれの受信所で行う必要がある．

を通る（計算により定義可能な）曲線によって決定することができる（図 8.35 参照）．その線に沿って送信機の位置を決定するには，最初の曲線と送信機位置で交差する曲線を描くための別の TDOA 基線が欠かせない（さらにもう 1 台の受信機を必要とする）．

　上記のすべての TOA 実現についての議論は，それぞれの場合ごとにさらにもう 1 台の受信機が必要であることを除き，TDOA 技法にも同じようによく当てはまる．すなわち，2 次元で位置決定を行う場合，3 台の受信機（2 本の独自の基線を形成）が必要で，3 次元での位置決定には，同一平面上にない（3 本

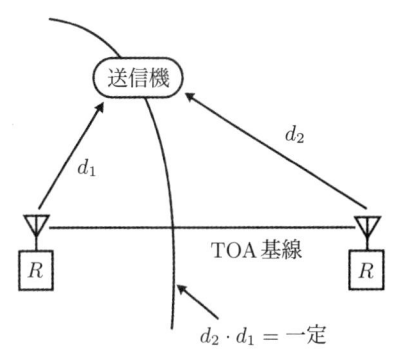

図 8.35　2 台の受信機における電波到来時刻の差の測定では，送信機位置を通る線を規定する．

の独立した基線を形成する）受信機3台が必要となる．EWアプリケーションは通常TDOAを利用するため，これ以降はTDOAを中心に説明する．

8.8.3 距離によるアンビギュイティ

可能な限り遠方（すなわち水平線）の送信機位置から受信機までの伝搬所要時間内で一つの信号が繰り返し現れるならば，受信機には受信中の信号がどの繰り返しのものであるかを知る手段がないため，距離によるアンビギュイティ（distance ambiguity）が存在することになる．それぞれの受信機は，予想される繰り返しごとに一つの距離の答えに従うので，位置のアンビギュイティの数は，繰り返し数の2乗になる．

8.8.4 電波到来時刻の比較

TOAまたはTDOAによる無変調のCW送信機の位置決定は，自ら（無限にアンビギュイティを引き起こす）RF周波数ごとに確実に繰り返されるため，実用的ではない．変調波の周波数は，高周波（RF）に比べて，著しく低いため，変調波の繰り返し時間は通常もっとゆっくりである．情報はその性質上繰り返すものではないので，情報搬送信号の変調波はなおさら繰り返される可能性はない．

信号電波到達時刻を測定するには，信号変調時に同時に識別（参照）可能な時刻の基準を規定する必要がある．これには，パルス信号に対するものと連続的な変調信号に対するものとでは，別の技法が必要となる．

8.8.5 パルス信号

パルス信号は，時間測定がやりやすいように設計されており，それがレーダの効用である．それは，ただパルスの前縁時刻を測定する以外にない．基線にある2台の受信機においては，前縁の到来時刻差が取りも直さずTDOAである．代表的なEW状況においては，前縁は垂直に立ち上がっていないか，あるいはぼやけてはいるが，測定のためにはパルスの上に目印を見つけることは比較的容易である．

送信機からのパルスはすべてが似たように見え，それらはパルス繰り返し

間隔（PRI）で繰り返される．何らかのパルス符号化でも施さない限り，TOA距離測定でアンビギュイティが発生しないのは，一つの PRI（例えば，距離 30 km で 10,000 パルス/s の繰り返し）間にパルスが伝わる間だけである．精密 TDOA システムをより精度の低い位置決定システムと組み合わせて使用すると，精度の低いシステムでは誤った位置をすべて排除できることもある．

8.8.6 連続変調信号

振幅変調信号は，高速オシロスコープで見ると図 8.36 の波形のように見える．図の信号 1 と信号 2 は，同じ信号の一部であり，送信機からの距離が異なる受信機で受信された時間に差があるようにずらして表示したものである．信号 1 が本来の時刻より遅れて到達すれば，信号は互いに重なってしまう．これは，それらの「相関」が極めて高いことを意味する．

TDOA システムにおいては，各受信機の出力はデジタル化されている．時刻をつけてデジタル化された信号の特性は，（データリンクを経由して）処理装置に送られる．事実，処理装置は全体にわたって一つの信号を「滑らせて」時刻を揃えるとともに，遅延量の関数として二つの信号の相関を測定するものである．

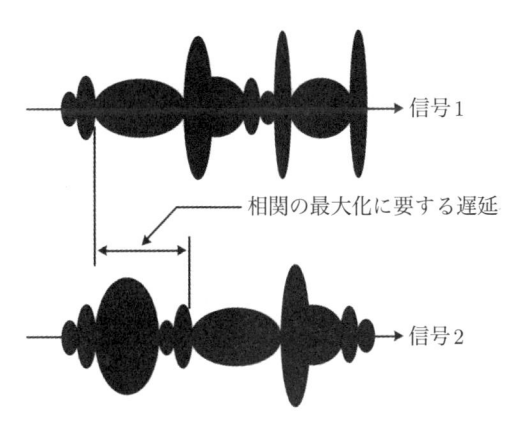

図 8.36　アナログ変調信号における時刻差は，信号とそれを遅延させたものの相関を測ることにより明瞭になる．

第9章

妨害

　どの妨害も，目的は敵の電磁スペクトルの有効な利用を妨げることにある．スペクトルの利用とは，ある地点から他の地点への情報の伝送を意味する．この情報は，音声あるいは（例えば，映像またはデジタル形式の）非音声通信，遠隔設置された装置を制御するための指令信号，遠隔設置された装置からの返信データ，あるいは味方や敵の（地上，海上，空中）アセット（asset；資産，資器材，攻撃対象となる施設，装備，資材）の位置および動作などの形をとりうる．

　長年にわたって，妨害は電子対策（electromagnetic countermeasures; ECM）と呼ばれていたが，現在は電子攻撃（electronic attack; EA）という用語が多用されている．EAにはまた，敵のアセットなどに物理的な損害を与える高レベル放射電力，または指向エネルギー（directed energy）の使用も含まれる．妨害は，敵のアセットなどを一時的に役に立たなくはするが，それらを破壊することはないことから，「ソフトキル」（soft kill）と呼ばれることもある．

　妨害の基本的な技法としては，敵の受信機に敵が希望する信号と同様の妨害信号を送り込むやり方がある．これは，妨害信号電力が希望信号中の情報の内容を押さえ込むか，あるいは（希望および妨害）結合信号によって処理装置が希望の情報を適切に抽出または利用することを阻害する特性を持つことから，受信機中の妨害信号が，敵が希望信号から必要な情報を抽出できないほど十分強力な場合，その効果を発揮する．表9.1に，さまざまな妨害の形式を区別するいくつかの手段を示す．

❒ 妨害の一つの規範

　妨害運用における最も基本的な考え方は，妨害する対象は「送信機」ではな

表 9.1 妨害の形式

妨害の形式	目的
通信妨害	敵が通信回線を使用して情報を伝送する能力を妨げる.
レーダ妨害	レーダが目標捕捉を失敗,目標追尾を停止,あるいは誤った情報を出力するようにする.
カバー妨害	希望信号の品質を低下させることにより,情報を適切に処理できなくするか,または搬送した情報を復元できなくする.
欺まん妨害	レーダにその受信信号が目標までの誤った距離または角度を表示するよう不適切な処理を行わせるようにする.
デコイ	目標よりもさらに目標らしく見せ,誘導武器にその意図する目標ではなく,デコイを攻撃させる.

く「受信機」であるということである.妨害状況の評価においてしばしば混乱し,間違いを犯しやすいので,妨害を効果的にするためには,妨害機が敵の受信機に,関連したアンテナや,入力フィルタ,処理ゲートを経由して妨害信号を入力させることであることを忘れてはならない.言い換えると,妨害の効果は,受信機の方向に妨害機が送り出した信号の強度,および妨害機と受信機の間の距離と伝搬状態に依存する.

9.1 妨害の分類

妨害は,一般に四つのやり方に分類される.すなわち,信号の形式による分類(通信 vs. レーダ),被妨害受信機に対する攻撃方法による分類(カバー vs. 欺まん),妨害の位置関係による分類(自己防御(self-protection) vs. スタンドオフ),友軍装備の防護方法による分類(デコイ(decoy) vs. 古典的妨害機)である.

9.1.1 通信妨害 vs. レーダ妨害

通信妨害(communications jamming; COMJAM)は,通信信号に対する妨害である.これは通常,HF 帯,VHF 帯,および UHF 帯の戦術信号に対する,ノイズ変調(noise modulation)によるカバー妨害(noise-modulated cover jamming）と見なされているが，さらに，2地点間のマイクロ波通信回線，遠隔装置，または遠隔装置への指令およびデータリンクなどに対する妨害も指す．図9.1に示すように，敵の通信回線は送信機から受信機へ信号を伝送する．妨害機もまた受信アンテナに対して送信するが，（受信アンテナは狭ビームで，送信機方向を向いているなど）アンテナ利得に対する不利な状況に打ち勝つ十分な電力をもって，敵の希望する情報の品質を利用不可能なレベルまで低下させうる適当な電力で受信させ，受信機のオペレータあるいは処理装置に出力させようとするものである．

古典的なレーダは送信機と受信機の両方を持ち，同一の指向性アンテナを使用している．レーダ受信機は，レーダ送信機からの目標反射波を最良に受信するように作られている．反射信号の分析によって，地上，海上，または空中のアセットの位置および速度を測定するとともに，追尾が可能となる．これは，

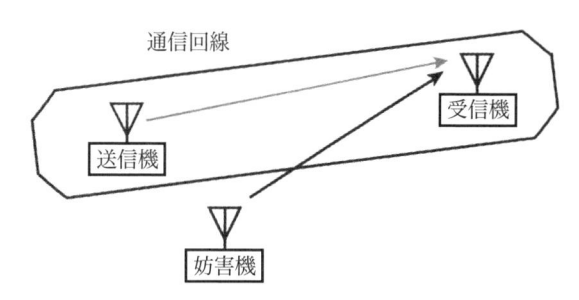

図9.1　通信妨害は，受信機が希望する信号から情報を再生する機能を妨げる．

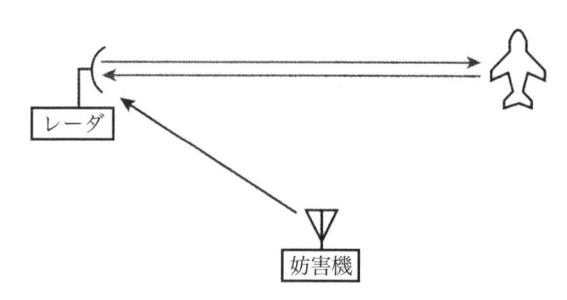

図9.2　レーダ妨害はカバー妨害や欺まん妨害が可能であり，反射信号から得られる目標の情報を抽出しようとするレーダの能力発揮を阻害する．

例えば航空交通統制，敵対目的で，例えば誘導ミサイルまたは砲による攻撃に寄与する．レーダ妨害（radar jamming）機は，レーダに目標の位置決定または追尾をさせないよう，カバーまたは欺まん信号（deceptive signal）を使用する（図 9.2 参照）．

9.1.2　カバー妨害 vs. 欺まん妨害

カバー妨害では，敵の送信機に対して高出力信号を送信する必要がある．ノイズ変調の使用によって，敵は被妨害を知ることがさらに困難になる．これによって，希望信号を適切な品質で受信できなくなるまで信号対雑音比（SN 比）が低下する．図 9.3 に，反射信号とこれを隠せるほど十分なノイズによるカバー妨害の状況を，レーダの PPI（plan position indicator; 平面位置表示装置）スコープの表示で示す．理想的には，妨害は熟練のオペレータでも反射信号の存在を探知できないほど強力であるべきだが，受信機にそれほど大きな妨害電力をかけることが不可能（または，現実的でない）ならば，自動追尾が不可能になる程度に SN 比を低下させるだけで十分である（通常，自動処理は熟練したオペレータが探知し，手動で追尾するのに必要な SN 比よりは高い SN 比を必要とする）．

欺まん妨害は，図 9.4 に示すように，希望信号と妨害信号の混合から誤った

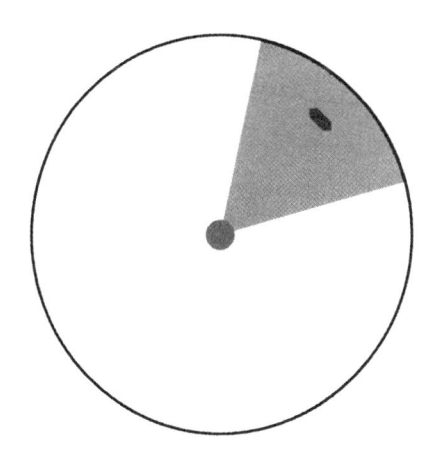

図 9.3　カバー妨害はレーダ反射波を受信機/処理装置から見えなくしてしまう．

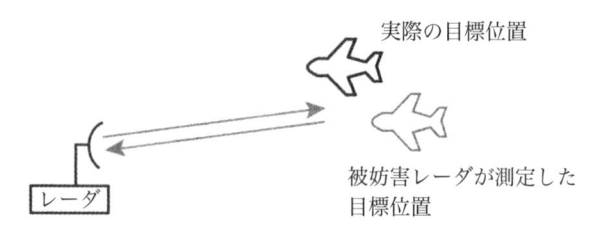

図 9.4　欺まん妨害は，目標の位置や速度について誤った情報を与え，レーダ処理を妨害する．

結論をレーダに導き出させようとする．一般にこの妨害では，目標の距離，角度，または速度と異なるデータによってレーダを誘惑する．欺まん妨害は，見かけ上有効な反射信号を受信し，その航跡（track）が有効な目標であるかのように，レーダに「思い込ませて」追尾させようとする．

9.1.3　自己防御妨害 vs. スタンドオフ妨害

自己防御妨害（self-protection jamming）およびスタンドオフ妨害（stand-off jamming）を，図 9.5 に示す．双方ともに，通常はレーダに対する妨害に分類されるが，味方の装備を防護する場合の妨害にも分類できる（例えば，攻撃に連携して用いられる通信網に対する妨害）．自己防御妨害は，探知または追尾の対象となるプラットフォームに搭載される妨害機から発せられる．スタンドオフ妨害は，あるプラットフォームに搭載された妨害機から妨害し，別のプ

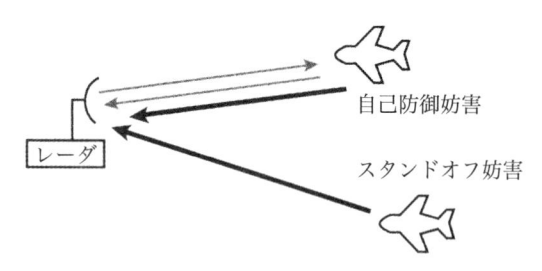

図 9.5　自己防御妨害は，レーダの目標となるプラットフォームに搭載された妨害機によって行われる．スタンドオフ妨害は，目標となるプラットフォームを防護するために，別のプラットフォームに搭載した高出力妨害機が実施する．

ラットフォームを防護する．通常，防護すべきプラットフォームは，敵の脅威の交戦圏内にあり，スタンドオフ妨害機は武器の交戦圏外から妨害を行う．

9.1.4　デコイ

デコイは，防護すべきプラットフォームを，（敵レーダから見て）それ自体以上に本物らしく見せかけるべく設計された特殊な妨害機である．デコイは，レーダの追尾を妨害するものではなく，むしろ，それを捕捉させて攻撃させるか，あるいは追尾点をデコイに転移させ，レーダの注意を引き付ける点が他の妨害機と異なる．

9.2　妨害対信号比

妨害機の効果は，妨害対象の敵受信機との関係においてのみ計算が可能である（送信機ではなく，受信機を妨害することを思い起こそう）．このことを論じる際，その有効性を表す最も一般的な方法は，「実効」妨害電力（effective jammer power; 受信機の核心部そのものに入り込む妨害信号電力）と受信信号電力（受信機が真に受信したい信号）との比を使うことである．これを妨害対信号比またはJ/S比，あるいは簡単にJ/Sと呼ぶ．

J/Sの直接的な説明には，正確性を期するために修正すべき多くの特例（最も重要な事項については，後ほど触れる）があるが，いずれも以下に述べる原理に基づくものである．ここでの議論において用いるdB計算式には，数字的な「補正係数」（fudge factor）（例えば32）が含まれている．これにより，各種の「物理学の法則」の定数の影響をまとめ，最も実用的な単位で直接に解を得ることができる．ここでの説明においてはすべて，距離にはkm，周波数にはMHz，レーダ断面積にはm^2の単位を用いることとする．

9.2.1　受信信号電力

最初に，J/Sの信号の部分について考える．送信機から受信機に送信される片方向の例（図9.6）においては，受信機入力に到達する信号の電力レベルは，

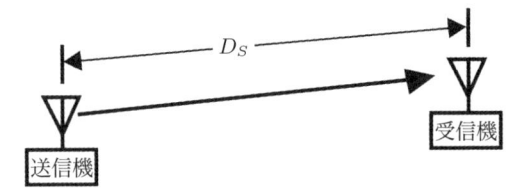

図 9.6 受信機に到達する希望信号入力は，送信電力，送受信アンテナ双方の利得，およびその周波数・通信回線の距離によって決まる伝搬損失から，その強度が決定される．

次式で与えられる（すべて dB 値）．

$$S = P_T + G_T - 32 - 20\log(F) - 20\log(D_S) + G_R$$

ここで，P_T：送信電力〔dBm〕，G_T：送信アンテナ利得〔dB〕，F：送信周波数〔MHz〕，D_S：送信機から受信機までの距離〔km〕，G_R：受信アンテナ利得〔dB〕である．

レーダ信号の場合（図 9.7）については，送受信機は一般に同一地にあり，同一のアンテナを共有するので，第 2 章で説明したように，受信機に到達する信号の電力レベルは，次式で規定される（すべて dB 値）．

$$S = P_T + 2G_{T/R} - 103 - 20\log(F) - 40\log(D_T) + 10\log(\sigma)$$

ここで，P_T：送信電力〔dBm〕，$G_{T/R}$・送受信アンテナ利得〔dB〕，F：送信周波数〔MHz〕，$D_T = $ 目標と受信機との距離〔km〕，$\sigma = $ 目標のレーダ断面積〔m^2〕である．

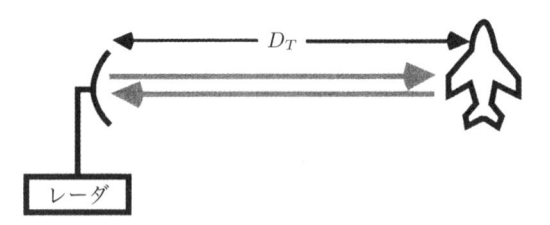

図 9.7 受信機に到達するレーダ信号は，そのアンテナ利得を 2 倍したものと，目標までの往復距離，信号周波数，および目標のレーダ断面積によって，その強度が決定される．

9.2.2 受信妨害電力

妨害信号はその特性上，片方向送信（図 9.8）である．一般に，目標が通信用受信機でもレーダ受信機でも，妨害信号の効果は同じである．受信機による受け取り方は，二つの方法で希望信号のそれと異なる．まず，受信機に無指向性アンテナがなければ，アンテナ利得は，アンテナが受信する信号の方位または仰角の関数によって変動する．したがって，妨害信号と希望信号は，同一方向から到来しない限り，異なる受信アンテナ利得に悩まされることになる（図 9.9）．次に，希望信号の正確な周波数を測定できない，または予測できないため，妨害信号にはたいてい，妨害対象の信号より十分広い周波数範囲が必

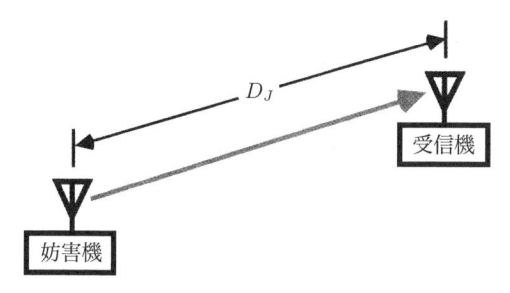

図 9.8　受信機入力として到来する妨害信号電力は，送信電力，妨害アンテナ利得，周波数と伝搬距離に関係する伝搬損失，および妨害機方向に対する受信アンテナ利得によって決定される．

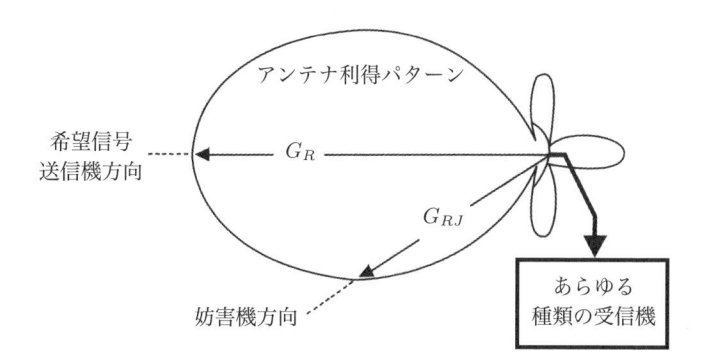

図 9.9　受信アンテナが無指向性でない場合，妨害信号方向の利得は，希望信号方向の利得とは異なる（通常小さい）．

要になる．J/S の予測においては，妨害信号電力のうち，受信機の使用帯域幅内に入る部分だけを考慮することが重要である．この二つの理解によって，受信機における到来妨害信号電力は，次式で表される（dB 値）．

$$J = P_J + G_J - 32 - 20\log(F) - 20\log(D_J) + G_{RJ}$$

ここで，P_J：妨害機送信電力〔dBm〕（受信機の帯域幅内），G_J：妨害機アンテナ利得〔dB〕，F：送信周波数〔MHz〕，D_J：妨害機から受信機までの距離〔km〕，G_{RJ}：妨害機方向の受信アンテナ利得〔dB〕である．

9.2.3　妨害対信号比

図 9.10 に示すように，J/S は妨害信号強度（受信機の帯域幅内における）の希望信号強度に対する比率である．dB 単位を使用するのであれば，この図の縦軸目盛はリニアスケールとなる．もちろん，受信機の帯域幅は理想的な大きさで，希望信号に同調されているものと仮定する．上式から，J/S 計算式の展開は単純である．J および S ともに dB で表現されているので，それらの電力比は，単に dB 値の差である．片方向の信号送信の場合（たいていの場合，通

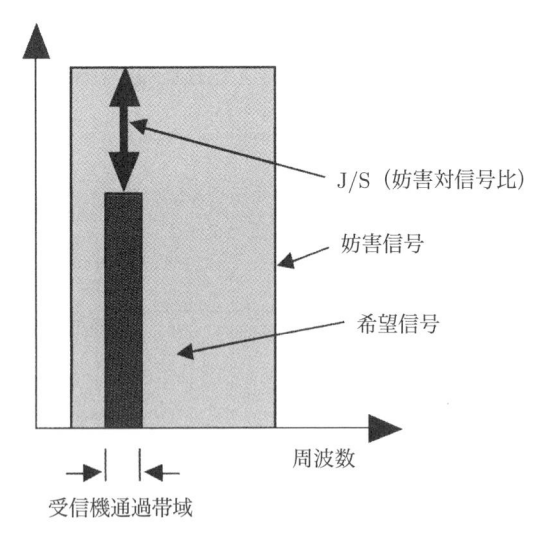

図 9.10　妨害対信号比は，簡単に言えば，受信機における周波数通過帯域内における二つの受信信号の電力比である．

信妨害の考え方を適用できる）における J/S は，dB 値で

$$\begin{aligned}\text{J/S}\,[\text{dB}] &= J - S \\ &= P_J + G_J - 32 - 20\log(F) - 20\log(D_J) + G_{RJ} \\ &\quad - [P_T + G_T - 32 - 20\log(F) - 20\log(D_S) + G_R] \\ &= P_J - P_T + G_J - G_T - 20\log(D_J) + 20\log(D_S) + G_{RJ} - G_R\end{aligned}$$

となる．一例として，妨害機は送信電力が100W（+50dBm），アンテナ利得が10dB，受信機からの距離が30kmであり，希望信号送信機は受信機との距離が10km，送信電力1W（+30dBm），アンテナ利得3dBであるとする．また，受信アンテナ利得は，妨害信号，希望信号ともに3dBであるとする．この場合のJ/Sは，以下のように計算できる．

$$\begin{aligned}\text{J/S} &= +50\text{dBm} - 30\text{dBm} + 10\text{dB} - 3\text{dB} - 20\log(30) + 20\log(10) \\ &\quad + 3\text{dB} - 3\text{dB} = 17\,[\text{dB}]\end{aligned}$$

レーダに対する妨害機運用においては，本式は以下のようになる．

$$\begin{aligned}\text{J/S}\,[\text{dB}] &= J - S = P_J + G_J - 32 - 20\log(F) - 20\log(D_J) + G_{RJ} \\ &\quad - [P_T + 2G_{T/R} - 103 - 20\log(F) - 40\log(D_T) + 10\log(\sigma)] \\ &= 71 + P_J - P_T + G_J - 2G_{T/R} + G_{RJ} - 20\log(D_J) \\ &\quad + 40\log(D_T) - 10\log(\sigma)\end{aligned}$$

レーダの送信電力1kW（+60dBm），アンテナ利得30dB，RCS10m^{2}の目標との距離10km，妨害機送信電力1kWにおいて，レーダからの入力が40kmで−20dBおよびレーダアンテナのサイドローブ受信による妨害波が0dBであると考えた場合の計算値は，

$$\begin{aligned}\text{J/S} &= 71 + 60\text{dBm} - 60\text{dBm} + 20\text{dB} - 2(30\text{dB}) + 0\text{dB} - 20\log(40) \\ &\quad + 40\log(10) - 10\log(10) = 29\,[\text{dB}]\end{aligned}$$

となる．

さて，妨害機と目標が同一場所にある場合（例えば，被妨害レーダによって追尾されている航空機搭載の「自己防御」妨害機）について考えよう．レーダから妨害機までの距離と目標までの距離が同一で，希望信号とレーダアンテナ

への妨害の入力とが同一の角度（すなわち，$D_J = D_T$ および $G_{T/R} = G_{RJ}$）となる．この場合の J/S 計算式は簡単化され，

$$J/S〔dB〕 = 71 + P_J - P_T + G_J - G_{T/R} + 20\log(D_T) - 10\log(\sigma)$$

となる．

そのレーダと目標について，被追尾プラットフォームに搭載された妨害機の妨害出力が 100W に低減され，アンテナ利得が 10dB の場合を考えてみよう．このときの J/S 式は，以下のように計算される．

$$J/S = 71 + 50\text{dBm} - 60\text{dBm} + 10\text{dB} - 30\text{dB} + 20\log(10) - 10\log(10)$$
$$= 51〔\text{dB}〕$$

9.3 バーンスルー

バーンスルー（burn-through）は，妨害では極めて重要な概念であり，それは作戦環境において妨害の有効性を保持しながら運用する場合に用いる．バーンスルーは，受信機が妨害を受けつつも適切にその任務を遂行できるレベルまで J/S を低減させる場合に生起する．

9.3.1 バーンスルーレンジ

バーンスルーレンジ（burn-through range）は，レーダ妨害の用語として規定されているが，通信妨害にも当てはめることができる．レーダ妨害におけるバーンスルーレンジとは，レーダが目標を追尾するのに適切な信号品質を保持できる目標との距離である．図 9.11 に自己防御妨害とスタンドオフ妨害双方のバーンスルーレンジの例を示す．いずれの場合においても，レーダと目標との距離が関連する．

通信妨害におけるバーンスルーレンジの概念は，必ずしも図のようにはならないが，時には役立つ場合がある．この場合，バーンスルーレンジは，特定の妨害アプリケーション下での通信回線維持に有効な距離を意味する（図 9.12 参照）．これは，希望波を復調し，希望の情報の再生が可能で適切な SN 比を確保できる，送信機と受信機の間の距離である．

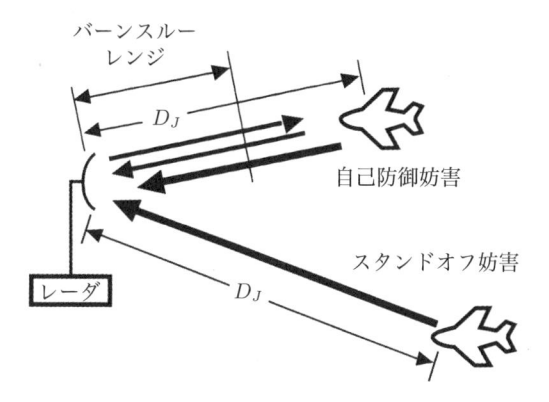

図9.11 バーンスルーレンジは，妨害によって，レーダが本来の役割を果たすことをもはや妨げられない，レーダから目標までの距離をいう．

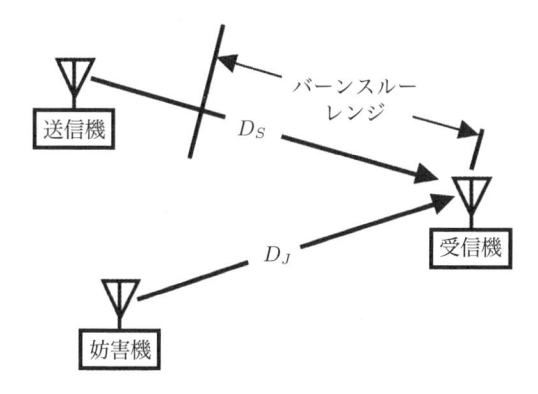

図9.12 通信妨害におけるレーダのバーンスルーに相当する距離は，希望する送信機と受信機との距離を削減していき，適切な品質で信号受信できるようになった点が当てはまる．

9.3.2 所要 J/S

効果的な妨害に必要とされる J/S は，使用される妨害の形式および希望信号の変調方式の特性にもよるが，0〜40dB あるいはそれ以上で変化しうる．ここでは，具体的な妨害の形式について取り上げながら，各議論の中でそれぞれの所要 J/S (required J/S) についても触れることとする．10dB という J/S の値は，多くの状況に適用される切りの良い数字であり，ここでの議論においては「適正」と見なすことにする．

9.3.3 妨害状況に応じる J/S

J/S は，表 9.2 に示すように多くの要因によって変化する．最初の欄は妨害状況の各要因を示す．2 番目の欄は，この要因値の増加が J/S に及ぼす影響を示す．例えば，妨害機送信電力の増加によって，J/S が dB 単位で増加し，P_J が倍になれば，J/S も倍（すなわち 3dB 増加）になる．3 番目の欄は，それぞれの要因が意味を持つ妨害の形式を示す．あるケース（レーダのアンテナ利得）では，J/S に対する異なる影響を区別した（その影響は，スタンドオフ妨害で極めて大きくなる）．

表 9.2　妨害状況に応じた J/S に対するそれぞれの要因の影響

要因（増加した場合）	J/S に対する影響	妨害の形式
妨害機の送信電力	dB 増加分 J/S の dB 値が直接増加	すべて
妨害機のアンテナ利得	dB 増加分 J/S の dB 値が直接増加	すべて
信号周波数	なし	すべて
妨害機から受信機までの距離	距離の 2 乗に比例して J/S が減少	すべて
信号送信電力	dB 増加分 J/S の dB 値が直接減少	すべて
レーダのアンテナ利得	dB 増加分 J/S の dB 値が減少	レーダ（自己防御）
	1dB ごとに J/S は 2dB 減少	レーダ（スタンドオフ）
レーダから目標までの距離	距離の 4 乗に比例して J/S が増加	レーダ
目標のレーダ断面積	dB 増加分 J/S の dB 値が直接増加	レーダ
送受信機間の距離	距離の 2 乗に比例して J/S が増加	通信
送信アンテナ利得	dB 増加分 J/S の dB 値が直接減少	通信
（指向性）受信アンテナ利得	dB 増加分 J/S の dB 値が直接減少	通信

9.3.4　レーダ妨害（スタンドオフ）におけるバーンスルーレンジ

　各種妨害に応じたバーンスルーレンジの式は，前節で定義済みのすべての項と一緒に適切に表された J/S 式であるが，ここでは距離の項を分離して並べ直してみよう（これらの使いやすい dB 式では，入力値と出力値の単位に注意する必要があることを思い出してほしい．この場合は距離の単位は km である）．スタンドオフレーダ妨害における J/S 式は，

$$J/S = 71 + P_J - P_T + G_J - 2G_{T/R} + G_{RJ} - 20\log(D_J) + 40\log(D_S) - 10\log(\sigma)$$

であるが，次のように変形することができる．

$$40\log(D_S) = -71 - P_J + P_T - G_J + 2G_{T/R} - G_{RJ} + 20\log(D_J) \\ + 10\log(\sigma) + J/S$$

　$40\log(D_S)$ の式は，各種の信号および妨害諸元から計算できる．これはレーダであるので，D_S を D_T（目標までの距離）と置き換えてみよう．D_T は dB 値であるので，単位を変換して距離の単位（ここでは km）に戻してやる必要がある．そこで，バーンスルーの距離は，

$$D_T = 10^{\frac{40\log(D_T)}{40}}$$

となる．

　一例として，妨害機出力 1kW（+60dBm）が利得 20dB のアンテナに入力され，レーダ送信電力が 1kW，送信アンテナ利得が 30dB，妨害機との距離が 40km，サイドローブ利得が 0dB という状況を想定する．また，目標のレーダ断面積が 10m^2，十分な妨害のための所要 J/S を 10dB とした場合，

$$40\log(D_T) = -71 - 60\text{dBm} + 60\text{dBm} - 20\text{dB} + 60\text{dB} - 0\text{dB} + 20\log(40) \\ + 10\log(10) + 10\text{dB}$$
$$= 21 \,[\text{dB}]$$
$$D_T = 10^{21/40} = 3.3 \,[\text{km}]$$

となる．

　したがって，レーダは 3.3km 以上の距離においては，自身の目標を追尾できないことになる．

9.3.5 レーダ妨害（自己防御）におけるバーンスルーレンジ

自己防御における J/S 式は，

$$\text{J/S}\,[\text{dB}] = 71 + P_J - P_T + G_J - G_{T/R} + 20\log(D_T) - 10\log(\sigma)$$

である．わかりやすくするために，並べ直すと，以下のようになる．

$$20\log(D_T) = -71 - P_J + P_T - G_J + G_{T/R} + 10\log(\sigma) + \text{J/S}$$
$$D_T = 10^{\frac{20\log(D_T)}{20}}$$

一例として，自己防御のための妨害出力 100W（+50dBm）を利得 10dB のアンテナに入力し，レーダ送信出力が 1kW，送信アンテナ利得が 30dB，目標のレーダ断面積が 10m^2，妨害に十分な所要 J/S が 10dB の場合，バーンスルーレンジは次のように計算することができる．

$$20\log(D_T) = -71 - 50\text{dBm} + 60\text{dBm} - 10\text{dB} + 30\text{dB} + 10\log(10) + 10\text{dB}$$
$$= -21\,[\text{dB}]$$
$$D_T = 10^{-21/20} = 89\,[\text{m}]$$

すなわち，目標となる航空機は，このレーダによる追尾から，距離 89m まで見つからずに自己防御できることになる．

9.3.6 通信妨害におけるバーンスルーレンジ

通信妨害における J/S 式は，

$$\text{J/S}\,[\text{dB}] = P_J - P_T + G_J - G_T - 20\log(D_J) + 20\log(D_S) + G_{RJ} - G_R$$

である．また，次のように並べ直すことができる．

$$20\log(D_S) = -P_J + P_T - G_J + G_T + 20\log(D_J) - G_{RJ} + G_R + \text{J/S}$$
$$D_S = 10^{\frac{20\log(D_T)}{20}}$$

一例として，妨害機は送信出力が 100W（+50dBm），アンテナ利得が 10dB，受信機からの距離が 30km で，希望波は送信電力が 1W（+30dBm），送信アンテナ利得が 3dB であり，受信機の妨害波および希望波の受信アンテナ利得 3dB

において，所要 J/S を 10dB とした場合，

$$20\log(D_S) = -50\text{dBm} + 30\text{dBm} - 10\text{dB} + 3\text{dB} + 20\log(30) - 3\text{dB}$$
$$+ 3\text{dB} + 10\text{dB}$$
$$= 13\,[\text{dB}]$$
$$D_T = 10^{-13/20} = 4.5\,[\text{km}]$$

となる．つまり，この被妨害通信回線は，妨害時の通信距離が 4.5km までは，妨害に抗して機能を発揮できる．

9.4　カバー妨害

前の二つの節で，「スタンドオフ」あるいは「自己防御」の妨害について分類した．他の二つの重要な分類は，「カバー」および「欺まん」である．カバー妨害は，一般にノイズ変調が用いられ，単純に被妨害受信機の信号対「雑音」比を，可能な限り低下させようとするものである．欺まん妨害は，レーダに対し，追尾しようとする目標の位置や速度について誤った結果を与えようとするものである．本節では，妨害効果を最大にするパワーマネージメント（power management）の概念を含み，カバー妨害に焦点を合わせる．

あらゆる受信機は，受信を目的に作られている信号を正確に処理するのに十分な信号対雑音比（SN 比）を持たなければならない．SN 比とは，受信機の帯域幅内の希望信号電力と雑音電力の比をいう．非戦闘環境においては，雑音電力は受信システムの熱雑音（すなわち，kTB〔dBm〕+ 受信システムの雑音指数〔dB〕）となる．受信した希望信号電力は，送信機出力，伝搬経路長（length of transmission path），使用周波数，および（レーダの場合は）目標の RCS の関数である．カバー妨害は，その上に雑音を受信機に入力しようとするものであり，伝搬経路長を増加，または目標の RCS を低減させることと同様の効果がある．

妨害雑音が受信機の熱雑音より著しく高い場合，SN 比よりむしろ J/S 比を取り上げるが，信号の受信と処理に対する影響は同じである．カバー妨害電力を徐々に増加させれば，オペレータまたは受信機に付随する自動処理回路は，妨害があるとは気づかず，SN 比がかなり低下してきたとしか思わない．

所要 SN 比は，受信信号の特性，およびそこから情報を抽出する処理法に依存する．音声通信においては，SN 比は送話者と受話者の技量，および受信されたメッセージの特性に依存する．有効な通信は，情報がまったく受信できなくなる点に SN 比が到達したときに終了する．デジタル信号の場合，不十分な SN 比によってビットエラーを起こし，ビットエラーレートがメッセージを伝達できなくなるほど高くなった時点で，その通信は終了することになる．

レーダ信号の場合，技量の高いオペレータは通常，複数目標を処理する自動追尾回路に必要とされるよりも十分低い SN 比においても，単一目標を手動追尾することができる．したがって，レーダ妨害の目的は，レーダの自動追尾能力を打破，つまり，ずっと少ない目標数によってレーダを飽和に至らせることである．

9.4.1　J/S vs. 妨害電力

図 9.13 に示すように，受信システムは，受信するように設計・制御された特定の信号を除いたすべての信号を，ある程度まで弁別する．その受信システムが希望信号源の方向を指す指向性アンテナを持っていれば，その他の方向からの信号のすべてが抑圧される．どの種類のフィルタ（帯域フィルタ，同調式事前選択フィルタ（tuned preselection filter），IF フィルタ（IF filter））であっても，帯域外信号を抑圧する．パルスレーダでは，受信機の後の処理

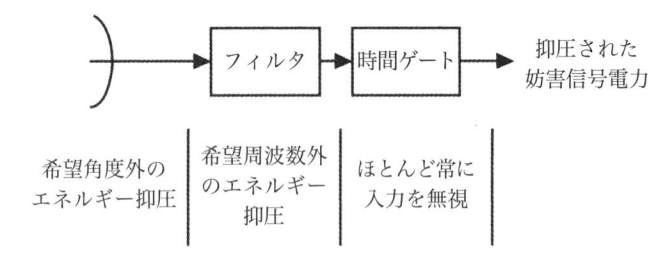

図 9.13　送信妨害信号のうち有効なのは，リターン信号の受信を最適化するように設計された，レーダの角度，周波数，およびタイミングの選択回路のすべてを通り抜けたほんの一部である．

装置は，どの時点でパルスが返ってくるのかが概略わかっており，リターンパルス（return pulse）の予想時刻から外れた信号は無視するようになっている．

レーダまたは通信アプリケーションのいずれかで周波数ホッピングが用いられたならば，受信機で受信された周波数帯は「移動目標」（moving target）である．別の種類のスペクトル拡散技術が使用される場合，信号は，拡散前の信号に適合した感度を実現するよう，受信機が復調できる広い周波数範囲の一面に拡散される．

妨害機の課題は，効果を発揮するために，利用可能な電力を受信機が受信する「かもしれない」周波数範囲全体にわたって，受信アンテナが存在する「可能性のある」角度空間全体に，さらに受信機が信号のエネルギーを「おそらく」受信するであろう全時間にわたって，拡散しなければならないことである．それでもなお，図 9.14 に示すように，J/S に貢献するのは，受信機のすべての防御範囲を通して得られる電力量の一部にすぎない．妨害機の送信電力は，その寸法，質量，主電源の利用可能度，およびコストに直接関係するので，妨害機出力を十分効果のあるレベルまで増やしさえすればよいという解は，めったに選べない．

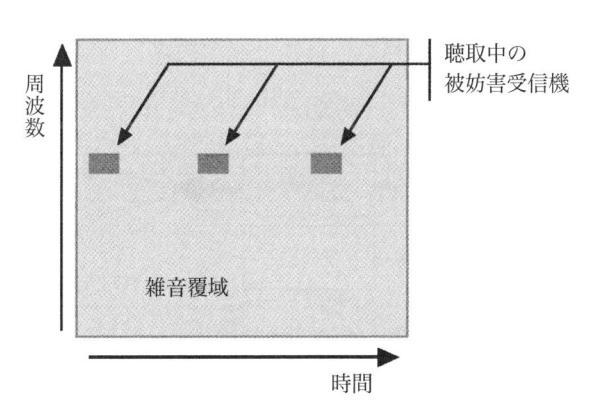

図 9.14 ノイズ妨害エネルギーは，受信機の希望信号が存在するかもしれない全時間-周波数空間全体に拡散しなければならない．

9.4.2　パワーマネージメント

　妨害機が，妨害を受ける受信機の運用について多くのことを知っていればいるほど，その妨害電力を，受信機の注目対象のより狭い範囲に集中することができる．妨害機のエネルギーを集中することは「パワーマネージメント」と呼ばれ，パワーマネージメントは被妨害受信機について利用できる情報に見合った分だけ実行できる．この情報は通常，被妨害受信機が受信すると思われる信号諸元の受信，分類，測定を行う（妨害機の受信機または電子支援システム (electronic support system) の）支援受信機から得られる．これは，（妨害機搭載のプラットフォームを追尾するレーダのように）容易なときもあり，（通信回線やバイスタティックレーダ (bistatic radar) のように）比較的困難なときもある．図 9.15 の極めて単純化されたブロック図に示す統合 EW システムは，その電力の管理に適合する到来方向，周波数，およびタイミングに関する情報を自己の妨害機に提供する．

　結論を言えば，妨害機は，最良の機能を発揮するところにその電力を集中できるということである．図 9.16 に示すように，パワーマネージメントは，利用できる妨害電力を低減することによって，HOJ (home-on-jam; 妨害源追尾) 脅威に対する妨害機搭載プラットフォームの脆弱性を低減することにも利用される．

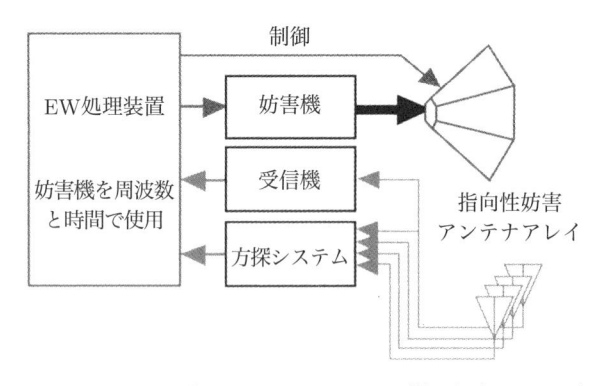

図 9.15　パワーマネージメントシステムは，可能な限りエネルギーの無駄を小さくして，レーダ反射信号によって占有された方向，周波数，およびタイムスロットに妨害電力を集中する．

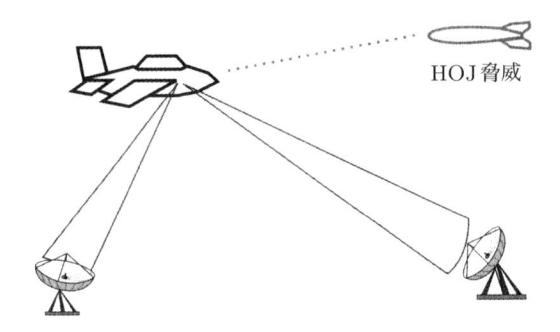

図 9.16 妨害エネルギーを被妨害受信機に指向することで，妨害効果の増大と HOJ 兵器に対する脆弱性の低減の双方が可能になる．

9.4.3 ルックスルー

パワーマネージメントを効果的に実施するには，被妨害受信機に関する情報を含む信号を持続的に受信する必要がある．このプロセスは「ルックスルー」と呼ばれ，ルックスルー受信機が「覗き見」できるように妨害を短時間中止することで，ほとんど直ちに行える．統合 EW システムの開発を行う受信機や妨害機の専門家の間では，ルックスルー期間について活発な議論が続いている．妨害の中止は受信機が信号を探知し測定するのに十分長くすべきだという意見がある一方で，適切な妨害効果のためには短いほどよいという主張もあり，難しい問題である（受信機の見地からのルックスルーについては，第 6 章で取り上げている）．伝統的なルックスルーと一緒に，あるいは代わりに使用できるであろう妨害信号から受信機を分離するためのその他の技法が，いくつか存在する．

◻ アンテナのアイソレーション（antenna isolation）

妨害機は，支援中の受信機方向への電力を大幅に低減した狭アンテナビームを有する．一部のケースにおいては，受信機にアイソレーションを持たせるための狭ビームアンテナがあるが，全周にわたる連続的な覆域を必要とするシステムでは，機能しない．妨害アンテナが受信アンテナに対して交差偏波できるのであれば，大幅なアイソレーションを得ることができる．

◻ 妨害機を支援受信機から物理的に離隔

単一の大規模プラットフォーム上で，もしくは，受信プラットフォームと妨害プラットフォームを分離することで達成できる．レーダ電波吸収体を利用するか，あるいは位相相関フェージング現象をうまく利用して注意深く間隔をとることによって，分離・アイソレーションをさらに改善することができる．妨害機と受信機の間の離隔が十分大きくなれば，より活発に連携できるようになる．

◻ 位相の打ち消し（phase cancellation）

受信機に，妨害波の位相を反転させた信号を入力することで実現する．これは難解だが興味がそそられる．受信機は，複雑で難解な，変動する位相特性を持ったマルチパス信号が複雑に組み合わされたものとして，妨害波を観測するであろう．

9.5 距離欺まん妨害

これからの数節では，多様な欺まん妨害技法について述べる．欺まん妨害のほぼすべてはレーダ妨害に適用できる概念である．受信機内の SN 比を低下させるのではなく，レーダの目標追尾能力を失わせるために使用される技法である．それは，あるものは目標のレーダ追尾を距離的に，またあるものは角度的に遠ざけようとするやり方である．初めに，モノパルスレーダ（monopulse radar; パルスごとに追尾に必須の情報すべてを含むようなレーダ）には使えない技法について述べ，次にモノパルス妨害（monopulse jamming）技法に触れる．最初に述べる欺まん技法は，「距離ゲート・プルオフ」(range gate pull-off; RGPO) と「距離ゲート・プルイン」(inbound range gate pull-off) である．

9.5.1 距離ゲート・プルオフ技法

これは，レーダが追尾中の目標に，パルスが到来した時刻の情報を必要とする自己防御技法である．図 9.17 に示すように，妨害機は，本物のレーダ反射パルスより遅延した偽りの反射パルスを放射し，その遅延量を次第に増加させ

る．レーダは，反射されたパルスの到来時刻によって目標までの距離を判定するので，この技法は，レーダに目標が実際よりずっと遠くにあると「思い込ませる」ものであり，狙いはレーダに正確な距離情報を与えないようにすることにある．この技法には，0～6dB の J/S 比が必要とされる．

図 9.18 に示すように，レーダは早期・後期ゲートにより距離で目標を追尾

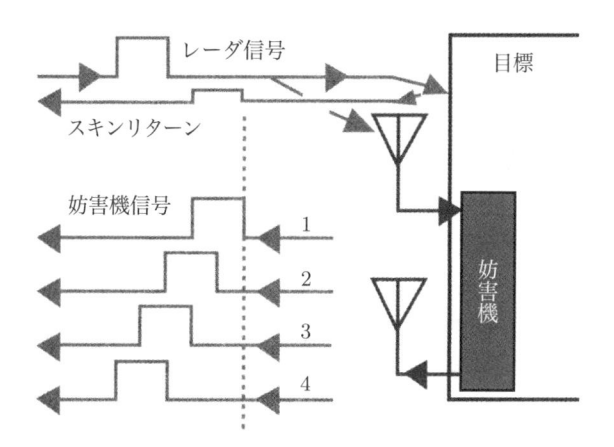

図 9.17 距離ゲート・プルオフ妨害機は，リターン信号を本物より高い電力で本物より遅延して送信し，その遅延量を増加する．

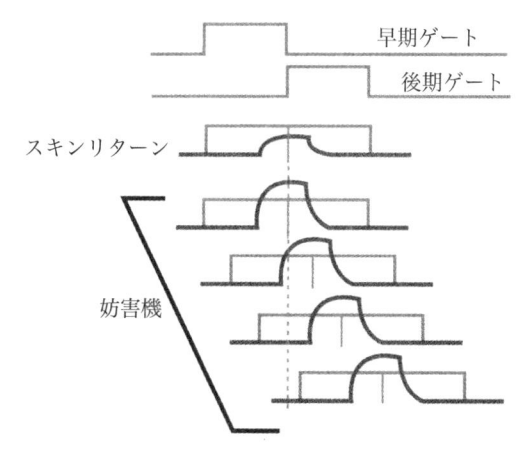

図 9.18 妨害機はより高い妨害パルス電力を平衡させるように，早期・後期ゲートのタイミングを調整する．

する．一つのゲートのパルスエネルギーが大きくなれば，レーダは双方のゲートのエネルギーが同じになるようにゲートを移動させる．そうすることで，目標を距離内で追尾する．本物のリターンパルスにより強いパルスを付加することによって，妨害機はゲートを「捕捉」する．次に真の，すなわち「スキン」(skin) リターンの到来時刻からゲートを引き離すために，十分な妨害パルスエネルギーに増大させる．

9.5.2 分解能セル

レーダには目標を分離することができる「分解能セル」(resolution cell) がある．距離次元の分解能セルは，通常，距離方向にパルス長の半分をとっている（すなわち，距離はパルス幅の半分に光速を掛けたものに等しい）．一般に，セルの幅はレーダアンテナのビーム幅と考えられる（すなわち，アンテナの 3dB ビーム幅の半分の正弦値 (sin) を 2 倍して，目標とレーダの間の距離を乗じた値）．目標追尾処理は，分解能セルの中心に目標を保持しようとすることと考えることができる．図 9.19 に示すように，距離ゲートを外すように移動させることにより，距離ゲート・プルオフ妨害機は目標から分解能セルを引き離す．実目標が分解能セルの外に出てしまえば，レーダ追尾は失敗することになる．

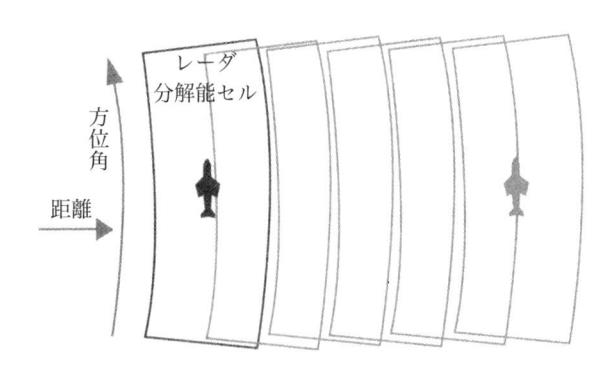

図 9.19　距離ゲート・プルオフ妨害機は，距離方向に分解能セルを目標から引き離すが，方位は正確なままである．

9.5.3 プルオフ速度

ここで考慮すべき重要な事項は，妨害機がいかに迅速に目標から距離ゲートを引き離せるかである．当然，距離ゲートが速く動くほど，防護には好都合となる．しかしながら，プルオフ速度（pull-off rate）がレーダの追尾速度を上回れば，妨害は失敗することになる．被妨害レーダの仕様が何もわからなければ，レーダの設計上の任務を考えて，この上限を設定することができる．レーダは，目標距離の最大変化率で追尾し（すなわち，目標はレーダに直接接近あるいは離隔する），距離ゲートの最大変化率（すなわち，距離方向の加速度）で，距離追尾速度（range tracking rate）を変えることができなければならない．

9.5.4 対妨害手段

距離欺まん妨害（range deceptive jamming）に対する有効な対抗手段は二つある．一つは，実目標のリターンが追尾中のリターン信号を上回るように，単純にレーダ出力を増大させることである．これは事実，「バーンスルー」レンジにおいて起きていることである．2番目は，前縁追尾を使用することである．距離ゲート・プルオフ妨害の間，レーダが実際に受信する信号を考えてみよう．図9.20に示すように，実目標からの反射と妨害機のパルスの両方が存在していて，適当な分解能があれば，双方のパルスの前縁（leading edge）と後縁（trailing edge）を見分けることができる．

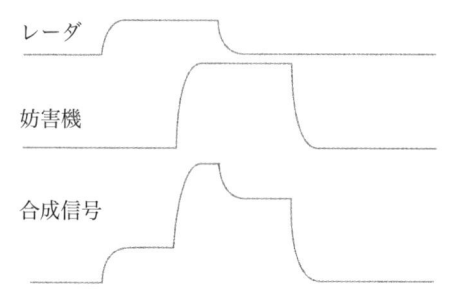

図9.20 レーダ受信機に対する妨害機とリターン信号の合成には，双方のパルス情報が含まれている．

図 9.21 に示すように，合成リターン信号（combined return signal）を分離することによって，レーダは二つのパルスの前縁スパイクがわかる．レーダはこの前縁信号を追尾していれば，妨害機のパルスの前縁が相対時間で遅れていっても，引き離されることはない．

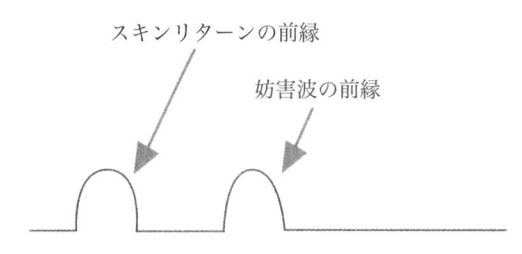

図 9.21　スキンリターンの前縁を探知，追尾することによって，レーダはスキンリターンをロックし続けることができる．

9.5.5　距離ゲート・プルイン

距離ゲートから引き離すのではなく，距離ゲートをレーダ方向に引き寄せて，前縁追尾を打破する技法がある．これは，「インバウンド距離ゲート・プルオフ」（inbound range gate pull-off）または簡単に「距離ゲート・プルイン」（range gate pull-in; RGPI）と呼ばれている．この技法における妨害パルスの動作を図 9.22 に示す．妨害パルスの前縁は，今度はスキンリターン（skin return）パルスの前縁に先行しているので，前縁追尾装置を乗っ取ることができる．パルス列内の次のパルス到来時刻を予測するためには，パルス繰り返し間隔（PRI）を知らなければならない．それにより，妨害パルスを本物に先行させる量を注意深く管理することが可能になる．したがって，距離ゲート・プルインは，PRI が単一に固定されているレーダに対しては，かなり容易に対応することができる．しかしながら，スタガパルス列にこの技法を使うためにはかなりの精巧さが要求され，ランダムなタイミングのパルスに対しては，まったく機能しない．

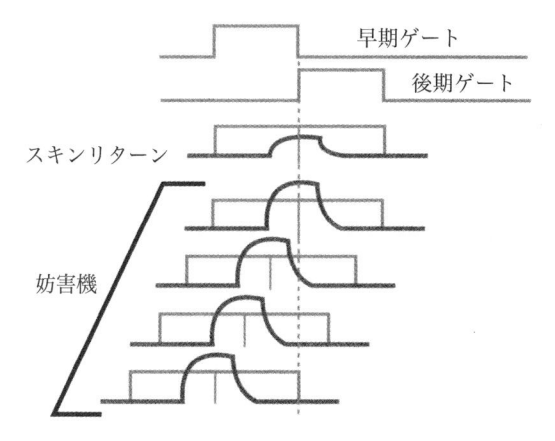

図 9.22　レーダからのパルスを予測することにより，距離ゲート・プルイン妨害機は前縁追尾を無効化できるが，レーダが単一で固定のパルス繰り返し周波数を使用していなければ，これは極めて困難になる．

9.6　逆利得妨害

逆利得妨害（inverse gain jamming）は，レーダの角度追尾（angle-tracking）から逃れる際によく利用される技法の一つである．この技法は，うまくいけばレーダの処理装置に角度追尾データを与えないか，またはスキンリターン信号と妨害信号の合成により不正な追尾修正のコマンドを出させることができる．この技法には，10〜25dB の J/S 比が必要となる．

9.6.1　逆利得妨害技法

逆利得妨害は，照射中の目標の受信機で見るような，レーダのアンテナスキャンパターンを用いた自己防御の技法である．図 9.23 に一般的なレーダ走査パターンを示す．レーダビームが目標付近を走査するたびに，目標に加えられる電力の時刻歴は，図の上段に示すように変化する．これは「脅威レーダ走査」（threat radar scan）と呼ばれている．形状の大きいローブは，レーダの主ローブが目標を通過した際に発生し，その他の小さいローブは，各サイドローブが目標を通過する際に発生する．照射されている目標からのスキンリターン信号は，これと同じ走査パターンをレーダに返し，この反射信号は，レーダの

図 9.23

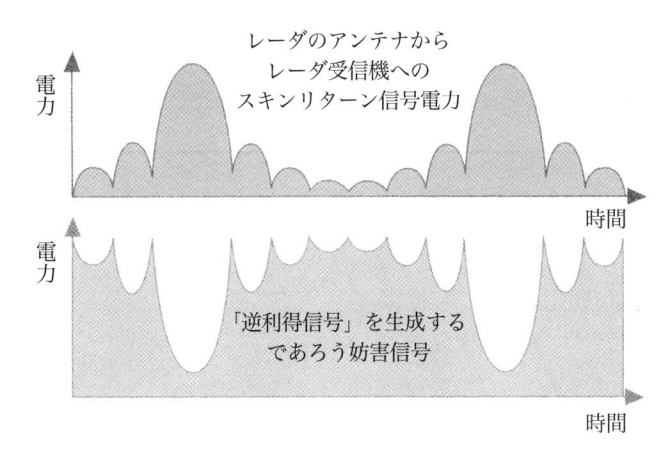

理想的な逆利得妨害機では，レーダ受信アンテナへ波形を反転した信号を送信する．こうして，レーダ受信機は一定の信号レベルで受信する．

同じアンテナで受信される．基本的には，レーダは最大スキンリターン信号電力を受信したとき，どの方向を主ビームが指し示したかを知ることによって，目標に対する角度（方位角または仰角，あるいはその両方）を決定する．

目標に搭載された送信機が，レーダと同じ変調方式（つまり，同じパルス諸元）で信号を送り返す，すなわち図の下段のような電力対時間で送り返すとすれば，受信信号電力とレーダのアンテナ利得の加算は一定になってしまう．これは，アンテナビームがどの方向を向いているかにかかわらず，レーダの受信機は一定の強度の信号を受信することになり，その結果，目標の位置に関する角度情報を見つけ出せなくなることを意味する．

EW のベテランは，上記の記述がいくつかの点で簡略化しすぎていることに気づくであろうが，逆利得妨害のこの理想的な事例がその原理を説明している．実際の妨害機では，この理想型とはいくらか異なる．一つのやり方として，主ビームが防護すべき目標の近傍にある期間だけ逆利得パターンによる妨害を実施する方法がある．その他いくつかの本妨害技法の実装では，さほど技巧的な妨害波形は用いない．

9.6.2　円錐走査に対する逆利得妨害

　円錐走査レーダ（con-scan radar）は，アンテナビームを円運動で走査する（よって，空間に円錐形を描く）．走査により得られた情報は，目標が「円錐」の中心になるようにレーダを動かすために使用される．追尾中，目標は常に主ビーム内にあるが，目標が円錐の中心にない場合，受信電力は正弦波状に変動する．図9.24に，アンテナの主ビームの形状，アンテナの円運動，および結果として現れる脅威アンテナの走査パターンを示す．このアンテナボアサイト（最大利得方向）が円軌道の周囲を動くに従って，このボアサイトはB点よりA点にあるほうが目標にずっと近いことになる．したがって，レーダのアンテナは，B点よりA点のほうが目標の方向に対する利得が大きく，B点よりA点の目標により大きい信号電力が与えられることになる．

　図9.25に，円錐走査レーダに対する逆利得妨害の実現法を示す．この図の最上段は，目標に到着する正弦波状の振幅パターンを表す．これはまた，レーダによって受信されるスキンリターン信号の形状でもある．スキンリターン信号の振幅と位相を感知することにより，レーダは目標に向けて，円錐走査の中

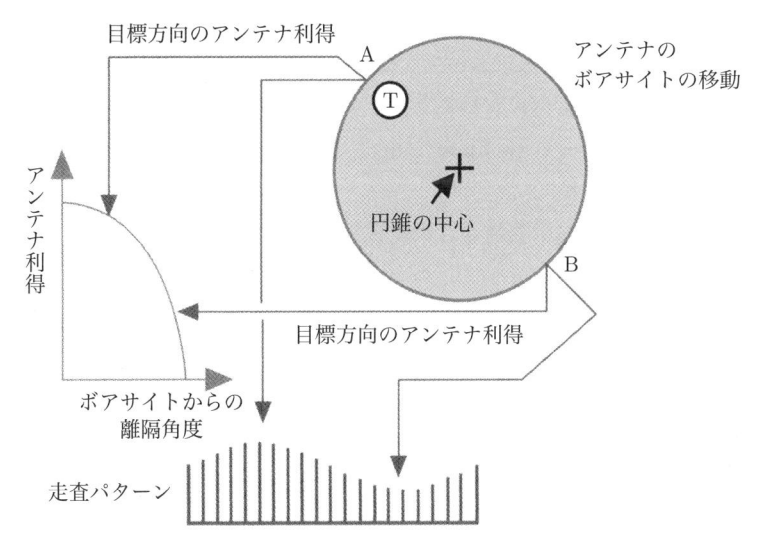

図9.24　円錐走査で動くアンテナビームは，目標が走査の中心外で観測される場合，正弦波状の出力を作り出す．

スキンリターン

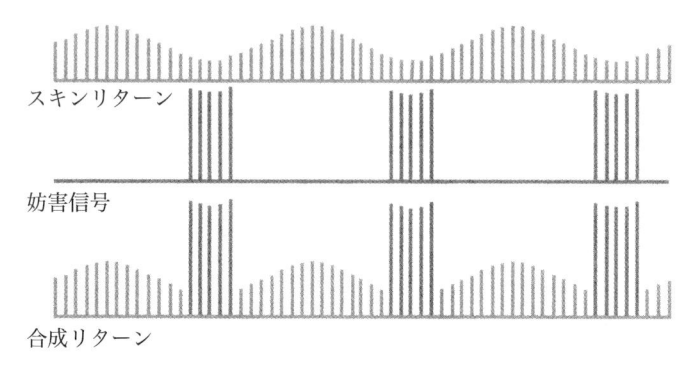

妨害信号

合成リターン

図 9.25　円錐走査波形の最小値の間における妨害機からの強力で，同期したパルスのバーストは，逆利得妨害となる．

心を動かすことが可能となる．走査の中心に目標が近いほど，正弦波パターンはより小さくなる．目標が走査の中心に位置すれば，スキンリターンは，一定の電力レベルとなる．これは，一般にはアンテナボアサイトで作り出される電力より 1 dB オーダほど小さい．

2 段目の図は，妨害機がレーダパルスに同期した高電力のパルスバーストをスキンリターンに付加している状況を示す．バーストの間隔は，レーダアンテナの走査間隔と同一であり，よって正弦走査パターンとも同じである．これらのバーストは目標の受信におけるレーダ走査周期の最小値に同期するようになっている．追尾レーダ（tracking radar）で受信される信号の合成波形は，最下段の図のようになる．

ここで，レーダの追尾機構がこの合成信号にどう反応するか考察してみよう．「スキンリターンの最小値」におけるアンテナスキャン角度は，今度は「最大信号電力」における角度となったので，追尾装置は，レーダ走査を目標方向ではなく正反対の方角に振ることになる．うまくいけば，レーダのトラックは目標と十分かけ離れる．これによって，レーダのトラックは「打破」され，レーダは目標を再捕捉して，追尾手順を再度開始しなければならない．

9.6.3 TWSに対する逆利得妨害

図 9.26 に，2 本のファンビームを用いた TWS（track-while-scan; トラック・ホワイル・スキャン）レーダの概念を示す．この二つのビームは，異なる周波数で信号の送信（および受信）を行う．一つのビームは監視すべき全目標の仰角を測定し，もう一つは方位角を測定する．よって，レーダは，追尾範囲内の複数の目標の位置を同時に知ることが可能になる．この図は，そこで追尾が行われる角度空間を表し，距離は反射パルスの到来時刻により測定される．

図 9.27 に示すように，レーダは最大のスキンリターンが起こるときの方位角ビーム（または垂直ビーム）の位置に注目して目標に対する方位角を決定する．最大のスキンリターンを受信する仰角ビーム（または水平ビーム）の位置によって，目標の仰角を決定する．（図 9.26 のように）二つのビームが同じ時間に目標を横切った場合，二つの反射は時間同期することになる．

TWS レーダに対する逆利得妨害を図 9.28 に示す．この図は単一のビームについてのみ考察しているが，どちらか一方のビームにも両方のビームにも，この技法を適用することができる．最上段は単一ビーム内のスキンリターン信号を示している．このレーダでは，角度ゲートの早期・後期ゲートの間でエネルギーのバランスをとることによって，このビーム内の目標を追尾する．2 段目

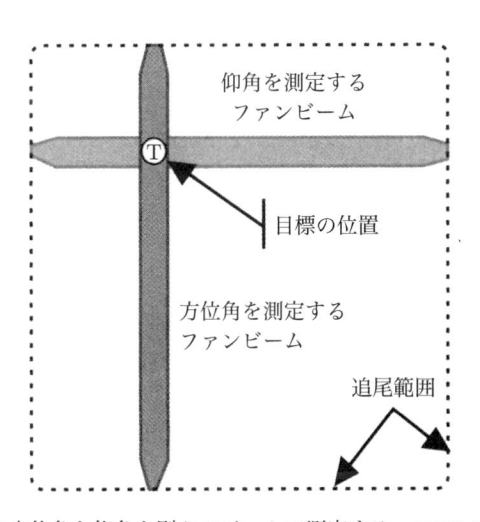

図 9.26　目標の方位角と仰角を別々のビームで測定する．TWS レーダの典型例．

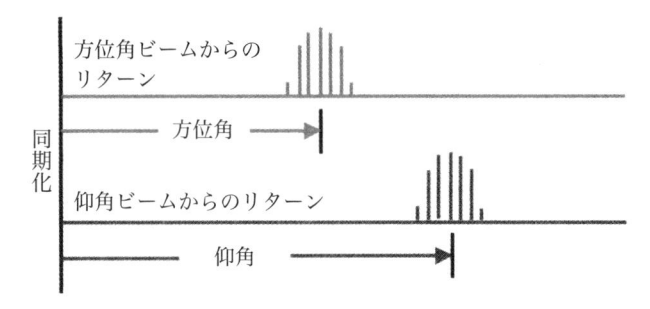

図9.27 図9.26のようなアンテナビームを使用するTWSレーダは，二つのビームのスキンリターンの到来時刻として目標の位置を測定する．

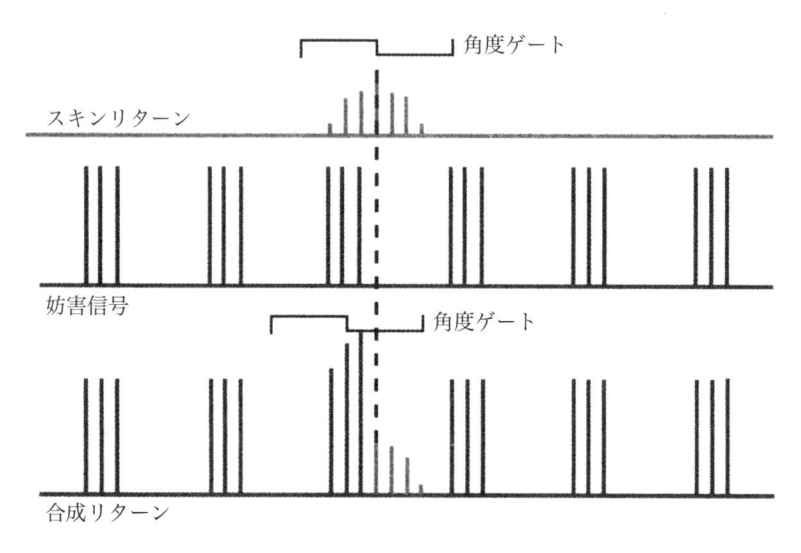

図9.28 逆利得妨害機は，スキンリターン信号から各ビームの角度ゲートを引き離す．

の図は妨害信号，すなわちレーダのパルスと同期したパルスのバーストを，最下段の図は，レーダ受信機で受信される，スキンリターン信号と妨害信号が合成されたものを示している．妨害機のパルスバーストを（いずれかの方向に）時間的に掃引させれば，それらは目標のリターンとともに処理されて角度ゲートを捕捉するので，その結果，TWSレーダをロックオフさせることになる．

9.6.4 SOROレーダに対する逆利得妨害

　SORO レーダ（scan-on-receive-only radar）は，目標を追尾しているアンテナからの固定信号によって，目標を照射する．これは，走査中の受信アンテナからの追尾情報を使用する．図 9.29 に示すように，目標に装備された受信機は，振幅が一定の信号を受けるならば，妨害機はレーダ走査周期を測定することができず，最小振幅の位置も判定できないだろう．しかしながら，目標の受信機が使用中のレーダの形式を識別できるなら，おおよその走査速度がわかる場合もある．図 9.30 に SORO レーダに逆利得妨害を行う方法を示す．最上段の図は，受信されたスキンリターン信号を示す（追尾パターンの形は受信アンテナの走査によるものであるので，この波形はレーダ内部においてのみ存在する）．妨害機は，2 段目の図に示すように，レーダパルスに同期したパルスのバーストを作り出す．このバースト速度は，受信アンテナの推定走査速度よりわずかに上または下であり，最下段の図に示すように，バーストは受信アンテナの走査パターンに「入り込む」．しかし，この妨害バーストパターンは（被妨害レーダの走査に同期していれば）180° の追尾誤差を常に発生させ続けるわけではないため，ほぼ常時追尾信号に誤差を生じさせることになる．

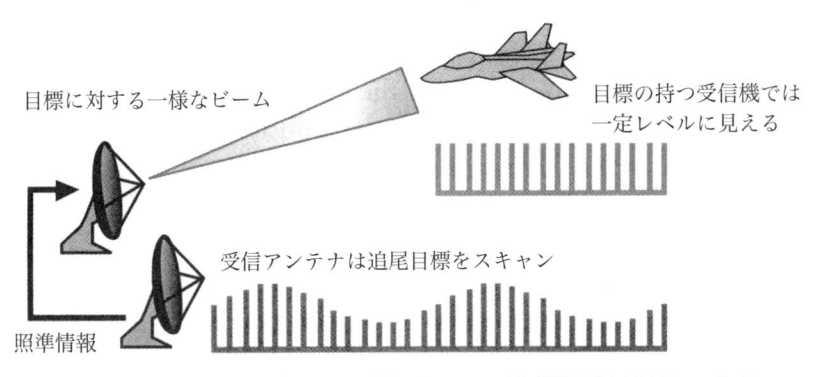

図 9.29　SORO レーダは追尾目標に対して固定照射信号を送信し，走査受信アンテナにより追尾する．

スキャン中の受信アンテナを通して見たスキンリターン

妨害信号：バースト位置は受信スキャンを通過する．波形パルスはイルミネータのパルスと同期する．

合成された受信信号

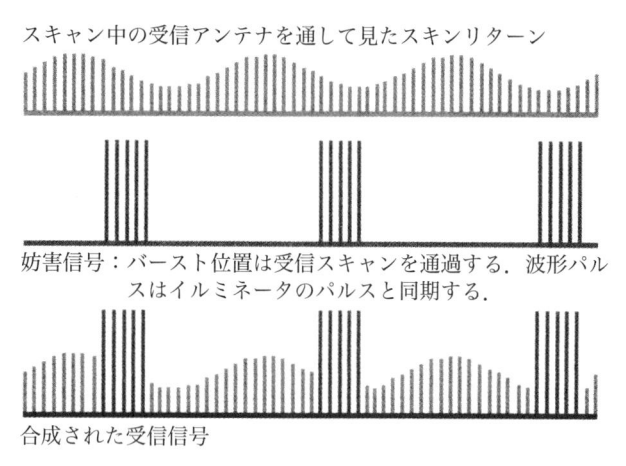

図 9.30　SOROレーダの追尾波形を通過する同期パルスの定期的なバーストを移動させて，逆利得妨害を引き起こす．

9.7　AGC妨害

　AGC（automatic gain control; 自動利得制御）は，極めて広い受信電力範囲の信号を処理しなければならないすべての受信機に不可欠である．受信機の瞬時ダイナミックレンジは，その受信機が同時に受信できる最大受信電力と最小受信電力との差である．この「瞬時」ダイナミックレンジより広い範囲の信号を受信するには，最も強い信号も十分許容できるように，すべての受信信号のレベルを低減させる手動または自動の利得制御装置を組み込む必要がある．AGCは，帯域内の最大受信信号を，受信機で処理可能なレベルに低下させるために，受信システム内の電力を適宜数か所測定して自動的にシステム利得を下げるか，または減衰量を十分に増大させることにより実現される．

　目標までの距離やRCSに大きなばらつきがある場合，レーダはAGCを使う必要がある（もし，物足りないのであれば，2.5節を参照し，100kmにおける$0.1m^2$のRCSからレーダ受信機まで，および，1kmにおける$200m^2$のRCSからレーダ受信機までの電力値を比較してみるとよい）．レーダ受信機はただ一つの信号（すなわち，自身が送信したスキンリターン信号）を受信するように

作られているので，広い瞬時ダイナミックレンジの必要性は小さいが，強力なスキンリターン信号を許容できるよう，迅速に利得を低下させることができなければならない．さらに，低減された利得設定を維持する一方で，目標追尾に必要な比較的正確な振幅測定を行わなければならない．それゆえ，レーダは，迅速起動/低速減衰（fast attack/slow decay）AGC を備えている．

AGC 妨害（AGC jamming）機は，レーダアンテナの走査速度くらいで，極めて強力なパルスを送信する．図 9.31 に示すように，これらのパルスはレーダの AGC を捕捉する．最終的な利得の減衰によって，すべての帯域内信号は大幅に低減される．スキン追尾信号は，レーダが有効に目標を追尾できない程度に抑圧される．

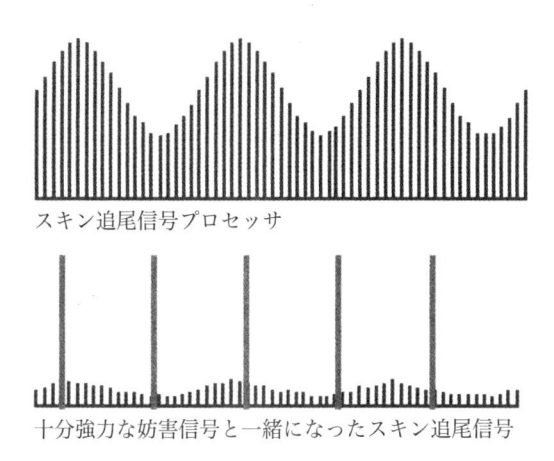

図 9.31 AGC 妨害機はレーダの AGC を捕捉し，レーダに角度追尾をさせないために，その追尾信号を低減させる．

9.8 　速度ゲート・プルオフ

連続波レーダおよびパルスドップラレーダは，周波数弁別を用いて，地表からの反射信号と移動目標（例えば，低空航空機や徒歩兵士）の反射信号とを分離する．ドップラの原理（第 8 章参照）によれば，レーダのアンテナビーム内にあるあらゆる物体から反射する信号周波数は変化する．各目標からの

反射による周波数偏移は，レーダと目標との相対速度に比例する．図 9.32 に示すように，この反射波はかなり複雑になることがある．この混沌の中で特定の目標反射波を追尾するためには，レーダは必要なリターン信号近傍の狭い周波数範囲に焦点を合わせる必要がある．ドップラ反射内のあらゆる周波数は相対速度に対応するので，この周波数フィルタは「速度ゲート」(velocity gate) と呼ばれ，必要な目標の反射を分離するために用いられる．交戦の間，レーダと目標との相対速度は高速かつ大幅に変動する．例えば，2 機の航空機がマッハ 1 で 6G の旋回を行う場合の相対速度は，1 秒間に最大 400km/h の割合で，マッハ 2 から 0 の範囲を変化する．目標の相対速度の変化に伴い，レーダの速度ゲートは，希望反射波を中心に維持するよう周波数内で移動する．さらに，いかなる目標の RCS も見る角度によって大きく変化することがあるので，それに応じてリターン信号の振幅も迅速に変化することに注意しよう．

　速度ゲート・プルオフ (velocity gate pull-off; VGPO) 妨害機の運用について，図 9.33 で説明する．図 9.33(a) では，目標のスキンリターンが速度ゲートの中心にある．ただし，現実の反射波に存在しているその他の要素は一切表示されていない．図 9.33(b) では，妨害機はレーダ信号と同じ周波数で，それよりはるかに強い信号を目標レーダに送り込む．このスキンリターンは異なる

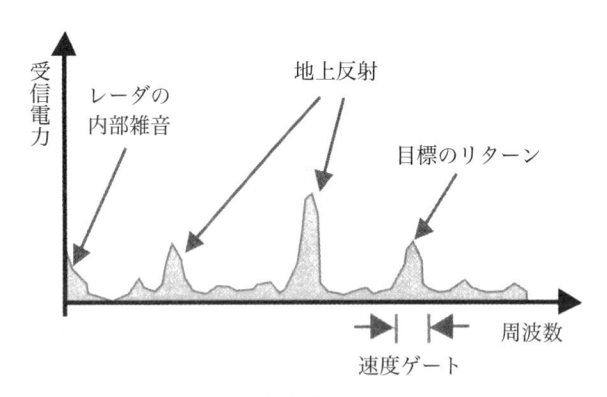

図 9.32　ドップラレーダは，速度ゲートと呼ばれる周波数フィルタで目標のリターンを分離し，レーダと目標の相対速度に比例する周波数偏移により目標を速度追尾する．

9.8 速度ゲート・プルオフ　227

(a) 速度ゲート内のスキンリターン

(b) 速度ゲート内の妨害信号とスキンリターン

(c) 妨害信号の周波数が動かされ，速度ゲートを乗っ取る

(d) 速度ゲートはスキンリターンから外れる

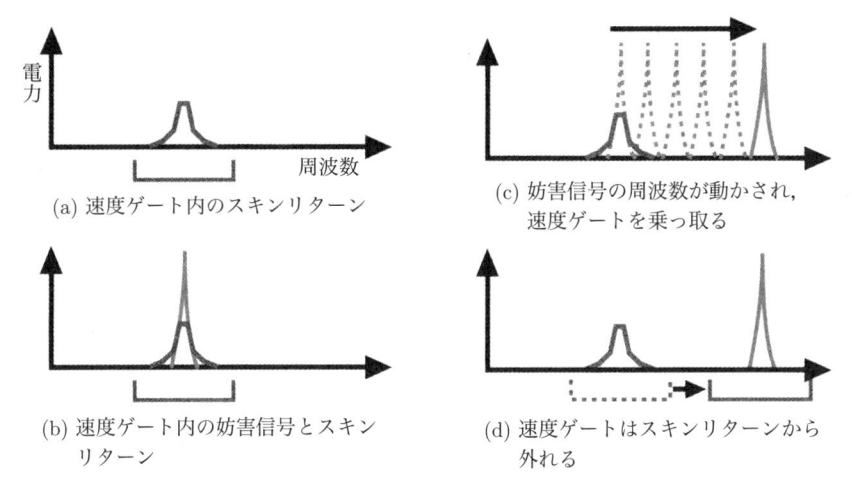

図 9.33　速度ゲート・プルオフ妨害は，周波数領域であることを除けば，距離欺まん妨害と同じ原理を使用している．

周波数（ドップラ偏移）でレーダに乗ってくるが，目標と妨害機は一緒に移動するので，妨害機信号も理想的に偏移され，したがってレーダの速度ゲート内に落ち込んでしまうことになる．図 9.33(c) では，妨害機は妨害信号をスキンリターンの周波数から一掃する．妨害信号は十分強力であるので，速度ゲートを捕捉してスキンリターンから引き離す．図 9.33(d) では，妨害機はスキンリターン信号がゲートの外側になるように，スキンリターンから十分遠くに速度ゲートを移動させている．こうして，レーダの速度追尾を失敗させる．

　重視すべき事項は，妨害機がいかに速く速度ゲートを引き離せるかである．その答えはレーダの追尾回路の設計によるが，レーダは既知の目標の類を追尾できるように作られることが前提になっているというのが，無難な答えである．最大相対加速度は通常，直線加速度よりむしろ旋回により生じていることが，各種の EW 戦闘における相対位置関係の研究で示されている．そのため，目標の最大旋回速度は，レーダが追尾すべき最大速度変化率の良い目安となる．

9.9 モノパルスレーダに対する欺まん技法

モノパルスレーダに対する妨害には難題がある．前節までの欺まん技法は，特に自己防御妨害において，モノパルスレーダには無効である．一部の妨害技法は逆に追尾を強化する．スタンドオフ妨害により十分な J/S 比が得られ，かつ，適切な RCS となるデコイやチャフを適切に運用する場合，モノパルスレーダに対しても有効である．デコイについては第 10 章で触れることとし，本節では欺まん技法に焦点を合わせる．戦術状況にもよるが，それが最良（または唯一）の解決策となる．

9.9.1 モノパルスレーダ妨害

モノパルスレーダは妨害に強い．これはモノパルスレーダが一連のリターンパルスの特性を比較することからではなく，受信した各リターンパルスから目標追尾に必要な（方位角および/または仰角の）すべての情報を得るからである．妨害機が目標機に搭載されているので，モノパルスレーダに対する自己防御妨害もなおさらやりにくい．妨害機が追尾を容易にするビーコンとして作用してしまうからである．自己防御妨害機が（例えばカバーパルスにより）モノパルスレーダの距離情報を無効にしたとしても，レーダは通常，角度で追尾し続けることができ，それは目標へ武器を誘導する情報として不足しない．

モノパルスレーダを欺まんするには，二つの基本的な方法がある．一つは，レーダオペレータの障害となっている欠点を活用することである．もう一つは，モノパルスレーダが単一のレーダ分解能セル内で角度追尾情報を抽出する方法を利用することである．二つ目の方法が一般に優れているので，まずこれについて説明する．

9.9.2 レーダ分解能セル

9.5 節において，分解能セルについて若干触れた．これは，レーダのビーム幅とパルス幅で表される範囲である．この点を詳述する．まずセルの「幅」，次に「奥行き」について触れる（図 9.34 参照）．

分解能セルの幅は，アンテナのビームに入る範囲によって規定される．これ

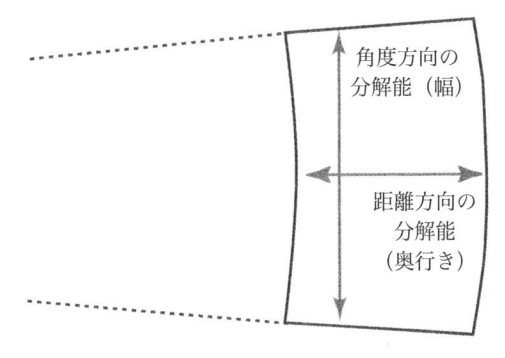

図 9.34 レーダ分解能セルの幅はレーダアンテナのビーム幅によって決定され，奥行きはパルス幅によって決定される．

はビーム幅およびレーダから目標までの距離に依存する．ビーム幅は通常 3dB ビーム幅と見なされ，距離 n〔km〕においてそのビームが「カバー」するのは，$2n \times$（3dB ビーム幅の半分の正弦値）〔km〕の幅となるが，これがすべてを表しているわけではない．2 目標の方向または仰角を判別できるレーダの能力は，アンテナのビームが双方の目標を走査して横切る際のレーダリターンの相対的強度に依存する．明らかに，目標が相互に十分離隔しており，アンテナビームに同時に入ることができなければ，レーダはそれらを区別することができる（すなわち，分離する）．通常，レーダは送受信アンテナパターンが同一であると仮定することができるので，アンテナのボアサイトから 3dB の角度に位置する目標からのリターンは，図 9.35 に示すように，ボアサイトにある目標より，6dB 低い電力で受信されることになる（3dB 低い電力が送信され，そのリターンは 3dB 低下する）．

ここで，レーダアンテナがある位置から別の位置に移動する際，1/2 ビーム幅だけ離れている 2 目標からの合計受信信号電力に起きることを考えてみよう．最初の目標からの電力の減少は，第 2 の目標からの電力の増加より緩やかである．すると，そのレーダでは，一つの切れ目のないリターン電力の「こぶ」として見える．離れ方がビーム幅の半分未満では，なおさらそれが顕著である．2 目標がビーム幅の半分以上離れている場合，応答は「2 こぶ」となるが，双方が概ね全ビーム幅だけ離れるまで分離しない．したがって，分解能セ

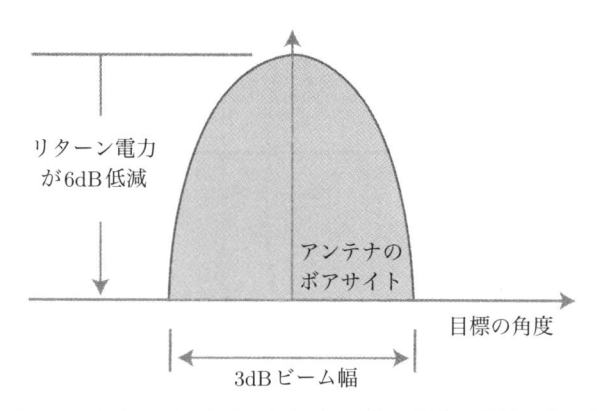

図 9.35　アンテナのボアサイトからビーム幅の半分の位置にある目標のリターン電力は，6dB 低減される．

ルの大きさは全ビーム幅でよいと考えられるが，より控えめな考え方はビーム幅の半分である．

分解能セルの奥行き（すなわち距離分解能の限界）に関する仕組みを図 9.36 に示す．この図では，レーダと 2 目標の例を示す（パルス幅 PW に比べて，目標までの距離は明らかに短すぎる）．2 目標が距離方向にパルス持続時間の半分未満しか離れていない場合，2 番目の目標に対する照射は，1 番目の目標の照射が完了する以前に始まる．しかしながら，2 番目の目標からのリターンパルスの到着は，目標間の離隔距離を光速で割り，2 倍した時間だけ，1 番目のリターンから遅延する．なぜならば，1 番目の目標から 2 番目の目標までの距離の往復時間が加わるからである．したがって，リターンパルスは，2 目標の

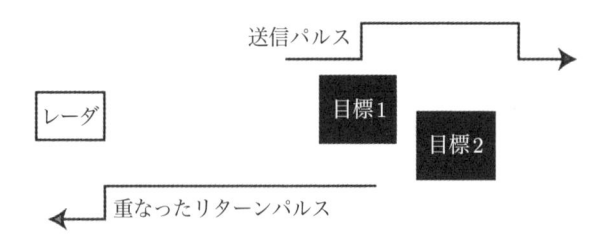

図 9.36　パルス幅以下の距離で分離している二つの目標は，パルス幅 1 個の中で分離したリターンとなる（すなわち，重なっている）．

距離方向の離隔距離が減少するにつれて，距離の差がパルス持続時間の半分に低下するまで重なり合うことがなくなる．これにより，分解能セルの奥行きをPW（パルス幅）の半分（距離方向において）に制限することができる．

以上のことから，レーダ分解能セルの定義は，ビーム幅とそのパルス持続時間の間にレーダ信号が移動する距離の半分に含まれる範囲になる．George Stimsonの本 *Introduction to Airborne Radar*（SciTech Publishing, 1998）に，これらの点について詳しく素晴らしい説明がある．

9.9.3 編隊妨害

分解能セルについての記述に多くの時間を費やしたが，これによって，図 9.37 に示すように，分解能セル内に 2 機の航空機が存在する場合，モノパルスレーダは 2 機を区別できず，反射中心を追尾することになる，ということができる．分解能セルを 1/2 ビーム幅 × 1/2 PW とすれば，目標の 2 機の航空機は，パルス幅が短い場合，距離方向に緊縮隊形（tight range formation）を維持しなければならない（例えば，100nsec のパルス幅なら 15m 以内に）．左右の隊形における緊縮度はもう少し緩くなる（例えば，レーダビーム幅 1°では，距離 30km で 261m）．もちろん，ビーム幅が縮まれば，セルは相応に狭

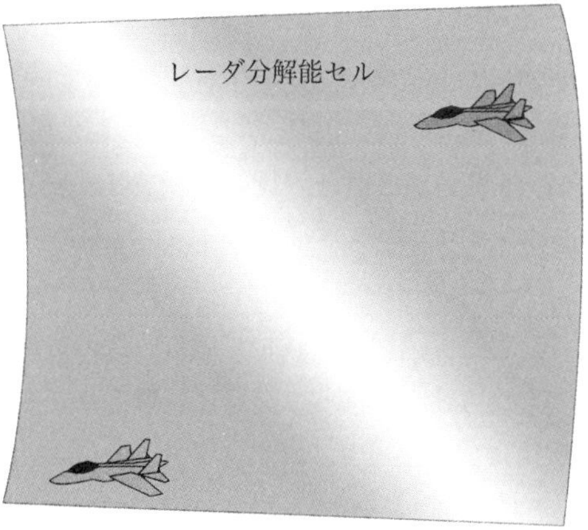

図 9.37 編隊妨害は，単一の分解能セル内に 2 目標が存在している場合に行われる．

まる．

　図 9.38 に示すように，カバーパルスまたは雑音妨害によりレーダが距離情報をとれない場合，距離方向の目標間距離がより大きければ，編隊妨害（formation jamming）が可能になる．この形式の妨害に必要とされる J/S は一般に高くない（0～10dB）．

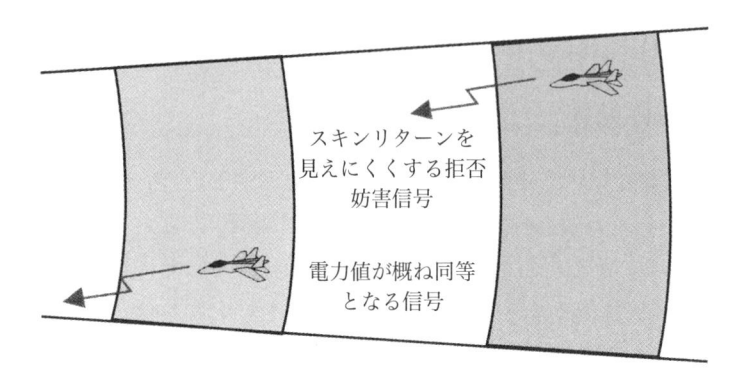

図 9.38　編隊妨害は，レーダが距離情報を得ていないならば，目標同士が距離方向により大きく離隔している状況に対して行うことができる．

9.9.4　ブリンキング妨害

　ブリンキング妨害（blinking jamming）もまた，単一レーダ分解能セル内に 2 目標が存在する場合に用いられる．しかし，それらに搭載された妨害機は連携して使用される．2 機の妨害機は，レーダの誘導用サーボ帯域幅（一般には 0.1～10Hz）に近い「ブリンキング」率（blinking rate）で交互に送信する．追尾応答（tracking response）に合致すれば，アンテナの照準が大きくオーバシュートする可能性がある．適切に点滅している一対の妨害機のほうへ誘導されたミサイルは，一方から他方に移って交互に誘導され，その移動幅は距離目標の減少とともに次第に広くなって，終末誘導（terminal guidance）を劣化させることになる．

9.9.5 地形反射妨害

地形反射妨害 (terrain-bounce jamming) は，アクティブまたはセミアクティブミサイル誘導システムに対しては，特に強力である（図 9.39 参照）．強力な擬似レーダリターン（simulated radar return）を発生させ，地表からの反射を引き起こすような角度に指向される．地上からの反射電力が，被攻撃航空機からのスキンリターンより極めて大きい信号強度でミサイル追尾アンテナに到達するように，妨害機の送信 ERP を大きくしなければならない．これを適切に実施できれば，ミサイルを被防護航空機より下に誘導することができる．

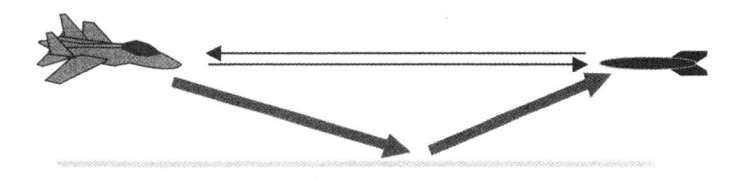

図 9.39 地表で反射させるように強力なレーダ信号を送信し，レーダ追尾装置を被防護航空機より低い位置に誘導する．

9.9.6 スカート妨害

図 9.40 に帯域フィルタの振幅通過帯域を示す．フィルタは，通過帯域内ではすべての周波数を可能な限り小さい減衰で通過させる一方で，通過帯域外においては，すべての信号の減衰が極力大きくなるよう作られている．理想的なフィルタ（石垣フィルタ（stone wall filter）と呼ばれることもある）では，帯域からほんの少しでも外れたあらゆる信号を無限に減衰させることができる．しかしながら，実際のフィルタでは，入力信号を帯域外の量に比例して減衰させる，いわゆる「スカート」(skirt) をはいたような形状を持つ．スカートの傾斜量は，それぞれのフィルタリング区間でオクターブにつき 6dB である．すなわち，フィルタの通過帯域の中心からの周波数「距離」が倍になると，減衰量は 4 倍に増加する．各フィルタには，帯域からはるかに外れた位置にある信号には最大の減衰となる「究極除去」(ultimate rejection) レベルもある．この

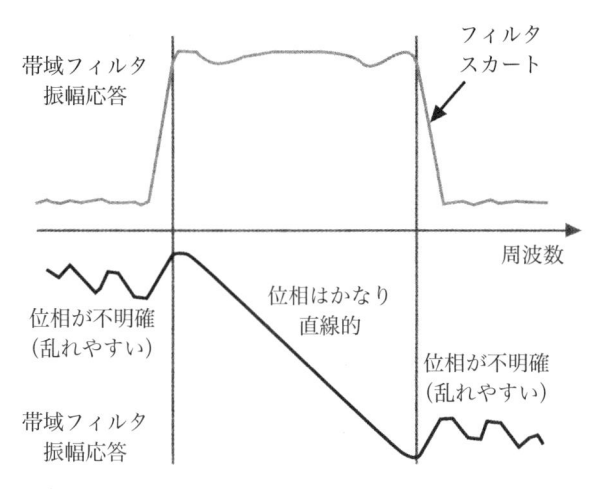

図 9.40 フィルタの振幅応答は，フィルタの通過帯域以上に信号を減衰させるが，減衰はフィルタの「スカート」全域にわたって最大値まで増加する．フィルタの位相応答は，通過帯域外では不明確である．

究極除去値は，たいていの場合，約 60dB である．これは，帯域外の極めて強力な信号はフィルタを通過でき，通過帯域に極めて近接している場合はいくらか除去され，帯域から離れている場合はもっと除去されることを意味する．

図 9.40 のもう一つの曲線は，フィルタの位相応答を表す．適正に設計されたフィルタは，通過帯域全体を通して，通常はかなり直線的な位相応答を有する．しかしながら，帯域の縁を越えると，位相応答は不明確になり，極端に非線形となる可能性がある．すなわち，強力な妨害信号が「スカート」周波数範囲で受信されたならば，位相に狂いが生じ，レーダの追尾回路の誤動作を引き起こすのである．もちろん，妨害機はフィルタの除去値を克服した上で，さらにスキンリターン信号より著しく強力な電力を有している必要があり，J/S 比は極めて高くなければならない．

9.9.7 イメージ妨害

図 9.41 に周波数スペクトル図を示す．第 4 章で説明したように，スーパーヘテロダイン受信機は，入力 RF 周波数を中間周波数（IF）に変換するための局部発振器（LO）を用いている．この周波数変換はミキサで行われる．ミ

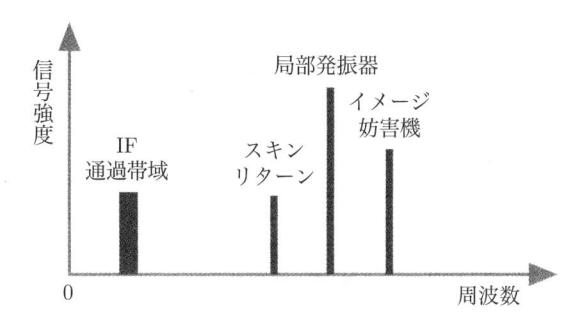

図 9.41　スーパーヘテロダイン受信機または周波数変換器の中間周波数（IF）は，受信機が同調した周波数と局部発振器の周波数との差に等しくなる．

キサは高調波，およびミキサへのすべての入力信号の和と差の周波数を作り出す．ミキサ出力はフィルタを通り，IF 増幅器に（また，たぶん他の周波数変換部にも）送られる．LO の周波数は，希望する受信機の同調周波数の高低どちらかの周波数で，IF 周波数分だけ高いか低い．例えば，800kHz に同調された AM 放送の受信機では，LO の周波数は，（IF 周波数が 455kHz であるため）1,255kHz となる．この場合，「イメージ」周波数（image frequency）は 1,710kHz であり，この周波数でミキサに入力される受信信号もまた IF 増幅器に現れ，受信機性能にかなりの低下を引き起こす．このような「イメージ特性」（image response）を防ぐため，受信機の設計では，ミキサからイメージ周波数を分離するフィルタがほぼ必ず組み込まれる．

ちなみに，広帯域の偵察用受信機が，一般に多重変換構造になっている理由は，たいていイメージ特性問題を回避するためである．

ここで，図 9.41 のように，受信機の同調周波数より高い周波数の LO を使用する特定のレーダ受信機を少し考えてみよう．もちろん，この受信機はスキンリターンを受信するために，適切な周波数に同調されている．つまり，IF 周波数はスキンリターン周波数と LO 周波数との差に等しい．スキンリターンとおぼしき信号が，入力フィルタ限界を克服するのに十分な電力のイメージ周波数で受信されたならば，この信号もまたレーダの IF 増幅器で増幅され，スキンリターン信号とともに処理されてしまう．しかしながら，本当のスキンリターン信号に比べて位相が反転されることになり，それが符号を変えるレーダの追

尾エラー（tracking error）を引き起こす（すなわち，レーダを目標方向に接近させるのではなく離隔させる）．

残念ながら，この技法では，（もちろん，ドップラシフトのないスキンリターン周波数である）その送信周波数よりも，レーダの構造について多くの知識が必要になる．それは上側の変換と下側の変換のどちらを使っているのか？ すなわち，LOはスキンリターンの周波数の上なのか下なのか？ レーダ受信機が前置フィルタをほんの少ししか，あるいはまったく使用していない場合，この技法では適度のJ/S比のみの要求で十分であるが，完全な同調フィルタを使用している場合，60dB以上のJ/Sが必要となる．

9.9.8　交差偏波妨害

交差偏波妨害（cross-polarization jamming; X-POL）は，パラボラアンテナを使用する一部のレーダに対して効果が期待できる．焦点距離対アンテナ直径の比が小さいほどアンテナの曲率が大きくなることから，その効果はこの比の関数で表される．強力な交差偏波妨害信号で照射された場合，「コンドン」ローブ（Condon lobe）と呼ばれる交差偏波ローブのため，そのアンテナは誤った追尾情報を与えることになる．交差偏波応答（cross-polarization response）が整合のとれた偏波面応答（polarization response）より優越すれば，そのレーダが追尾している信号の符号が変化し，レーダは目標の追尾を外してしまう．

妨害機は交差偏波信号を作るために，図9.42に示すような，指向性が直交したアンテナ（すなわち，相互に90°交差する直線偏波）を備えた二つのリピータチャンネル（repeater channel）を持つ．どの組み合わせの直交偏波でも機能するが，図では垂直と水平として表されている．受信信号の垂直偏波成分が水平偏波部分から，また，水平偏波成分が垂直偏波部分から再送信されれば，図9.43に示すように，受信信号は受信信号に対して交差偏波された信号として受信される．

レーダアンテナの形状にもよるが，この技法には20〜40dBのJ/Sが必要である．偏波スクリーンによって保護されたアンテナは，交差偏波妨害に対して，脆弱性はほとんどないことに注意しよう．

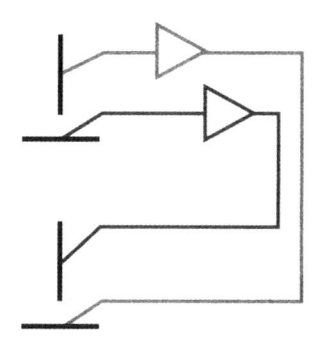

図 9.42 交差偏波妨害機は，レーダ信号を二つの直交した偏波アンテナで受信し，各受信信号を直交偏波で打ち返す．

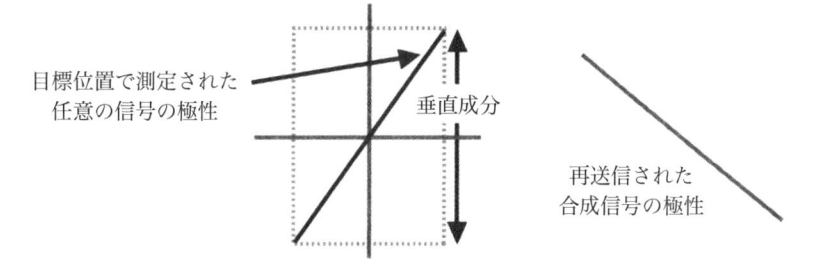

図 9.43 偏波面がそれぞれ 90° 偏波シフトを持つ二つの直交偏波成分の再送信によって，交差偏波妨害機は，受信されたどのような直線偏波信号でも，交差偏波信号を発生する．

9.9.9 振幅追尾

本項は，モノパルスレーダの追尾回路が目標追尾を行う方法を復習する良い機会である．図 9.44 に示すような 2 チャンネルのモノパルスシステムについて考えてみよう．二つの別個のセンサ（例えばアンテナ）がスキンリターン信号を受信する．角度追尾作用は，これら二つの受信信号を比較することによって生み出される．これには，誤差信号を作り出すために二つの信号間の差を強める必要がある．すなわち，二つのセンサを結ぶ線が目標に対して直角であれば，この二つの受信信号は等しくなるはずであるが，センサアレイのボアサイトが離れるに従い，追尾装置はアレイを目標方向に戻せるよう

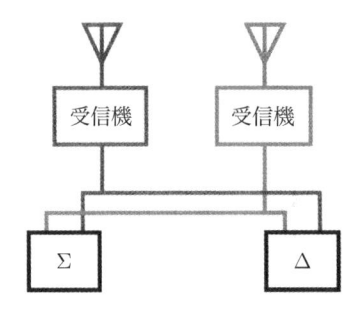

図 9.44 モノパルス追尾装置は，一般に二つの受信機からの和および差の信号を発生させ，$\Delta - \Sigma$ から追尾誤差信号を作る．

に誤差信号を作る必要がある．目標を適正に追尾するためには，センサ出力から得られる誤差信号が受信信号強度に依存しないようにしなければならない．また，これを実現する最も容易な手段は，それを和信号と比較することによって差分信号を正規化するやり方である．図 9.45 に，追尾装置のボアサイトと目標に対する方角とがなす角度の関数として，和および差応答を示す（一組のセンサのボアサイトは，二つのセンサを結ぶ線に直交するという方位探知の説明を思い出そう）．議論を単純化するために，和信号を Σ，差信号を Δ という記号で表すことにする．追尾信号は，$\Delta - \Sigma$ 量から作られる．この値が大きくなるに従い，追尾装置がそのボアサイトを目標の方向に

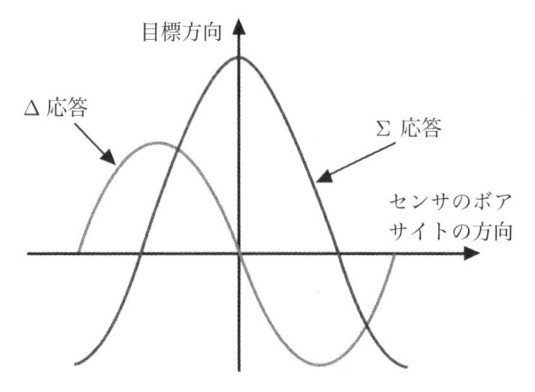

図 9.45 相対的に追尾目標方向を指すセンサのボアサイトの関数としての，和および差応答

移動させるべき修正量が大きくなる．もちろん，Δ は修正すべき方角を決定する．

9.9.10　コヒーレント妨害

　複数の妨害機が一緒に運用される際，二つの妨害信号の RF 位相が一定かつ調整されていれば，コヒーレントである．二つのコヒーレント信号のそれぞれの位相が一致していれば強め合うが，位相が 180° 異なる場合，相互に打ち消し合うことになる．

9.9.11　クロスアイ妨害

　クロスアイ妨害（cross eye jamming）は，コヒーレントの関係にある一組のリピータループを必要とする．各リピータは，他方がそれを受信した位置から受信信号を再送する．互いの位置は，可能な限り離隔させる必要がある．図 9.46 では，クロスアイ妨害機が航空機の翼端に組み込まれている．二つの電気的な経路の長さを等しくして，片方は位相偏移を 180° にしなければならないことに注意してほしい．システムとしての機能を理解するには，「波面」の考え方に立ち返ればよい．インターフェロメータ方向探知で説明したように（第 8 章），波面自体は自然界には存在しないが，極めて便利な考え方である．

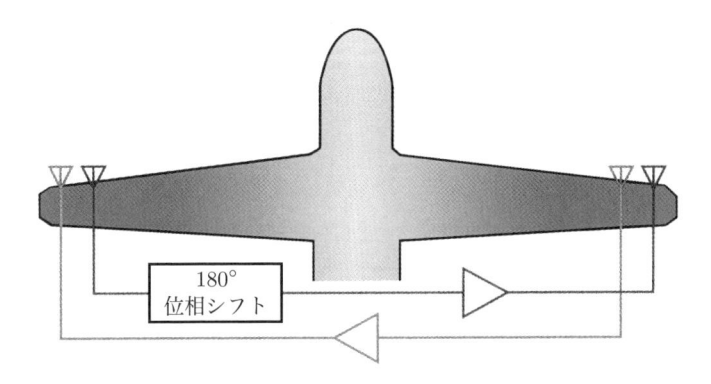

図 9.46　クロスアイ妨害機は，航空機の両翼端にアンテナを持つ二つの再送ループで構成される．片方のループの位相は 180° が反転している．双方の電気的経路長は同一である．

波面は送信機からの方向に直交する線である．無線信号は無指向性アンテナ（また，指向性アンテナのビーム幅内でもほぼ似たような振る舞いをする）から球形に放射されるので，波面は放射信号の位相面が一定になる直線として定義する．

図 9.47 は，レーダからリピータを経由してレーダに返る経路長の合計は，（リピータループが同じ長さである限り）レーダに対する方向が変わるだけで，二つのリピータにとって同一のままであることを示している．レーダの方向にかかわらず，二つのリピータからの信号は，レーダの追尾用アンテナに到達する際，位相が 180° 反転している．これによって，レーダの追尾回路がピークを予期しているところで，レーダの各センサの合成値はヌルを形成する．図 9.45 の和および差応答に立ち返ると，和応答のピークであるべき位置にヌルがある場合，追尾信号が大きく歪むことがわかる．

この効果はたいてい，図 9.48 に示すように，スキンリターン信号の波面の歪みとして表される．この波面の歪みは，数度ごとに繰り返される．図 9.47 に示した効果により，急カーブの不連続線の中心はレーダのちょうど中心で発生することに注意しよう．

クロスアイ妨害技法の適用に影響を及ぼす，二つの重大な制約が存在する．

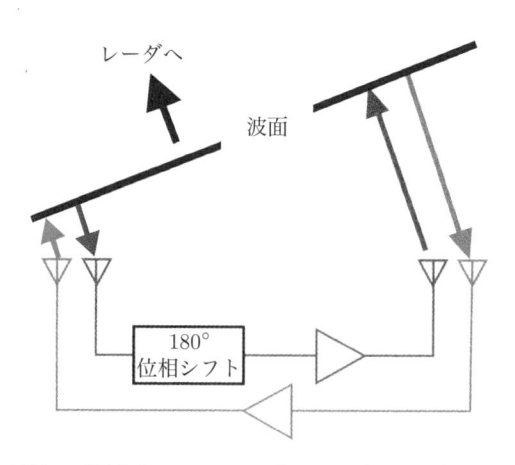

図 9.47　信号の受信方位にかかわらず，レーダから妨害機ループを経由して打ち返される双方の電気的な経路長は同一となる．

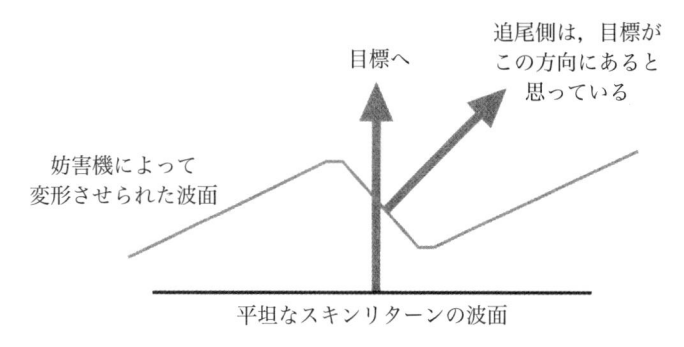

図 9.48 クロスアイ妨害機は，レーダに返る信号の「波面」を不連続にし，その結果，偽追尾誤差信号を発生させる．

第1の制約は，二つのリピータの電気的な経路長が極めて厳密に整合されなければならないことである（一般的な値は電気角度 5°）．これは，どのような回路，配線，導波管でも，それらを経由する電気的「距離」は温度や信号強度によって変化するため，極めて難しい（5°とは，一般的なレーダ周波数において，ミリ未満であることを覚えておいてほしい）．技法上の第2の制約は，ヌルが和信号を圧倒しなければならないことから，極めて高い J/S 比（20dB 以上）が要求される点である．

第10章

デコイ

　高性能な誘導武器が数多く出現していること，また，特に「妨害源追尾」(HOJ) モードが広く使用されていることから，レーダデコイの重要性が高まっている．本章では，各種のデコイ形式を紹介し，それらを軍事アセットの防御のために適用する方法，それらを展開する方法について述べる．

10.1 デコイの形式

　デコイは，軍に配備する方法，脅威と交戦する方法，防御するプラットフォームの形式に従って分類される．表 10.1 は，一般的な語彙を示し，運用法の見地からデコイの「形式」を，目標防護の見地からデコイの「任務」を，そして防御対象の軍用ビークルとして「プラットフォーム」を定義する．

　ほぼすべての形式のデコイが，各種のプラットフォームを防御するほぼすべての任務に使用されることから，表 10.1 には異論があるかもしれない．ただ

表 10.1　デコイの形式に対する一般的な任務とプラットフォーム

デコイ形式	任　務	防護対象のプラットフォーム
使い捨て	誘惑 (seduction)	航空機，水上艦艇
	飽和 (saturation)	航空機，水上艦艇
曳航	誘惑 (seduction)	航空機
自由運動型	輻射強制 (detection)	航空機，水上艦艇

し，今まで，表のようなデコイが現れていなくとも，おそらくごく近い将来に出現するであろう．現在，文献に述べられているデコイは，航空機および水上艦艇の防御に限られている．ミリ波のレーダ誘導弾が水上を移動する目標に脅威を与えるようになっても，デコイはおそらく地上ビークルの防護の役割も受け持つであろう．

そういうわけで，表 10.1 は現在の EW 専門文献が主張している主要な論点を示しているのである．

デコイの形式を使い捨て型 (expendable)，曳航型 (towed)，および自由運動型 (independent maneuver) に分類した．使い捨て型は航空機のポッドから射出されるか，または航空機から飛び道具として発射される．また，水上艦艇の発射筒やロケットランチャーからも発射される．これらのデコイは，一般に短時間（航空においては秒の単位，水上においては分の単位）で運用される．

曳航型デコイは，曳航索が航空機に取り付けてあり，航空機から管制され，また，格納される．このデコイは，長時間持続的に運用される．水上艦艇においては，曳航式バージに大型コーナリフレクタを搭載し，曳航型デコイとすることもある．ただし，バージは通常，デコイとは別物と見なされる．

自由運動型デコイは，推進力を有するプラットフォーム，一般的には航空機に搭載される．例としては，UAV (unmanned aerial vehicle; 無人機) デコイ，艦艇防護用のダクテッドファンデコイ (ducted fan decoy) およびヘリコプタに搭載または吊下するデコイである．自由運動型デコイは，プラットフォームを防護する際，本体の動きに束縛されない（追随しなければならない曳航型や，投棄されるか前方に射出される使い捨て型とは対照的である）．水上艦艇防御は，自由運動型デコイの主な運用例であるが，敵の防御，回避あるいは攻撃に曝すために，航空機の前方に展開する．

10.1.1 デコイの任務

デコイは三つの基本的な任務を持っている．すなわち，敵の防御を飽和させること，敵の攻撃を希望の目標からデコイへ転換させること，および敵の防御アセットがデコイを攻撃しようと準備することによってその姿を暴露させることである．このような三つのデコイの任務は EW が生まれるより早く，人類

の紛争の歴史と同じだけ古い．その違いは，近代的な EW デコイは，戦士の五感を直接欺まんするより，目標を探知・位置決定する電子センサおよび目標に武器を誘導するセンサを欺まんする点にある．

10.1.2　飽和デコイ

　どの種類の武器でも，同時交戦可能な目標数には限度がある．攻撃目標に対処する武器のセンサおよびプロセッサには，限定的な時間しか与えられないので，この限度を正確に表すならば，与えられた時間に攻撃できる目標数が上限と言える．武器が目標と交戦できる総時間は，目標の初探知から始まり，目標を探知できなくなったとき，もしくは武器がその任務遂行に成功したときに終了する．武器には最大同時交戦目標数（maximum number of targets）がある．もしそれ以上の目標が出現したら，武器は飽和点以上で対処しなければならないので，いくつかの目標は攻撃を逃れることになる．

　多数のデコイが単一の武器や混合武器，例えば防空網を飽和するために使用される．しかし，このデコイの運用には別の変数が加わる．武器システムに関係したレーダの処理は，一般に所要の目標からの反射信号と大きく違う信号を無視，または迅速に除去することができる．したがって，このデコイを有効にするためには，レーダがデコイを容易に除去できないように，「武器システムのセンサ」に十分に真目標らしく見せなければならない．欺まんの目的のために，センサについて知れば知るほど，デコイは有効になる（費用対効果も良くなる）．理想を言えば，デコイには，武器システムのセンサに探知されるという属性「だけ」あればよい．そのほかに，寸法，重量および費用がある．防空ネットワークが図 10.1 に示す全目標を処理する時間までに，実目標は任務を達成，もしくは被攻撃に対してもはや脆弱でなくなることもある．

　武器システムが最初にデコイを捕捉し，その後目標を捜索しなくなるときが，飽和デコイ（saturation decoy）任務における特例となる（図 10.2）．これはアクティブ誘導方式のミサイル（例えば対艦ミサイル（antiship missile））に対する防御において特に重要である．このミサイルは通常，水平線高度に侵入後に目標艦艇を捕捉するために狭いアンテナビームで走査する．

図 10.1 飽和デコイは，武器センサに無数の見かけ上の目標の処理を強要して，真目標を攻撃する能力を低下させる．

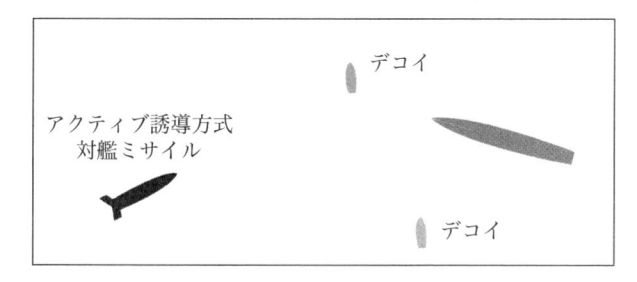

図 10.2 武器センサが真目標を探知する前にデコイを捕捉した場合は，デコイを攻撃するであろう．その結果，高価な誘導ミサイルを浪費することになる．

10.1.3　輻射強制デコイ

　レーダデコイの新しい，とりわけ役立つ用途は，防空システムのような防御システムにそのレーダ波を発射させて，攻撃側が防御側を探知・攻撃しやすくさせることである．これには，通常自由運動デコイが必要になる．デコイが実目標のように見え，十分にそれらしく振る舞えば，捕捉レーダ（acquisition radar）や他の捕捉センサは，デコイを追尾レーダに引き渡すことになるだろう．いったん追尾レーダが作動すれば，それらは敵の武器の交戦距離外にある航空機から発射される対電波放射源ミサイル（antiradiation missile; ARM）に対して脆弱になる（図10.3）．

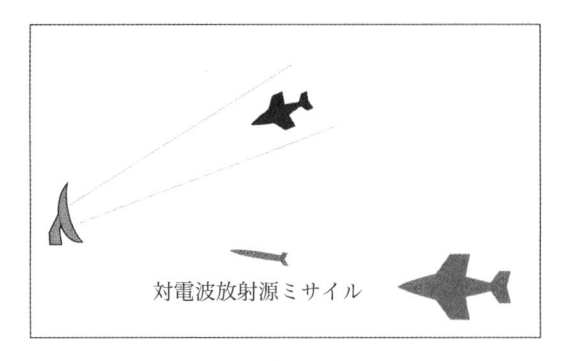

図 10.3 防空レーダがデコイを追尾することになれば，攻撃機は武器システムの交戦距離以遠から，対電波放射源ミサイルを発射できる．

10.1.4 セダクションデコイ

デコイは，セダクション（seduction; 誘惑）任務において，目標にトラック（track）を確立したレーダの追尾を引き付け，その結果，レーダはその追尾をデコイに誘引する．その後，デコイは図 10.4 に示すように目標から遠ざかる．追尾中のレーダは角度，距離，および周波数のゲートで，方位（時には仰角），距離，および反射信号の周波数からなる狭いセグメントのみを注視する．デコ

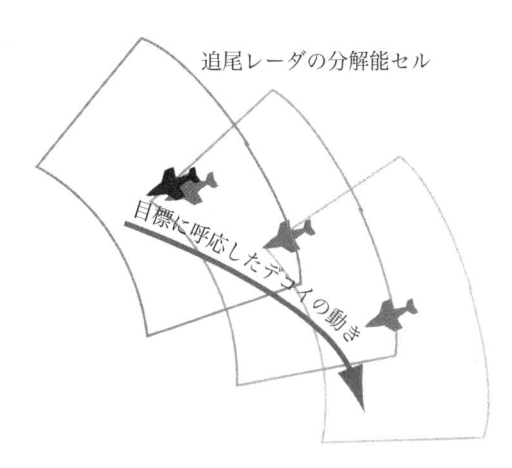

図 10.4 デコイは，セダクション任務において，目標を含むレーダ分解能セル内に置かれる．ただし，見かけ上高い RCS がデコイに必要である．デコイはレーダの追尾ゲートを捕捉し，それを目標から引き離す．

イがこれらのゲートのどれか，またはすべてを真目標から十分遠くに引き離すことができれば，目標をロックオンしているレーダの追尾は外される．したがって，セダクションデコイ（seduction decoy）は「ブレークロックデコイ」（break-lock decoy）とも呼べる．

10.2　レーダ断面積と反射電力

　レーダ断面積（RCS）は，レーダ信号を反射するあらゆる物体が有する有効な断面積である．それは大きさ，形状，材質，および反射する物体の表面組織の影響を受け，また，周波数やアスペクト角（aspect angle）により変化する．

　EWにおいてRCSが重要になるのは，それが妨害対信号比（J/S）の信号部分に直接影響することから，反射信号に影響を与えるという点である．図10.5に示すように，RCSは照射される電力を反射電力に変える．デコイの視点から別の表現をすれば，RCSは図10.6のように表される．RCSに関係する利得は，2本のアンテナと増幅器の合成となる．ただし，それらの利得のいずれも正もしくは負（すなわち，各種損失）のどちらにもなりうることに留意する必要がある．第2章でレーダ回線について述べたが，目標からの反射による「利得」は，次式で表せる．

$$P_2 - P_1 = -39 + 10\log(\sigma) + 20\log(F)$$

ここで，P_2は目標から戻る信号〔dBm〕，P_1は目標に届く信号〔dBm〕，σはRCS〔m^2〕，Fは信号周波数〔MHz〕である．

　すべてのdB式と同じように，この表現はある修飾語を付して考える必要が

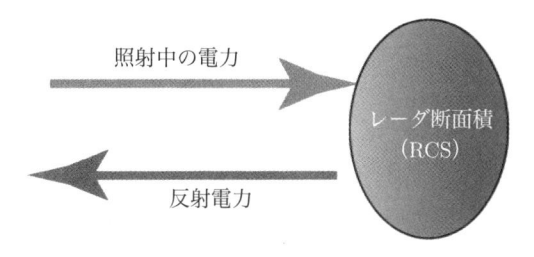

図10.5　RCSは目標に照射される電力とその反射電力との比である．

図 10.6 RCS すなわち目標またはデコイのいずれかを，あたかも増幅器と二つのアンテナであるかのように見なすことができる．RCS によって生み出される実効信号利得は，その増幅器の利得と二つのアンテナ利得の和となる．

ある．まず，P_2 と P_1 は，レーダ信号を反射している目標に極めて近接した無指向性アンテナを持つ仮想の受信機で受信される反射および照射電力であると考えよう（ただし，アンテナの近接場効果 (near-field effect) は無視する）．いつものように，定数（ここでは −39）は物理定数と単位変換因数を処理するために付加したものである．これが有効なのは，各変数が決められた単位で表された場合に限る（ここでは，dBm，m^2，MHz）．

例えば，RCS 1m^2 で反射された 10GHz の信号の反射「利得」は，以下のようになる．

$$P_2 - P_1 = -39 + 10\log(1) + 20\log(10,000) = 41 \, [\text{dB}]$$

この信号は目標で反射された際に自身の電力が増えたものではないので，驚いてはいけない．この信号は，先ほどの仮想受信機によって理想的なアンテナを通して受信されたときのものなのである．RCS が高い場合，反射信号エネルギーは，レーダのほうに集中して効果的に反射されたという意味になる．

ここで，なぜアンテナ群が「ステルス」プラットフォームで困った問題なのかを理解するための一助を示しておこう．$P_2 - P_1$ をアンテナ利得〔dB〕で置き換え，σ をアンテナ有効面積〔m^2〕で置き換えると，アンテナの寸法とその利得との関係を示す式が得られる．

10.3 パッシブデコイ

パッシブデコイ（passive decoy）は，単なるレーダリフレクタである．この RCS は大きさと形状の関数であり，通常，無線エネルギーをよく反射する物質から作られる（一般的には，金属，金属コーティングの織物，または金属コーティングのガラス繊維）．簡単な形状の反射器は，特有の最大 RCS を有する．コーナリフレクタは極めて有効な反射器であり，広角度にわたり高い RCS になることから，パッシブデコイによく使用される．図 10.7 に示すように，入射信号は 3 回反射され，元の方向に戻る．ここで，図 10.8 に示すような円筒形のリフレクタと，円筒形の内面にぴったり一致するコーナリフレクタの RCS を考えよう．実際には，コーナリフレクタの辺は 1/4 円として考える．

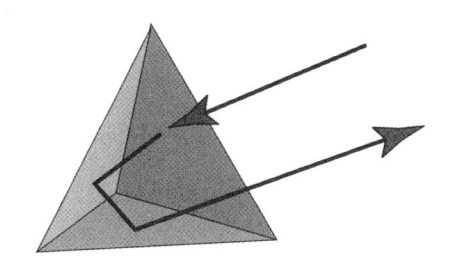

図 10.7 コーナリフレクタは極めて効果的である．これは広角度にわたり入射と逆方向へ反射する．

$$\sigma = \frac{2\pi ab^2}{\lambda}$$

$$\sigma = \frac{15.59 L^4}{\lambda^2}$$

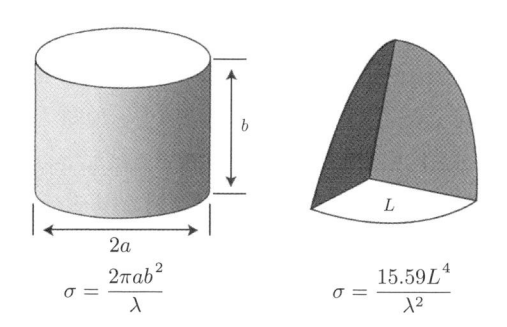

図 10.8 円筒形の内側にコーナリフレクタを置けば，同じ大きさの円筒形の反射に比べて 100 倍以上の RCS が得られる．

円筒形の最大 RCS は，以下の式で与えられる．

$$\sigma = \frac{2\pi a b^2}{\lambda}$$

ここで，a は円筒形の半径，b は円筒形の長さ，λ は信号波長である．σ の単位は m^2，長さ a, b の単位は m である．

コーナリフレクタの最大 RCS は，以下のとおりである（辺は 1/4 円）．

$$\sigma = \frac{15.59 L^4}{\lambda^2}$$

ここで L はコーナリフレクタの 1/4 円の半径である．

両者の RCS の比は，次式で得られる．

$$\frac{\sigma_{\mathrm{CR}}}{\sigma_{\mathrm{CYL}}} = \frac{15.59 L^4 \lambda}{\lambda^2 2\pi a b^2}$$

$b = L = 1.5a$ とすると，

$$\frac{\sigma_{\mathrm{CR}}}{\sigma_{\mathrm{CYL}}} = \frac{3.72 L}{\lambda}$$

となる．

一例として，$L = 1\mathrm{m}$，レーダ周波数が 10GHz の場合，このコーナリフレクタはほぼ 124 倍の有効断面積，すなわち約 20.9dB の反射信号電力を与える．

10.4　アクティブデコイ

図 10.6 に話を戻す．RCS は，2 本のアンテナとその間に増幅器を持ったものと同様に振る舞うと見なせる．2 本のアンテナと増幅器の終端との間の利得は，目標の RCS によって生じた信号利得 $P_2 - P_1$ である．

ここで実際に 2 本のアンテナと増幅器を使用したとすると，これらは同じ終端間の利得を有する RCS と同様の信号効果を有する．このようにして，物理的に小さなアクティブデコイ（active decoy）が，その物理的大きさより大きい RCS を実際に模擬できるわけである．

ある程度大きい固定電力を受信信号と同じ周波数で出力する「注入同期（あるいは特性）」発振器（primed oscillator）を，デコイとして実際に使用することができる．この場合，有効な利得とそれにより生じる等価 RCS（equivalent RCS）は，レーダが目標から遠く離れているときに極めて大きくなる．逆にレーダが目標に近づくと，有効利得（ここでは RCS）は減少する．

別のアクティブデコイの実現例として，「直線状のリピータ」を用いるものがあり，これはすべての受信信号に対して一定の利得を与えるものである．したがって，レーダが目標に接近する際は，等価 RCS はデコイの増幅器が飽和するまで同一であるが，その後，等価 RCS は発振器の設計どおりに低下する．

考慮すべき重要なことは，特に物理的に小さいデコイでは，送信される反射信号が最大終端間利得時に受信アンテナで受信される信号を上回らないように，2 本のアンテナが十分離れていなければならない点である．

10.5　飽和デコイ

飽和デコイはパッシブの場合もアクティブの場合もあるが，その RCS は目標とほぼ同等でなければならない．また，このデコイは，レーダを「欺く」ため，目標に十分近接しているレーダによって探知することができるという，もう一つの特性も持たなければならない．この特性は，例えば運動，ジェットエンジン変調（レーダが検出対象としている場合），および信号変調によるものである．

パッシブディストラクションデコイ（passive distraction decoy）の例を図 10.9 に示す．ここで，（防御される艦艇の RCS に近いパッシブ RCS を有する）チャフバースト（chaff burst）が，攻撃側のレーダ制御システムにすべてのチャフ雲（chaff cloud）を目標として処理させるように，あるパターンで散布される（この図は原寸どおりでないことに注意してほしい．すなわち，チャフバーストは，かなり大きいパターンで射出されることになる）．

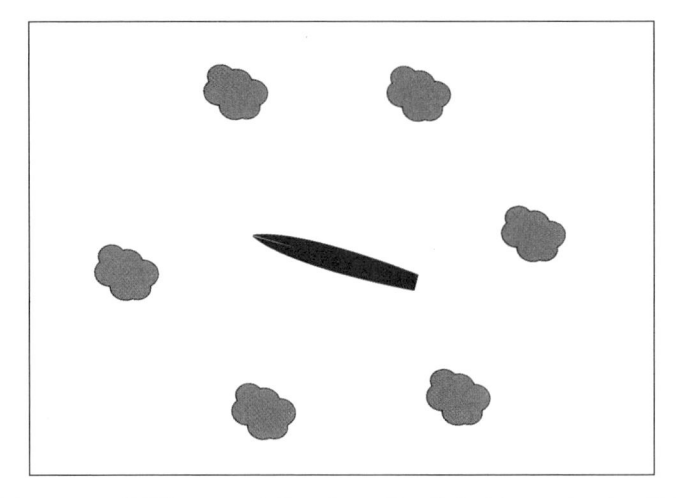

図 10.9　ほぼ同等の RCS を持つチャフ雲の散布パターン内にある艦艇は，攻撃ミサイルが真目標を探すために多くの目標を評価させるようにする．この散布方法は，艦艇が運動し，チャフ雲が風で流れることから，実際はより難しいものになる．

10.6　セダクションデコイ

　セダクションデコイは，脅威レーダの追尾機構を「誘惑する」ことからそのように呼ばれる（もっとも，読者は専門書に「誘惑」という性的なほのめかしが出てくるとは思わなかっただろうが）．デコイは，脅威レーダが目標を捕捉した後，「誘惑」の役割で機能する．その目的は，脅威レーダの追尾機構を捕捉し，目標へのロックオンを外すことである．この機能は妨害機の欺まん機能によく似ている（例えば，距離ゲート・プルオフ（RGPO）妨害）．しかし，デコイはより強力で，脅威レーダの注意を引き付けて，追尾を持続させる．これに対し，距離ゲート・プルオフ機能は，レーダの距離ゲートを目標を含まない位置に引き寄せる．しかし，レーダは目標を再度捕捉しようとする．

　もちろん，このデコイの他の利点は，目標から離れた位置から信号を送信していることである．これがモノパルスレーダや HOJ モードに対処する方策である．

10.6.1　セダクションデコイの運用シーケンス

図 10.10 に示すように，セダクションデコイは，レーダが防御目標を追尾した後，脅威レーダの分解能セル内で機能しなければならない．有効であるためには，このデコイは防御目標 RCS よりかなり大きい RCS を模擬するに足るだけの，十分な電力でレーダ信号を打ち返さなければならない．これは，アクティブデコイ（10.4 節）にとって，十分な利得出力と最大電力が必要になるということである．パッシブデコイ（例えば，艦艇防御（ship defense）のためのチャフバースト）にとっては，デコイの有効 RCS（effective RCS）は，目標の RCS より大きくなければならない．ここで，目標の RCS は見る方位・仰角により大きく変わることに注意しよう．よって，攻撃レーダの方向から見た目標 RCS を低下させるための運動（操縦）は，防御方策の不可欠な部分となることに留意しなければならない．最近のステルスプラットフォーム（stealth platform）の RCS は小さくなっており，どのようなデコイ RCS に対しても良好な防御が可能であることも注目に値する．

図 10.11 に示すように，デコイは脅威レーダの追尾機構を捕捉し，その後，その分解能セルは目標から離れるときにデコイのほうに自身の中心を移す．この図では，デコイは目標から遅れているが，デコイが推進力を持つならば，目

図 10.10　最初に，脅威レーダは目標の分解能セルの中心を目標に置く．次にセダクションデコイを脅威レーダの分解能セル内に展開する．デコイの RCS は目標の RCS より十分に大きい．

254　第10章　デコイ

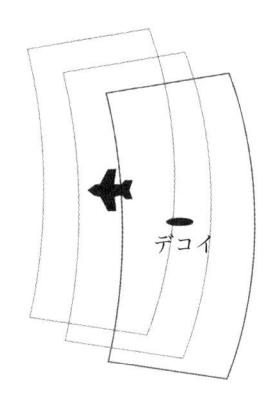

図 10.11　脅威レーダの分解能セルを目標から引き離すように，大きい RCS のデコイをレーダに追尾させる．

標から任意の方向へ引き離すことができる．デコイによるセダクションに成功すれば（図 10.12），防御対象を完全に分解能セルの外に置くように，レーダの分解能セルを十分遠くに引き離すことができるであろう．この時点でデコイの J/S 比は事実上無限大になる．

デコイが有効であるためには，脅威レーダによって気づかれた際に目標と区別がつかないようにすることが大事な注意点である．もし脅威レーダがデコイのものではない信号諸元の反射を計測するならば，レーダはデコイを無視し，

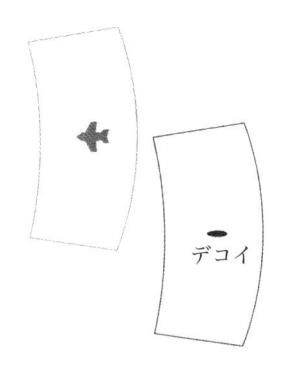

図 10.12　脅威レーダの分解能セルが十分遠くに引き離され，目標がもはやそのセルに入らなくなったとき，レーダはデコイのみを捉えて追尾する．

目標を追尾し続けるであろう．そのような重要な特性の例は，ジェットエンジン変調，および目標の大きさと形状に関係する効果である．

図 10.13 は，デコイの運用シーケンス（operating sequence）において脅威レーダが観測する RCS を簡単に表現したものである．この絵は，レーダから見た目標の方向，およびレーダと目標の距離が変化するという幾何的な影響を無視している．これらの問題は，次節で述べる．

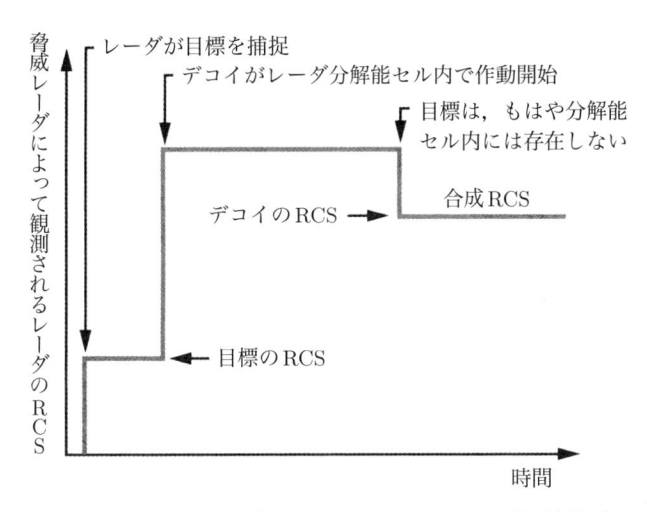

図 10.13 RCS が大きいセダクションデコイは，レーダの追尾ゲートを目標から引き離す．

10.6.2 艦艇防御におけるセダクション機能

チャフバーストは，レーダ誘導の対艦ミサイルに対して艦艇を防御するためにセダクションデコイとして運用される．この場合，目標に対するデコイの分離は艦艇自身の動きと風によってのみ生じる．風はチャフバーストを移動させる．図 10.14 に示すように，チャフは理想的には分解能セルの隅に置かれる．それにより，艦艇から最も速く離隔することができる．チャフを置く位置は，攻撃ミサイルのレーダ形式，相対風の方向と速度，および攻撃されている方向に基づいて選定される．セダクションチャフは，艦艇の甲板にチャフが落ちるくらい近くに散布するのが普通である．

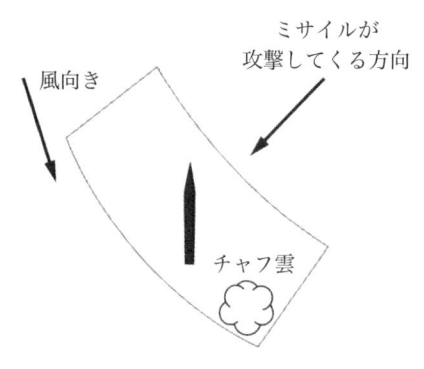

図 10.14　セダクションモードでのチャフバーストは分解能セルの隅に散布される．これにより，攻撃ミサイルが最も迅速に艦艇から離れる方向にチャフバーストを分離することになる．

10.6.3　ダンプモードでのデコイ運用

艦艇防御のために「ダンプモード」（dump-mode）と呼ばれる別の重要なデコイ運用モードがある．この運用モードでは，図 10.15 に示すようにレーダの分解能セル外にデコイ（例えばチャフバースト）を置き，その後，図 10.16 に示すように，妨害機の欺まん機能（例えば，距離ゲート・プルオフ）により，分解能セルを目標から引き離してデコイに転移させる．この場合のデコイの RCS が防御目標の RCS と同等（または区別できない程度）であるならば，

図 10.15　艦艇防御用チャフがダンプモードで運用される場合，チャフバーストは脅威レーダの分解能セル外に散布される．

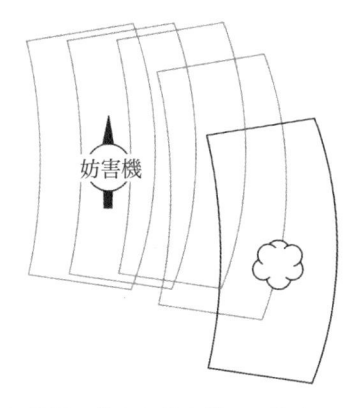

図 10.16　防御艦艇装備の欺まん妨害機は，脅威レーダの分解能セルを引き離し，チャフバーストに転移させる．

レーダはデコイにロックオンするであろう．もちろん，デコイを展開する位置は，攻撃ミサイルが艦艇を誤って再度捕捉することがないところでなければならない．

10.7　交戦のための効果的な RCS

　デコイの有効性は，運用環境に大きく影響される．ほとんどすべてのデコイ用法が動的な状況を伴うため，多様な交戦シナリオによってデコイに何が起きるかを検討することは，極めて有益である．対艦ミサイルの攻撃に対して艦艇を防御する交戦シナリオなどの2次元シナリオは，一般に扱いが容易であるので，これらの例を取り上げる．しかし，適当な交戦形態を考慮すれば，これと同様の原則を航空機防御にも適用することができる．

10.7.1　簡単な復習

　片方向通信回線方程式（第2章を参照）では受信信号強度を，送信機の実効放射電力，信号の周波数，および送信機と受信機の相対距離の関数として規定する．大気損失を無視すれば，これは次式で表される．

$$P_R = \mathrm{ERP} - 32 - 20\log(F) - 20\log(d) + G_R$$

ここで，P_R：信号電力〔dBm〕，EPR：送信機の実効放射電力〔dBm〕，F：送信信号の周波数〔MHz〕，d：送信機と受信機間の距離〔km〕，G_R：受信アンテナ利得〔dB〕である．

10.2 節で述べたように，(デコイに対する送受信等方性アンテナと比較した) 有効利得を RCS と信号周波数の関数で表すと，

$$G = -39 + 10\log(\sigma) + 20\log(F)$$

となる．ここで，G：デコイの有効 RCS に基づいた等価信号利得 (equivalent signal gain)〔dB〕，σ：デコイの有効 RCS〔m²〕，F：信号周波数〔MHz〕である．

$10\log(\sigma)$ の項は RCS であり，1m² 当たりの dB，すなわち dBsm である．そこで，上式は次のように書き換えることができる．

$$\text{RCS}〔\text{dBsm}〕 = 39 + G - 20\log(F)$$

10.7.2　簡単なシナリオ

対艦ミサイルは，航空機から艦艇に対して発射され，水平線 (艦艇から約 10km) でアクティブ追尾レーダを作動させる．艦艇は，その ESM システムから攻撃が切迫しているという警報を受けて，自艦とミサイルの間にデコイを散布する．図 10.17 に示すように，デコイと艦艇はミサイルのレーダビーム内

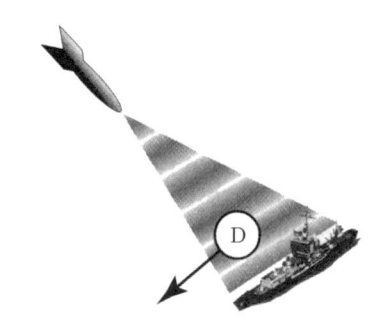

図 10.17　レーダが起動すると，ミサイルのアクティブ追尾レーダ，デコイ (D)，および目標との間で戦闘が開始される．デコイおよび目標の双方ともに，レーダのアンテナビーム内に収まる．

に存在する．図 10.18 に示すように，デコイが艦艇の位置から離れるにつれ，レーダビームがデコイを追尾し，艦艇がレーダビームから外れれば，デコイがミサイルのレーダにうまく捕捉されたものと見なすことにしよう．

ここで，防御艦艇に搭載された ESM 受信機で交戦がどのように見えるかを考える．もしデコイ（もしくは，他の EW 手段）がなければ，このミサイルは（一般的に）マッハ 1 弱で艦艇に直行し，艦艇は，ミサイルのレーダビームの中心または中心付近に留まるであろう．ESM システムが受信する信号電力は，図 10.19 のような時間経過を示すであろう．レーダの ERP は，その送信電力と最大アンテナ利得の和〔dB〕である．ESM システムのアンテナ利得は一定であり，周波数も一定である．しかし，信号伝搬距離はミサイルの接近速度に合わせて減少し，$20 \log(d)$ の項は急速に変化する．この項は，距離の 2 乗に応

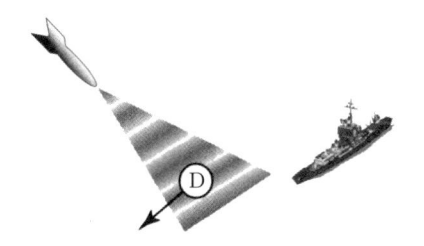

図 10.18 デコイがレーダに捕捉されると，レーダのアンテナビームは，ミサイルがデコイを追尾し，デコイが目標から離れるように引き離される．

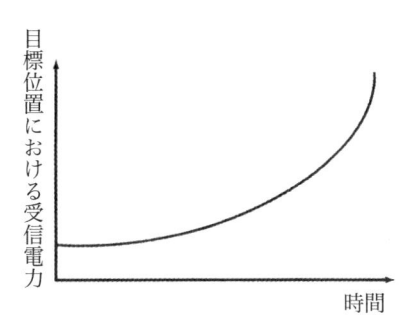

図 10.19 交戦の経過とともに，目標が受信する電力は（減少中の）伝搬損失によって低下したレーダの ERP となる．

じて伝搬損失を変化させるため，受信信号電力は図 10.19 のように曲線を描くことになる．

幸いなことに，デコイがレーダを捕捉し，そのアンテナビームを艦艇から引き離す．艦艇がレーダアンテナの主ビームから抜けたとき，艦艇の方向でのレーダの ERP は，図 10.20 のように急激に低下する．ちなみに，これは，デコイがミサイルのレーダをうまく捕捉しなかった場合にデコイから見た信号変化と同じであり，艦艇ではなくデコイがアンテナビームの外に移動したことになる．

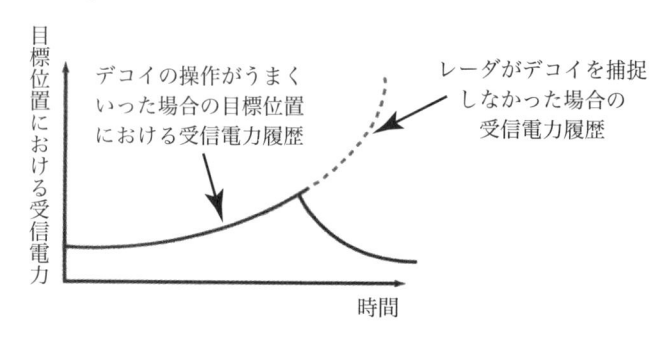

図 10.20 デコイがミサイルのレーダに捕捉されても，目標がレーダのアンテナビームから抜けると，目標が受信する信号電力は低下する．

10.7.3 シナリオに基づくデコイの RCS

アクティブデコイの有効 RCS は，その利得と最大出力に依存する．図 10.21 に示すように，一定利得のデコイから生じる RCS〔dBsm〕は，$39 + 利得〔dB〕- 20\log(F)$〔MHz〕であり，ミサイルが十分に近接するまで，デコイが受信する信号はデコイの利得より少ない最大出力に等しい．その点を過ぎれば，有効 RCS は受信信号電力が増加する各 dB に対して 1dB 減少する．

注入同期発振器付きデコイは，受信信号電力にかかわらず最大電力で送信する．そのため極めて弱いレーダ信号を受信する場合（すなわち，遠距離の場合），受信と送信の信号電力差は非常に大きい．このデコイは実際には大きい利得を持っており，したがって非常に大きい有効 RCS を作り出す．

図 10.22 では，この交戦にいくつか数値をつけている．利得 80dB，最大出

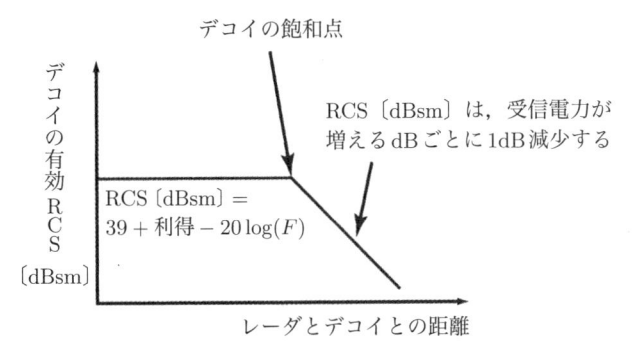

10.7 交戦のための効果的な RCS　261

図 10.21 デコイの有効 RCS は，その利得と最大出力に依存する．

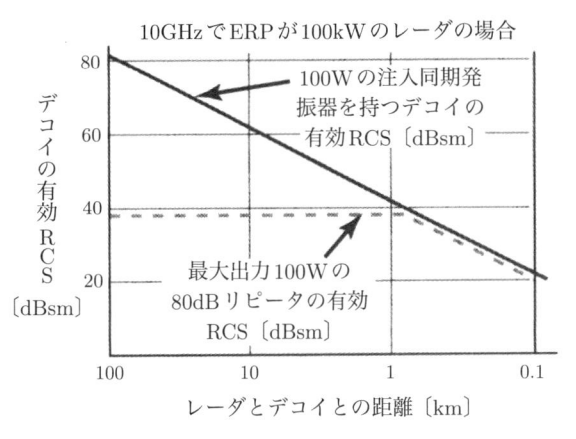

図 10.22 注入同期発振器付きデコイの有効 RCS は，レーダからデコイまでの距離に反比例して変化する．固定利得のデコイにおいては，そのRCS はデコイが飽和するまで一定である．

力 100W のアクティブデコイが，ERP 100kW，周波数 10GHz のレーダに対して運用される場合を考えよう（見事に端数のない数だが，稼働・非稼働を問わず，もし似たような仕様を持つ機器があったとしても，まったくの偶然の一致である）．図の破線は，レーダからの距離の関数であるデコイの有効 RCS を示す．直線で示した利得の範囲ではデコイは以下の RCS〔dBsm〕となる．

$$39 + G - 20\log(10,000) = 39 + 80 - 80 = 39 \,\text{〔dBsm〕}$$

デコイの RCS は，レーダからの受信信号が 100W − 80dB（+50dBm − 80dB = −30dBm）になったときに減少し始める．これは ERP − 32 − 20 log(F) − 20 log(d) = −30〔dBm〕（0dB の受信アンテナ利得を想定）になるときに起きる．適宜数値を当てはめ式を整理すると，以下のようになる．

$$20\log(d) = 30\text{dBm} + \text{ERP} - 32 - 20\log(F)$$
$$= 30 + 80 - 32 - 80 = -2 \,〔\text{dB}〕$$

ここで $d = 10^{-2/20} = 0.794$km，すなわち 794m である．

デコイが注入同期発振器付きであれば，常に最大出力でしかも所要の距離で信号を探知するのに十分な感度で運用できるため，有効 RCS は図 10.22 の実線と同じになるだろう．10km での有効 RCS を算定する場合，その距離での受信信号強度は，次式で得られる．

$$P_R〔\text{dBm}〕 = 80\text{dBm} - 32 - 20\log(10) - 80$$
$$= 80 - 32 - 20 - 80 = -52 \,〔\text{dBm}〕$$

デコイの出力は 100W であるから，有効利得は +50dBm − (−52dBm) = 102dBm となる．これが有効 RCS〔dBsm〕となる．

$$\text{RCS}〔\text{dBsm}〕 = 39 + G - 20\log(F) = 39 + 102 - 80 = 61 \,〔\text{dBsm}〕$$

この RCS は 100 万 m² 以上である．

第11章

シミュレーション

　EWシミュレーション (EW simulation) は，一般にコスト削減のために使用されるが，おそらくそれだけではなく，何かを模擬する差し迫った理由がほかにもある．シミュレーションによって，まだ実在しない環境下でオペレータ，装備，および技術を実際的に評価することが可能になる．さらに，現実であれば人が死ぬかもしれない状況下で，個々の要員を実際的に訓練することができる．

11.1　定義

　シミュレーションとは，あたかも対応する現実の状況あるいは刺激が存在するかのような結果を生じさせる模擬的な状況あるいは刺激を作成することである．多くの場合，EWシミュレーションには，敵の電子装備によって作成されるものと類似した信号の作成が含まれる．これらの擬似信号は，オペレータの訓練，EWシステムやサブシステムの性能評価，および，敵が制御する電子的アセットあるいは武器の能力を予測するために使用される．

　シミュレーションによって，あたかも一つ以上の脅威信号が存在し，軍事的に遭遇するかのように，オペレータやEW装備を反応させることができる．通常このシミュレーションには，脅威信号に対してオペレータもしくは装備が応答する機能として，模擬された脅威を相互作用的に更新 (interactive updating) する仕組みが必要になる．

11.1.1　シミュレーションアプローチ

シミュレーションは三つに区分されることが多い．すなわち，コンピュータシミュレーション（computer simulation），オペレータインタフェースシミュレーション（operator interface simulation），およびエミュレーション（emulation）である．コンピュータシミュレーションは「モデリング」（modeling）とも呼ばれている．オペレータインタフェースシミュレーションは，単に「シミュレーション」と呼ぶことが多い．同じ用語が一般にこの分野全体と，その特定のアプローチの双方の定義に用いられるため，これが混乱を引き起こす場合がある．これら三つのアプローチのすべてが，訓練あるいは試験・評価（test and evaluation; T&E）のいずれかで使用されている．表 11.1 に，目的に応じた各区別の使用頻度を示す．

表 11.1　シミュレーションアプローチと目的

シミュレーションの目的	シミュレーションアプローチ		
	モデリング	シミュレーション	エミュレーション
訓練	普通	普通	時々
試験・評価	時々	ほとんどなし	普通

11.1.2　モデリング

コンピュータシミュレーション（モデリング）は，彼我の戦力アセットを数学的に表現し，それらがどう相互に作用するかをコンピュータで評価するものである．モデリングでは，戦術上のオペレータの統制あるいは表示についての信号や画像は作成されない．その目的は，数学的に定義しうる装置および戦法における相互作用を評価することにある．モデリングは，戦略・戦術の評価に役立つ．一つの状況が規定され，それぞれいくつかのアプローチが実行され，それぞれの結果が比較される．図 11.1 に示すように，どのようなシミュレーションやエミュレーションであっても，EW システムと脅威環境の間における相互作用のモデルに基づかなければならないことに注意することが重要である．

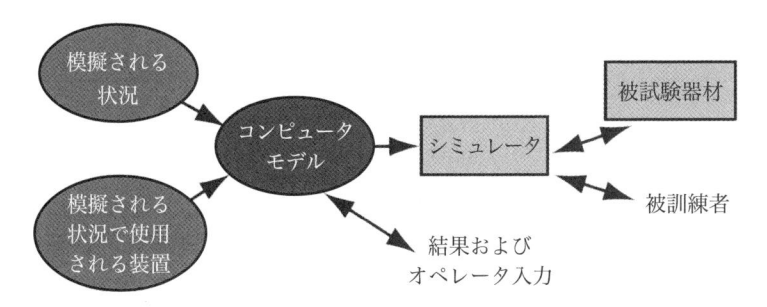

図 11.1　どの形式のシミュレーションも，装置および/または戦術状況のモデルに基づくものでなければならない．

11.1.3　シミュレーション

オペレータインタフェースシミュレーションは，実際の信号を作成することなく，モデル化され，進行する状況に対応してオペレータ表示やオペレータ制御を読み取ることを指す．オペレータはあたかも自分が戦術状況にあるかのように，コンピュータが作成した表示を見たり，コンピュータが作成した音響を耳にしたりする．コンピュータは，オペレータの制御する応答を読み取り，表示される情報をそれに従って修正する．オペレータの制御動作で戦術状況を修正できるなら，これもディスプレイに反映する．

一部のアプリケーションでは，オペレータインタフェースシミュレーションは，シミュレーション用のコンピュータからシステムディスプレイを駆動することによって実現される．各スイッチはバイナリ入力として読み込まれ，アナログ制御（analog control）（例えば，回転式音量調整器）は通常，コンピュータで読み取り可能なノブ位置を与える回転式エンコーダ（shaft encoder）に取り付けられる．

別のアプローチとして，コンピュータ画面上のシステム表示による擬似表示の作成がある．各表示は，通常，実際のダイヤルまたは CRT 画面に加えて，一部の計器板などシステム表示装置による描画として表示される．制御装置はコンピュータ画面上に描かれ，マウスあるいはタッチスクリーン機構によって操作される．

11.1.4 エミュレーション

実システムのどの部分でも存在しさえすれば，エミュレーションアプローチは使用される．エミュレーションでは，システムに注入されるポイントでそれらが持つ形式で多数の信号を取り込む．エミュレーションアプローチは，訓練に使用できるが，システムあるいはサブシステムの T&E には，ほぼ必ず使用しなければならない．

図 11.2 に示すように，模倣された信号は，システムの多くのポイントに注入できる．その秘訣は，模擬された戦術状況内で，システム全体を伝わるように取り込まれた信号が見え，作動するようにすることである．もう一つの重要な点は，注入点（injection point）から下流で起きることすべてが，注入点に到達する信号に影響を及ぼすことがありうることである．そうであるならば，注入信号は，適切に修正されなければならない．

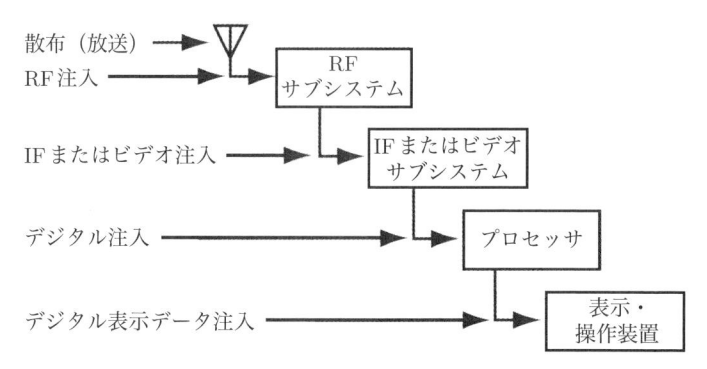

図 11.2 模倣された信号は，通常，サブシステムの注入点のすぐ下流で実際的な試験を行うため，EW システムの多くの注入点に注入することが可能である．

11.1.5 訓練のためのシミュレーション

訓練のためのシミュレーション（simulation for training）は，学生が技能を学習または習熟することを念頭に（安全かつ管理されたやり方で）体験を行うためのものである．EW 訓練においては，ほとんどの場合，軍事状況の中で操

作席にいれば遭遇するであろう方法で，訓練生は敵の信号を体験する．EWシミュレーションは，十分な訓練体験を提供するため，他の形式のシミュレーションと組み合わせて行われることが多い．例えば，特定の航空機用のコックピットシミュレータには，航空機があたかも敵の電子環境の中で飛行しているかのように反応するEWディスプレイがついている．通常，訓練用シミュレーションでは，学生が何を見てどう対処するかを教官が観察できるようになっている．時には，訓練演習後の聞き取りの一環として，教官が状況と対処について再生することができる．これは効果的な学習経験 (learning experience) となる．

11.1.6　T&Eのためのシミュレーション

装置のT&Eのためのシミュレーションでは，その装置が意図された仕事を実行しているように思わせる必要がある．これは，探知を目的とするセンサの特性を持つ信号の作成というように，簡単な場合もある．長期の戦闘シナリオを通して動作する完全なシステムが経験するであろう信号をすべて含む，実際的な信号環境を作成するのであれば，複雑になる．さらに，その環境は，試験中のシステムによって実行される制御・動作のうち，前もってプログラムされた，もしくはオペレータが選択したシーケンスに対応して変化することがある．それは，その目的がオペレータに技術を伝えることより，その装置の作業をいかにうまく決定するかという点で，訓練用シミュレーションとは区別される．

11.1.7　EWシミュレーションにおける忠実度

忠実度は，EWシミュレータの設計あるいは選定において，重視すべき事項である．モデルの忠実度，およびシステムやオペレータに提示されるデータは，その任務に適合したものでなければならない．訓練用シミュレーションにおいては，この忠実度はオペレータにシミュレーションであると気づかせないような（少なくとも，訓練の目的を妨げない）適当なものでなければならない．T&E用のシミュレーションにおける忠実度は，被試験器材の知覚しきい値 (perception threshold) より良好な注入信号精度を提供するのに適正なもの

でなければならない．図 11.3 に示すように，たいていの場合，シミュレーションの費用は，提供される忠実度の関数として指数関数的に上昇する．しかし，忠実度の価値は，訓練生あるいは装置の知覚レベルに到達すれば，もはや増加することはない．

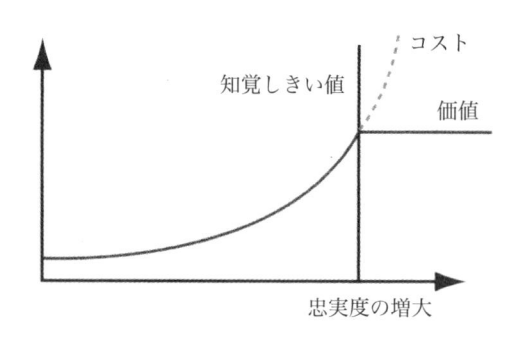

図 11.3 シミュレーションの費用は指数関数的に増大する可能性があるが，その価値は，被試験装置あるいは訓練中の個人が誤りを検出できるしきい値を超えては増加しない．

11.2　コンピュータシミュレーション

コンピュータシミュレーションでは，ある結果を見つけ出すために，ある状況あるいは装置のモデルを組み立て，そのモデルを操作する必要がある．EW 分野における重要なシミュレーションとして，以下のものが挙げられる．

- ある戦闘状況で，予期される順番に応じて一つ以上の脅威電波源からの信号が加えられる脅威シナリオ（threat scenario）に備えた EW 装備の性能の分析
- 利用する各種 EW 装備の効果など，電子制御兵器およびその目標についての戦闘分析（engagement analysis）
- 代表的な任務シナリオに沿って行動する際に，各種 EW 機能によって防護される友軍の航空機，艦艇，地上移動装備の残存性分析（survivability analysis）

11.2.1 モデル

コンピュータシミュレーションでは，あらゆる「プレーヤー」(player) のすべてに関連する特性は，数学的に表現されるモデルに基づいており，それらのプレーヤーが相互に影響し合う「ゲーム領域」(gaming area) が存在する．ゲーム領域は，位置，周波数，時間など，多くの次元を持ちうることに注意しよう．モデルの構築におけるステップは以下のとおりである．

- ゲーム領域を策定する．行動するのにどれだけの領域が必要となるか？最も高い位置に位置するプレーヤーの標高を含める．プレーヤーはどの程度の距離まで他のプレーヤーに影響を及ぼしうるか？シミュレーションにとって，最も使いやすい座標系は何か？多くの場合，ゲーム領域の一角を0とするデカルト座標系 (Cartesian coordinate system; 標高ゼロ平面に沿った x および y 平面と，高さ方向に z 軸をとる) が利用できる．
- 適切な場合，ゲーム領域に地形標高を加える．
- 各プレーヤーを明確にする (特性化)．その特質とは何か？他プレーヤーのどの行動がそれらの特質を変化させるのか？それはどのように動作するのか？これらの特質のそれぞれを数値化し，記述しなければならない．また，動きは方程式の要素として，特異作用 (specific action) とともに，数式の観点から記述する．必要なモデル分解能 (model resolution) を決定し，モデルの時間増分 (time (timing) increment) を設定しなければならない．
- プレーヤーの初期位置 (initial position) と初期条件 (initial condition) を設定する．

いったんモデルができれば，シミュレーションを実行することができ，結果が確定する．

11.2.2 艦艇防護モデルの例

図11.4にEW交戦モデルの一例を示す．これは，艦艇とレーダ誘導対艦ミサイルの戦闘をモデル化したものである．艦艇はチャフ雲とデコイによって防護される．このシミュレーションでは，ミサイルが艦艇に命中しない距離を判

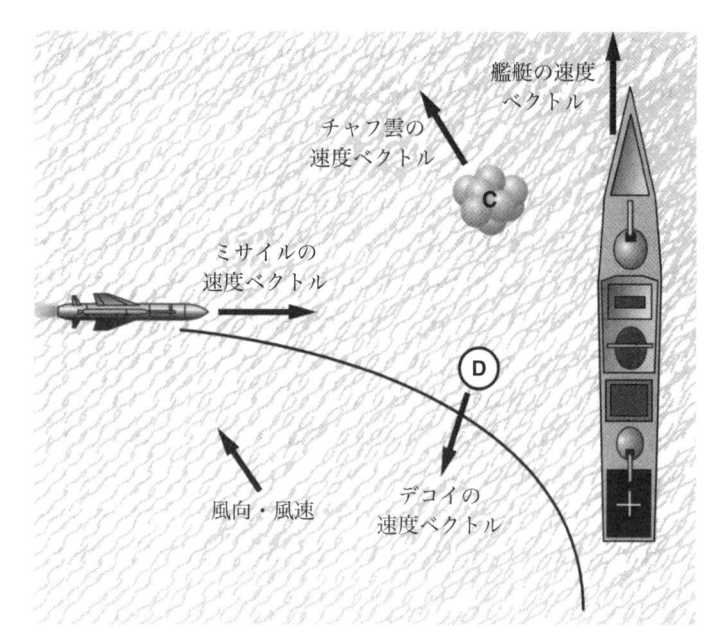

図 11.4　ミサイルと EW 防護された艦艇の戦闘におけるモデルでも，すべての防護装備を保有している．

定する．命中誤差（miss distance）が艦艇の大きさより小さい場合，ミサイルの勝ちとなる．

　ゲーム領域は，戦闘のすべてが収容できるほど十分大きくなければならない．ミサイルは艦艇のレーダ水平線（radar horizon）（約 10km 遠方）に到達した時点で，自身のレーダを起動する．プレーヤーには攻撃方向がわからないので，ゲーム領域は少なくとも艦艇の周囲 10km の円を含むものでなければならない．ミサイルの終末運動（上昇および急降下することがある）をシミュレーションに含まないのであれば，ゲーム領域は 2 次元でよいことになる．ゲーム領域における唯一の別の要素は風であり，それには速度と方向がある．

　プレーヤーには，艦艇，ミサイル，デコイ，およびチャフバーストが含まれる．

　艦艇の特性値には，位置，速度ベクトル，およびレーダ断面積（RCS）がある．艦艇が針路を変更していない場合，その位置は，その初期位置からその進

行方向に，その航行速度（steaming speed）で移動させることで計算できる．状態によっては，ミサイルのレーダを探知した時点で，最大速度で回頭させることも妥当である．それぞれの航行速度を持つあらゆる艦艇が，最大速度で回頭する際の縦路および横路経路は，テーブルにして利用できる．回頭によって艦速は低速になるので，進路をらせんで記述する．艦艇の RCS は，艦首からの角度と仰（俯）角の関数として，グラフィックあるいは表形式で利用できる．

　ミサイルの特性値には，位置，速度ベクトル，およびレーダ諸元がある．通常，ミサイルは海面から一定の高度を一定速度で飛翔する小さな点とする．その飛翔方向は，自身のレーダが受信するもので決定される．このミサイルの位置は，その速度と計算間隔とを掛けた分だけ前回の位置と自身のレーダが指定する方向にずれており，最終位置（last location）とは異なるものとなる．方向の決定は，シミュレーションの核心をなすものであり，以下で取り上げることとする．このミサイルのレーダは，垂直ファンビーム（vertical fan beam）のパルス型と見なすことにする．重要なレーダ諸元には，実効放射電力（ERP），周波数，パルス幅，水平ビーム幅，走査パラメータがある．艦艇が侵入してくるミサイルをレーダで探知していれば，ミサイルの RCS もまた重要になる．この例では，艦艇はこのミサイルのレーダのみを探知するものと仮定しよう．

　チャフ雲の特性値は，位置，速度ベクトル，および RCS である．チャフ雲は風に漂うので，速度ベクトルは風によって決まる．チャフ雲の RCS は，任意の特定周波数（つまり，ミサイルのレーダの使用周波数）によって決まる．このシミュレーションでは，チャフ雲は RCS を最大化するのに最適な高度にあるものと仮定する．

　デコイの特性値は，位置，速度ベクトル，および最大出力（電力）である．デコイはレーダ信号を受信し，最大可能 ERP，すなわちデコイの処理利得（アンテナ利得を含む）で受信電力を増幅して再送信する．デコイの処理利得によって，有効な RCS が作り出される．受信信号の周波数をその最大電力で送信する注入同期発振器付きデコイは，レーダの受信信号が最小のときに（つまり，最大距離で）最大 RCS を作り出すという意味では興味深い．その後，この RCS は，ミサイルがデコイに接近するに従って，距離の 2 乗で減少するこ

とになる．デコイが浮揚型のものであれば，まったく動くことはない．さらに，ミサイルを艦艇から遠ざけるように引き付ける，ある種のプリセット放射パターンで動作するデコイの形式もありうる．

11.2.3 艦艇防護シミュレーション例

シミュレーションは，艦艇がある方位へ巡航速度で進行し，ミサイルが飛翔中に艦艇のある方位から艦艇方向に 10km の位置でレーダを起動することで開始する．

ミサイルのレーダは，目標を捕捉するまである角度範囲を走査する．デコイあるいはチャフ雲がレーダ起動前に散開している場合，ミサイルは艦艇の代わりにそのいずれかを捕捉するかもしれないが，ここでは最悪のケース，すなわちミサイルのレーダが艦艇を捕捉する場合を仮定する．捕捉後，そのレーダはミサイルを艦艇のレーダ反射のほうへ誘導する．

図 11.5 に示すように，このミサイルのレーダは，奥行きが自身のパルス幅の 0.3m/nsec 倍に等しい分解能セルを持つ（この値は一般に，チャフによる艦艇防護に必要な計算において用いられるが，機上または地上設置レーダでは，この半分の数値が使用されることに注意しよう）．分解能セルの幅は，レーダ水平ビーム幅の 3dB 半値幅の正弦値とレーダから目標までの距離との積を 2 倍したものである．分解能セルとは，レーダがその中にある二つの目標のレーダ反射波を区別できない範囲を意味する．セル内に目標が二つある場合，レーダはあたかも二つの目標の間に一つの目標があるかのように応答し，相対的な

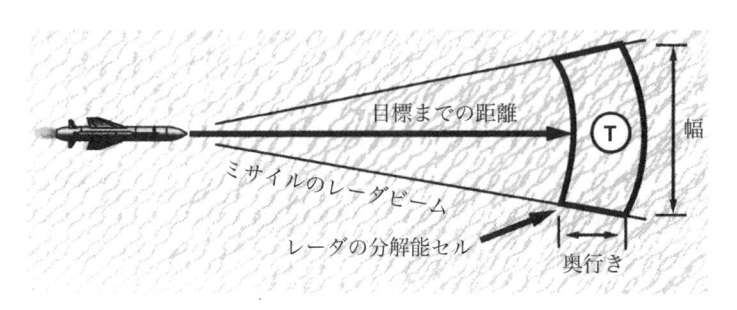

図 11.5 レーダの分解能セルは，パルス幅とアンテナのビーム幅の関数である．

RCSに比例して，より強い位置からの反射波のほうに近づいていく（図11.6参照）．ミサイルが艦艇から離隔していると分解能セルは広いが，接近するに従って狭まる．ミサイルが艦艇に命中すれば，弾着の瞬間，セルの幅はゼロになる．

図11.7に示すように，それぞれの計算間隔の間，ミサイルは自身の速度と計算間隔との積に等しい距離を，見かけ上の目標位置に向かって移動する．

ミサイルのレーダの視点で考えると，艦艇のRCSは，レーダの周波数および艦首からのレーダの角度におけるRCSとなる．艦艇が回頭している場合，あるいはミサイルのアスペクト角が変化した場合，RCSは変化する．チャフ雲のRCSは，戦闘間を通じて一定のままである．デコイのRCSは，レーダの受信電力とデコイのERPの関数である．

分解能セルが狭いほど，防護する装置と艦艇のどちらかは，（これらはミサイルの方向に並んでいないと仮定すると）分解能セルからこぼれ落ちてしま

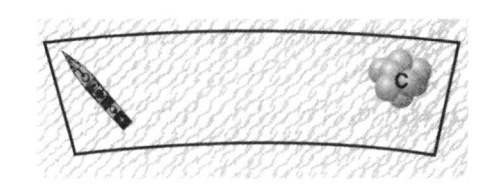

図11.6 ミサイルのレーダは，最大の反射信号が発生しているように見える位置を，その分解能セルの中心に来るように保持する．これによって，その分解能セル内に二つ以上の目標の組み合わせが存在しうることになる．

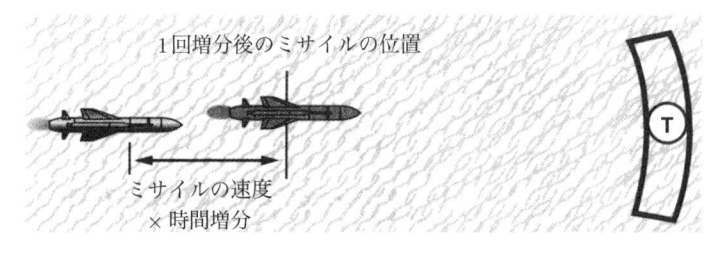

図11.7 ミサイルは一つの時間増分の間に，そのレーダ分解能セルの中央に向かって計算された距離だけ移動する．

う．防護している装置が，肝心なときにより強力な RCS を設定するならば，それがミサイルの分解能セルを捕捉して，艦艇を防護することになる．引き離しの位置関係または相対的な RCS が，分解能セルの捕捉に妥当でなければ，このミサイルは艦艇に命中することになる．

11.3　戦闘シナリオモデル

前節では，チャフとデコイによって防護された艦艇と対艦ミサイルの戦闘のコンピュータモデルについて検討した．本節では，交戦モデルがどのように実装されるかを示すために，単純化モデル（simplified model）にいくつか数値を入れてみることにする．分析の目的は，ミサイルが艦艇に命中しないかどうか，その場合どの程度になるかを確認することにある．計算プログラムはどれでも使用できるが，ここでは，スプレッドシート（spread sheet）を使用することとする．

ここで用いる戦法が艦艇を防護する最良の方策であると推奨するものではないことを覚えておいてほしい．このモデルを使用する意図は，これらの戦法を用いた場合に何が起こるかを究明することにある．図 11.8 に，模擬した状況を示す．これには，検討範囲の理由で，いくつか単純化されたものがある．すなわち，レーダ分解能セルが長方形で表されていること，艦艇の RCS プロフィールが非現実的なほど単純であること，ミサイル・艦艇・チャフ雲のみを対象とすること，戦闘の開始時点ですでにチャフ雲がその完全な RCS が得られる状態に散開していることである．すべての数値は，一貫した単位でモデルに入力される．

11.3.1　モデルの数値

以下の数値が，この戦闘におけるゲーム領域および各プレーヤーの記述に割り当てられる．ゲーム領域は，方位 45° から 2.83m/sec の風が吹く外洋であり，艦艇を中心とする 2 次元座標系を持つ．戦闘の時間分解能（time resolution）は 1 秒で，艦艇は 12m/sec の速度で真北に航行しており，戦闘の全期間にわたってこの針路を保持する．艦艇のレーダ RCS は，図 11.9 に示すとおりである．

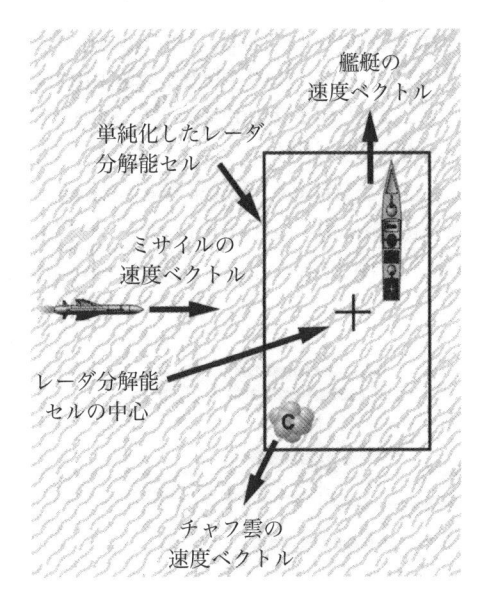

図 11.8 この単純化された交戦モデルでは，艦艇はチャフのみによって防護され，ミサイルはレーダ分解能セルの中心に向かって飛翔する．

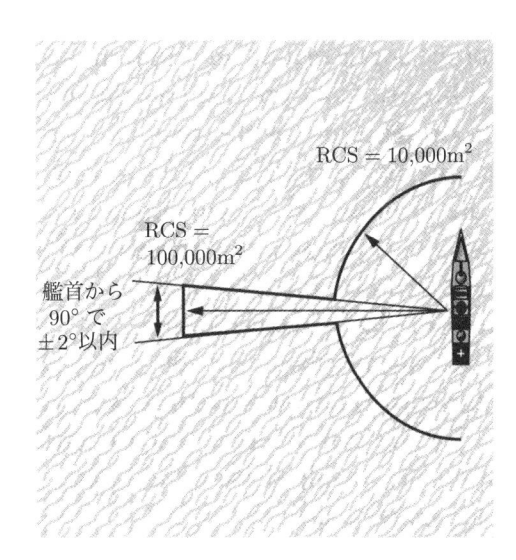

図 11.9 この分析においては，防護される艦艇の RCS は，艦首から $90° \pm 2°$ の範囲を除き，$10{,}000\mathrm{m}^2$ とする．RCS の形状は左右対称である．

シミュレーションは，ミサイルが方位角 270°，艦艇から 6km の位置で開始する．このレーダは艦艇にロックオンしており，ミサイルは 250m/s の速度で海面に近接して飛翔し，5°幅の垂直ファンビームアンテナのレーダを備えている．このアンテナは，ビーム内の利得は変わらず，その外側の利得はゼロと見なす．レーダのパルス幅は $1\mu sec$ とする．ミサイルは，セル内で見かけ上，レーダ反射を中心とする分解能セルの中心（つまり，セル内に二つの物体がある場合，それらの中心ではあるが，より大きな RCS に比例的に接近した位置）に向かって飛翔する．チャフ雲——全体で RCS 3 万 m^2 に散開している——は，レーダの分解能セルの左隅に位置している．この問題にはデコイ，妨害機，ESM システムは含まれておらず，また，この艦艇とチャフ雲はともにパッシブレーダリフレクタであるので，レーダの実効放射電力，アンテナ利得や使用周波数を指定する必要はない．

11.3.2 チャフによる艦艇防護

チャフの最適配置は，風によってチャフ雲と艦艇の間に最大距離間隔を作り出せる方位で，かつレーダの分解能セル内である．

チャフ雲が分解能セル内に入るまでは，艦艇はレーダの分解能セルの中心に位置する．その後，チャフ雲と艦艇は分離する．艦艇がチャフと離れて航行する間に，チャフは風下方向に漂流する．このシミュレーションは，戦闘間を通じた，ミサイルと艦艇の相対的な位置を決定するものである．

最初に，ゲーム領域における各プレーヤーの初期位置を設定する．艦艇は原点 (0/0) に位置し，チャフ雲は $x = -125m$, $y = -250m$ ($-125/-250$)，またミサイルは ($-6000/1$) にあるとする．チャフは風で漂流するので，その速度ベクトルは方位 225°方向に 2.83m/sec とする．ミサイルの速度ベクトルは，その分解能セル内（図 11.10 に示すように，分解能セルの中心）の見かけ上の目標方向に 250m/sec とする．このレーダは，すべての目標がその分解能セル内にあると見て，分解能セル内全対象物の RCS の和を見かけ上の位置として，自身のセル位置を修正する．

戦闘シナリオ計画に沿って，1秒ごとにスプレッドシートの数式を使用して全プレーヤーの位置と速度ベクトルが計算される．図 11.11 は，各計算ポイン

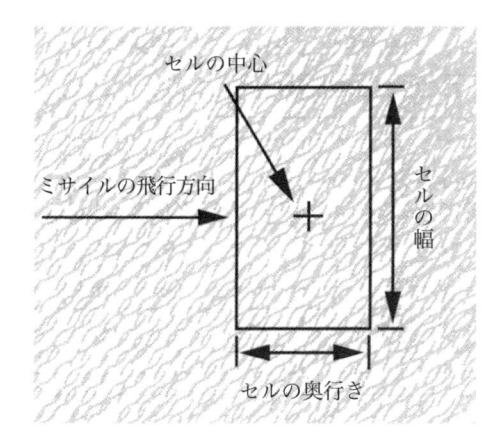

図 11.10 この例では，レーダの分解能セルを単純化し，長方形で描写する．

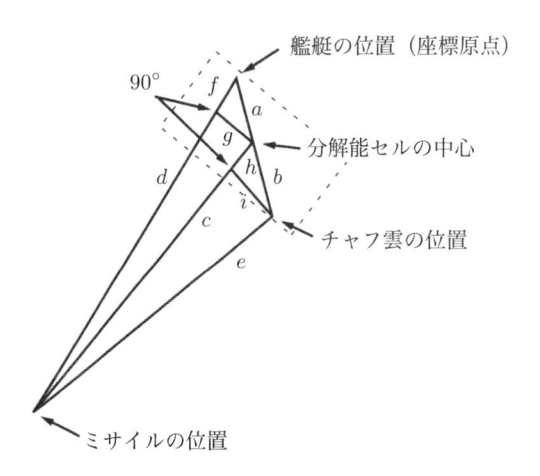

図 11.11 この図を，艦艇および/またはチャフ雲がレーダの分解能セル内にあるかどうかを判定するための数値の計算に使用する．

トにおいて，艦艇および/またはチャフ雲がレーダの分解能セル内に残っているかどうかを判定するための図式である．

図 11.12 は，どう計算を組み立てるかを示すスプレッドシートである．行 2〜16 には，この問題で使用する入力変数が入っている．戦闘における実際の計算は，行 19〜42 で行われる．列 B は戦闘開始時点の条件，列 C は 1 秒経過

278　第11章　シミュレーション

	Column A	Column B	Column C	Column D
1	Initial Conditions			
2	Ship travel (azimuth)	0		
3	Ship speed (m/sec)	12		
4	Missile x value (m)	-6000		
5	Missile y value (m)	1		
6	Missile azimuth (deg)	90		
7	Missile speed (m/sec)	250		
8	Radar frequency (GHz)	6		
9	Radar PW (usec)	1		
10	Radar beam width (deg)	5		
11	Chaff cloud x value	-125		
12	Chaff cloud y value	-250		
13	Chaff cloud RCS	30000		
14	Wind direction (azimuth)	225		
15	Wind speed (m/sec)	2.83		
16	Ship RCS to missile (sm)	100000		
17				
18	Engagement calculations			Formulas
19	Time (sec)	0	1	
20	Missile x value	-6000	-5750	=B20+$B$7*SIN(B24/57.296)
21	Missile y value	1	1.001511188	=B21+$B$7*COS(B24/57.296)
22	Ship in cell? (1=yes)	1	1	=IF(AND(C39<(C33/2),C40<(C32/2)),1,0"
23	Chaff in cell? (1=yes)	1	1	=IF(AND(C41<(C33/2),C42<(C32/2)),1,0"
24	Missile vector azimuth	90	90.59210989	=IF((C27-C20)>0,IF((C28-C21)>0,ATAN((C27-C20)/(C28-C21))*57.296,180+ATAN((C27-C20)/(C28-C21))*57.296),IF((C28-B21)<0,ATAN((C27-C20)/(C28-C21))*57.296+180, 360+ATAN((C27-C20)/(C28-C21))*57.296))"
25	Chaff x value	-125	-127.0010819	=$B$11+$B$15*SIN($B$14/57.296)*C19
26	Chaff y value	-250	-252.0011424	=$B$12+$B$15*COS($B$14/57.296)*C19
27	Center radar cell x value	-96.15384615	-29.30794199	=C25*($B$13*C23/($B$13*C23+C30*C22))
28	Center radar cell y value	-192.3076923	-58.15410979	=C26*($B$13*C23/($B$13*C23+C30*C22))
29	Bow-to-radar angle (deg)	90	90	=ABS(180-B24)
30	Ship RCS (to missile)	100000	100000	=IF(B29<88,10000,IF(B29<92,100000,10000))"
31	Missile-to-ship distance	6000	5750.000087	=SQRT(C20²+C21²)
32	Radar cell width	523	515.3183339	=2*SIN($B$10/(2*57.296))*SQRT((B27-B20)²+(B28-B21)²)
33	Radar cell depth	305	305	=$B$9*305
34	a in **Figure 11.11**		65.12185462	=SQRT(C27²+C28²)
35	b in **Figure 11.11**		282.1947034	=SQRT(C25^2+C26²)-B34
36	c in **Figure 11.11**		5720.997903	=SQRT((C27-C20)^2+(C28-C21)²)
37	d in **Figure 11.11**		5750.000087	=C31
38	e in **Figure 11.11**		5628.687873	=SQRT((C25-C20)²+(C26-C21)²)
39	f in **Figure 11.11**		29.2978125	=(C36²-C34²-C37²)/(-2*C37)
40	g in **Figure 11.11**		58.15921365	=SQRT(C34²-C39²)
41	h in **Figure 11.11**		98.52509165	=(C38²-C36²-C35²)/(-2*C36)
42	i in **Figure 11.11**		264.4364894	=SQRT(C35²-C41²)

図 11.12　戦闘計算用スプレッドシート

後の各プレーヤーの位置を示している．列Cはまた，速度ベクトルを決定し，艦艇あるいはチャフ雲がまだ分解能セル内にあるかどうかを判断する．列Dは列Cに入力されている式を示している．戦闘の最初の1秒だけが示されていることに（ある意味では，多少の警告とともに）注意しよう．ミサイルが艦艇に命中したかどうかを見極めたければ，列Cに式を入力し，列Dを削除し，それに続く多くの列に列Cをコピーしなければならない．この式は，自動的

に関連する正しいセルに，インクリメントする．行31では，ミサイルと艦艇間の距離が計算される．この値が0になれば，艦艇に命中したことになる．ミサイルが艦艇に命中しなければ，ミサイルと艦艇間の距離は，最小値（命中誤差）を通り過ぎ，再び増加する．

　この問題の処理に際して留意すべきことは，ミサイルを艦艇の高RCSを示すアスペクト角外に移動させるように位置を変化させるまでは，艦艇のRCSが戦闘の初期の部分では支配的だということである．行24では逆正接関数で方位を計算している．式の複雑度は，関数の特性によって避けられない．艦艇あるいはチャフ雲がミサイルのレーダの分解能セル内にあるかどうかを判定する計算において，図11.11に示す各値は，任意の実際の角度の計算における煩わしさを避けるために，三角恒等式を用いて導き出されたものである．

　また，ミサイルが艦艇から1秒以内の距離に達したら，ミサイルと艦艇との距離をしっかり読み取れるように，時間分解能を0.1秒に増やしたくなるだろう．

11.4　オペレータインタフェースシミュレーション

　シミュレーションの重要なクラス (class) では，オペレータインタフェースのみを再現する．これは「エミュレーション」と対立するものとして，単に「シミュレーション」と呼ばれることがあり，オペレータインタフェースを駆動するために，ある時点のプロセスにおいて実際の信号の作成が伴う．オペレータインタフェースシミュレーションに含まれるものは，オペレータが見て，聞いて，触るプロセスの一部のみである．背後で起こるすべてのものはオペレータには見えない．したがって，オペレータインタフェースに反映されることのみが重要となる．

　多くの場合，戦闘や装置のある種の相互作用をすべてソフトウェアで模擬することは実用的である．それによって，これを前提とした状況にあれば，オペレータが見て，聞いて，感じることをその時確定しうるのである．さらに，オペレータがどのような行為をして，それらの行為に応じて状況がいかに変化するか，そして，その変化がオペレータにどのように感じられるか，見つけ出す

ことに気づくことも実際的である．オペレータインタフェースシミュレータは概して，適切なオペレータインタフェースを決定するとともに，オペレータにそれらを提示するために，装置および戦闘の一種のデジタルモデルからもたらされる．

オペレータの行為が（適正な忠実度で）リアルタイムに察知され，結果として生じる状況をオペレータが（適正な忠実度で）リアルタイムに体験すれば，そのオペレータは必然的に訓練を経験することになる．

これまで，われわれはよくフライトシミュレータについて話すことがあったが，このことはすべて EW 装置の取り扱いを教えるシミュレーションに同じように当てはまることである．もっとはっきり言えば，フライトシミュレータあるいは他の軍用プラットフォームで模擬されている状況を，EW 器材を運用する訓練に適用することができるかもしれない（今は適用されている）．

11.4.1　最初は訓練用として

オペレータインタフェースシミュレーションの役割は，装置を模擬し，それが自身の機能をいかに果たしているかを評価することではない．まず，このことを理解しよう．このシミュレーションの最大の活用法は，単純な「ノボロジー」（どのつまみで何ができるか）から，極めてストレスの多い状況におけるEW装置の複雑な運用に至る一連の作業をオペレータに教え込み，一人の犠牲者も出さないで実戦的な体験を施すことである．二つ目の活用法は，システムが提供するオペレータインタフェースの妥当性を評価し，オペレータが行うべき仕事を実現するためにシステムの制御機器や表示装置が適正であるかどうかを決定することである．

11.4.2　二つの基本的なアプローチ

オペレータインタフェースシミュレーションには，二つの基本的アプローチがある．その一つは，システムの実際の制御・表示パネルを準備することであるが，図 11.13 に示すのはコンピュータから直接駆動するやり方である．このアプローチには，実際的なオペレータ訓練体験ができるという利点がある．実際のつまみが，ぴったりの大きさと形状で，あるべきところに存在している．

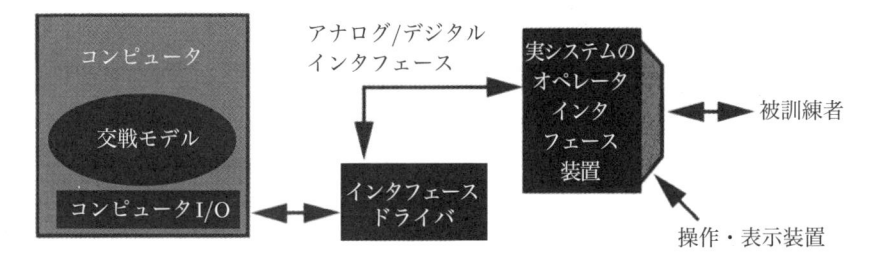

図 11.13　オペレータインタフェースシミュレーションは，実際のシステムの制御・表示パネルを実装し，シミュレーションコンピュータで直接駆動することができる．

ディスプレイのちらつきなどはまさに同じレベルである．このアプローチには問題が三つある．すなわち，第一に，この装置は高額の「ミル規格」のハードウェアかもしれないということで，これは整備する必要があるということ，第二に，一般的にはシステムのハードウェアをコンピュータに接続するのに特別のハードウェアとソフトウェアが必要になること，第三に，ミル規格のハードウェアは高価で，余分な接続装置を作って維持しなければならないことである．これらすべての考慮事項には費用が加わる．

このディスプレイは，ハードウェアが実際に使用されているものなら，それらが持つ形式・フォーマットで表示用信号を入れて駆動される．同様に，オペレータの制御・表示パネルから来る各種信号は，感知され，コンピュータが受け入れるのに最も都合の良い形式に変換される．

第2のアプローチは，運用状態のディスプレイを模擬するために，商用の標準的なコンピュータディスプレイを使用するやり方である．制御機器は商用部品から作成できる．つまり，図 11.14 にあるように，コンピュータ画面上で模擬して，キーボードやマウスによってアクセスすることができる．

図 11.15 に，AN/APR-39A レーダ警報受信機の操縦席の表示をコンピュータ画面上に模擬したものを示す．画面上の各シンボルは，模擬された航空機の移動に応じて動く．このシミュレーションでは，各制御用スイッチも画面上に表示されている．オペレータがマウスでスイッチをクリックすれば，画面上でスイッチ位置が変化するとともに，スイッチ動作に対するシステムの応答が模

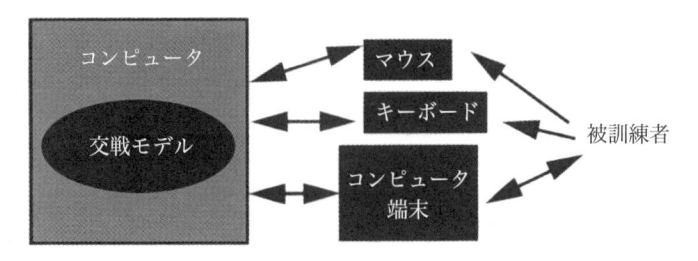

図 11.14 運用されているシステムの操作装置および表示装置は，標準的なコンピュータ周辺機器で代行できる．

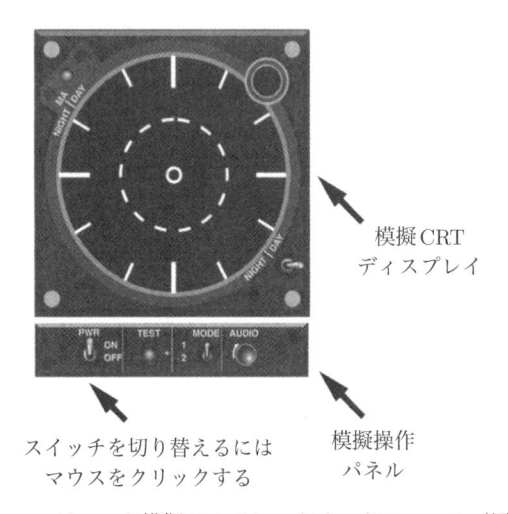

図 11.15 コンピュータ模擬のオペレータインタフェース（原図は I3C Inc. の好意により提供を受けた）

擬される．

　模擬された制御パネルを使用する場合，コンピュータ画面上の制御機器の画像よりはむしろ，制御機器で感知されて，それらの位置をコンピュータに入力することが必要となる．図 11.16 に基本的な技法を示す．スイッチがオンになると，それぞれのスイッチは，デジタルレジスタ内の特定の位置に論理レベル"1"の電圧を供給する．正確な電圧は，使用される論理回路の種類による．このスイッチがオンの場合，その位置のみ交互に接地することがある．アナログ制御（例えば，つまみ）においては，回転式エンコーダが使用される．通常，回

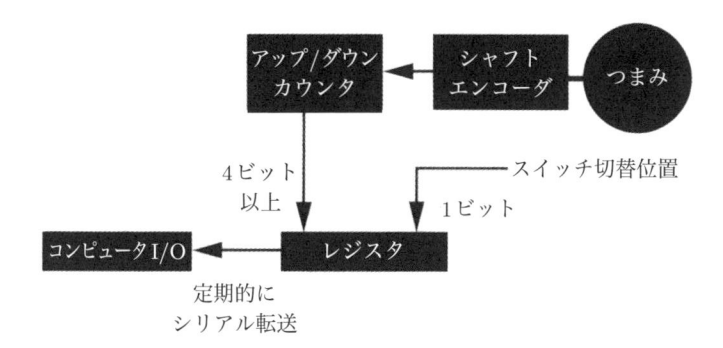

図 11.16 模擬された制御パネルにおいて，コンピュータへ入力するために制御装置の位置をデジタルワードに変換しなければならない．

転式エンコーダは制御機器の動きにつれて 2～3°ごとにパルスを供給し，アップ/ダウンカウンタはそれらのパルスをレジスタ内の適切な位置に入力すべきデジタル制御装置の位置ワードに変換する．

このレジスタは，制御装置の位置を感知するために，コンピュータによって定期的に読み込まれる．われわれの手の動きは低速なので，これは極めて低速の処理である．

11.4.3　忠実度，その他の考慮事項

模擬されたオペレータインタフェースに不可欠な忠実度は，単純な基準によって決定される．オペレータにそれがわからなければ，シミュレーションに加える必要はない．忠実度の構成要素は，制御（操作）応答精度（control-response accuracy），表示精度，および双方のタイミング精度（timing accuracy）である．まず，時間忠実度（time fidelity）を取り上げることにしよう．人間の目は，一つの画像を取り込むのに約 42 msec を必要とする．したがって，ディスプレイが（映画と同じく）毎秒 24 回更新されれば，オペレータは動きを円滑に感じる．オペレータの視力を活用するシミュレーションでは，動きはより迅速でなければならない．周辺視野が速いほど，24 コマ/sec の画像現示による周辺視野のちらつきが気になるだろう．広角のスクリーンで見ることができる映画では，このアプローチなら 24 コマ/sec でよいが，それぞれのフレーム

で2回点滅すると，周辺視野は48コマ/secのちらつき速度に追随できなくなるだろう．

　知覚について考慮すべきもう一つの事項は，明暗パターンの変化（つまり，動き）を感知するほうが，色彩の変化を感知するより迅速であるということである．画像表示におけるこれら二つの要素は，「輝度」（luminance）および「クロミナンス」（chrominance）と呼ばれている．画像圧縮技術では，クロミナンス更新速度の2倍の速さで輝度を更新するのが一般的なやり方である．

　シミュレーションにとって欠かせない時間に関連する考慮事項は，われわれが講じた処置の結果の認識である．手品師は「手は目より速い」と言うが，これは決して真実ではない．最も迅速な手の動き（例えば，ストップウォッチを2回押す）でも，150msecあるいはそれ以上かかる．それを確かめるには，デジタル腕時計でどれだけ短い時間を読み取れるか試してみればよい．どのようなやり方でも，もっと速く視覚変化を捉えることができるはずである．例えば，照明のスイッチを入れるとき，光がすぐ点くことを予期している．現にそれが42msec以内に点く限りでは，実世界での感覚と同じになるだろう（図11.17を参照）．オペレータインタフェースシミュレーションでは，シミュレータは，2進スイッチ動作とつまみを回すようなアナログ制御動作を追跡しなければならない．一方で，つまみを回した結果についてのわれわれの感じ方は，それほど正確なものではなく，つまみの位置の忠実度を常時担保するには，42msec以内に視覚的応答に変換されると考えるほうが，まだ良い習慣と言える．

　位置の精度は，もう少し扱いにくい．われわれ人間は，位置あるいは明度の絶対値を把握することはあまり得意ではないが，「相対的な」位置や明度の判

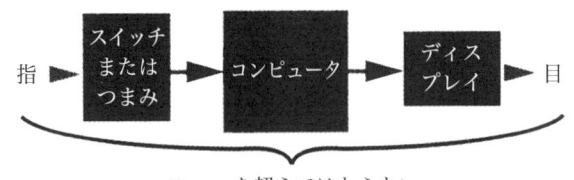

図11.17　理想的な忠実度としては，操作装置の動作からディスプレイ表示までの合計時間が，42msecを超えてはならない．

断は極めて得意である．これは，二つのアイテムが同じ角度あるいは距離にあると思われる場合，それらの角度や距離間の非常に小さな違いを知覚できることを意味している．他方，双方の距離が数度あるいは数％（同時に）離れても，われわれはおそらく気づくことはないだろう．これは，ゲーム領域にインデックスをつける必要性を後押しすることになるが，後ほど扱うことにする．

11.5 オペレータインタフェースシミュレーションの実施上の考慮事項

今さら言うほどのことではないが，オペレータインタフェースシミュレーションにおいて，満足すべき考慮事項がいくつかある．その一つは，他の形式のシミュレーションとEWシミュレーションとの調整である．もう一つは，実際のハードウェアにおける変則的な影響の表示である．3番目は，処理遅延である．最後は，「これで十分」という考え方である．

11.5.1 ゲーム領域

11.2節において，ゲーム領域は，シミュレーションにおいて「プレーヤー」すべてを入れておくのに十分な大きさが必要であると簡単に述べた．明確にするために，EWを組み込んだフライトシミュレータをサポートするモデルにおけるゲーム領域とは何か考えてみよう．

図11.18に示すように，ゲーム領域は地上の箱状の空間である．その高度は，模擬される航空機（あるいは脅威航空機）の最高運用高度である．そのxおよびy軸は，模擬される航空機の任務における飛翔経路全体および模擬される航空機内のシステムによって観察される脅威（空中あるいは地上）のすべてをカバーする．

模擬航空機に搭載されたセンサはどれも，その航空機のゲーム領域と同位置となる．そのx, y, z値はシミュレータの「パイロット」の操縦装置操作によって決定される．脅威のx, y, z値は，モデルによって決定される．

脅威に対するセンサの視野は，それらの瞬間的な相対位置によって決定される．そのときの距離およびアスペクト角は，x, y, z値から計算される．距離お

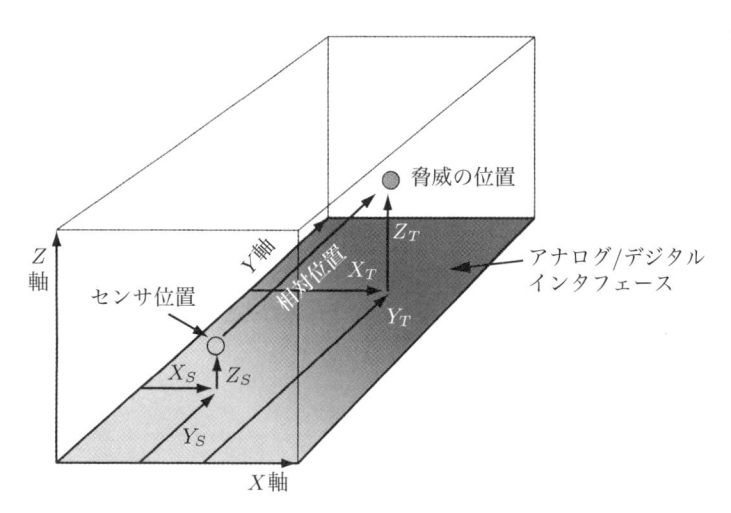

図 11.18 EW ゲーム領域には，すべてのプレーヤーが含まれる．それぞれのプレーヤーは他のプレーヤーを相対的に，かつ自己センサの認知力に従って感知する．

よび角度は順次，シミュレータ内の操縦席ディスプレイ上に表示されるものを決定する．

11.5.2 ゲーム領域の指標付け

通常，フライトシミュレータには，いくつかのゲーム領域が航空機のセンサの形式ごとに一つ存在する．EW のゲーム領域には，すべての EW 脅威が含まれる．レーダの陸塊ゲーム領域（land-mass gaming area）には，地形の形状が含まれる．目視ゲーム領域（visual gaming area）には，パイロットが見るすべてのもの——地形，建造物，他の航空機，脅威の視覚景観など——が含まれる．

フライトシミュレータ内で実際的な訓練を行うためには，各種のコックピット表示によりオペレータに現示される状況に，一貫性（consistency）があることが重要である．コックピットから見える敵機の位置と見かけの大きさは，模擬された航空機およびモデル化された敵機の相対位置および方位によって決定される．図 11.19 に示すように，EW システムのディスプレイ（ここでは，

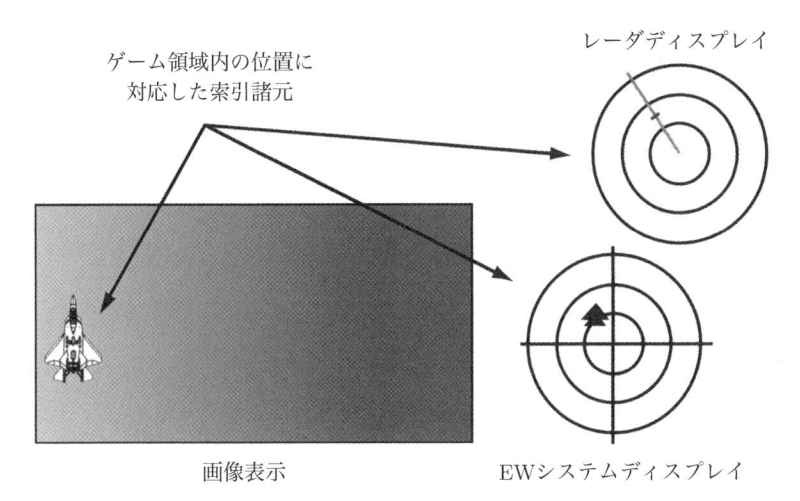

図 11.19 ゲーム領域の指標付けが，各種システム表示の情報および視覚シミュレーションが一貫しているかどうかの精度を決定する．

レーダ警報受信機の画面）には，その距離およびアスペクト角にある敵機の形式に応じて，妥当な画面位置に適切な脅威シンボルを表示しなければならない．同様に，PPI レーダ表示では，それに見合った距離・方位にレーダ反射を表示する．

シミュレータのパイロットに与えられる各種の指示の一貫性を制御するメカニズムは，各種のゲーム領域に対する指標付け（gaming area indexing）を指定することである．例えば，その規格がゲーム領域を 100 フィートごとに指標付けするとすれば，

- レーダおよび画面表示では，100 フィート以内にあるあらゆる位置を同一標高として表示する必要がある．
- シミュレーション内の模擬航空機および他のすべての「プレーヤー」の位置は，他の全ゲーム領域内の等価な位置と一致して 100 フィート内にある必要がある．
- 見通し線（LOS）判定および表示データに生じる変化は，100 フィート内にあるべきである．

11.5.3 ハードウェアの異常

シミュレーションの原則の一つは，シミュレーションの設計はシミュレーションポイントの「上流」で起こるすべての事象に関与するということである．図 11.20 のシミュレータでは，「シミュレーションポイント」でその入力を供給するようにしている．つまり，シミュレーションポイントの右側の装置とプロセスに作用するように，シミュレーションポイントの左側の装置および/またはプロセスをすべて模擬することになる．シミュレーションポイントの右側にあるハードウェアとプロセスにふさわしくないものは何でも，それらが実際の入力に与えるものと同様の影響を模擬された入力にも与えることになる．しかしながら，（模擬されているので，実際には存在しない）左側のプロセスにおける異常は，それらがシミュレーションに含まれない限り現れることはない．

すべての模擬されたハードウェアとソフトウェアが宣伝どおりに働くことを前提に，シミュレーションに相応の操作を組み込むことは容易である．残念ながら，装置が実際に適合するといってもたまに「独創的な」ものになることがある．オペレータインタフェースシミュレータは，ハードウェアのほとんどもしくはすべてを模擬するので，一般にすべての装置異常に関与することになる．

図 11.21 は，実際の EW システムのハードウェア異常の例を示している．ある初期のデジタル RWR には，「ビン」（固定記憶場所）に脅威データを集めたシステムプロセッサがあった．このシステムは，それぞれ活動中の位置から最新の脅威データ（航空機と相対的な距離および到来角）を収集して，古いデータが「時間切れ」で廃棄されるまでの一定時間，それぞれ傍受内容を蓄積しよ

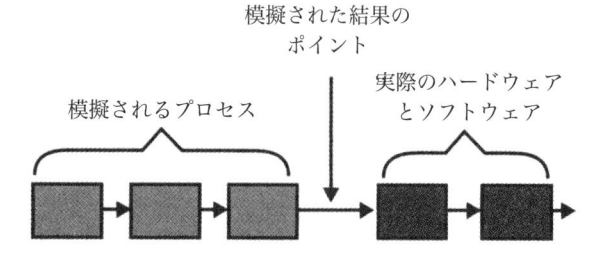

図 11.20 このシミュレータは，シミュレーションポイントの上流のすべてに関与する．

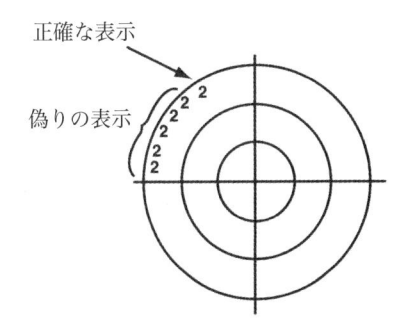

図 11.21 初期のデジタル RWR では，航空機が高加速度旋回中に，いくつもの偽りの脅威表示を示していた．

うとするものであった．データ保存のタイミングは，古いビンが時間切れになるまでに，航空機が，新しいビンを参照するため起動させるのに十分な速度であった．したがって，一つの SA-2 ミサイル基地が，ある程度可動状態にあるような基地がいくつか存在するかのように，さまざまな角度で見えることになる．本図の状況は，強力な SA-2 の信号を受信しながらが左へ高加速度旋回して得た実際の距離データを表す．

そのシステムは訓練用シミュレータで模擬され，このハードウェアの異常 (hardware anomaly) が再生されないものであったなら，シミュレータと対戦する学生の訓練は，正しいシンボルのみを期待するように訓練されることになったであろう．これは「ネガティブトレーニング」(negative training) と呼ばれ，可能な限り避けるべきものである．

11.5.4　処理遅延

オペレータインタフェースシミュレータ設計において考慮すべき代表的なハードウェアおよびソフトウェアの問題は，処理遅延である．遅延とは，ある処理が完了するのに要する時間である．特に，低速なコンピュータを使った旧式のシステムでは，オペレータの目の 24 コマ/sec の更新速度に比較して，相当な処理遅延が起きうる．その一例として，航空機が高速ロール状態にあるとき，シンボルが不適切に置かれる事態を招きうることが挙げられる．

ある戦術状況に起因して人為的にデータを作成するために，シミュレータに

必要となる処理は，実世界でシステムが行うべき仕事をするのに必要な処理より，多かれ少なかれ複雑である．さらに，シミュレーション用コンピュータは，実際のコンピュータより処理速度が速いものも遅いものもある．シミュレータ内の処理遅延が（程度によらず）ネガティブトレーニングを生み出さないことを保証することが重要である．

11.5.5 実現にあたってさらに考慮すべき事項

これまで，人間が知覚できるという観点からシミュレーションに求められる忠実度について議論してきたが，そのことが必ずしも正解とは限らない．忠実度は多くの場合，シミュレータの中では相当の原価作用要因（cost driver）であり，訓練現場に必要以上の忠実度を求めることは金の浪費である．現実の議論の核心は「訓練生が訓練によって能力を獲得するためにシミュレーションが果たすべきことを，いかにうまく設計に盛り込むか」である．好例は，画像表示におけるグラフィックスの質である．敵機が「ずんぐりして」見えても，適切に動けば，訓練は効果的なのである．これらの意見は，訓練のためのシミュレーションに特化したものである点に注意すべきであること，つまり，装置を試験・評価するためのシミュレーションについて議論する場合には，別の基準が適用されるということである．

11.6　エミュレーション

エミュレーションでは，受信用のシステム，あるいはそのシステムのある部分が受け取るべき実信号の作成が必要となる．エミュレーションは，システム（またはサブシステム）の試験，あるいは，その装置の操作についてオペレータを訓練するものである．

脅威電波の放射を模倣するには，送信信号の要素をすべて理解し，送信，受信，処理の各段階においてその信号がどうなるかを理解することが必要である．次に，信号は経路のある特定の段階で実際の信号のように見えることを目的に作られている．その信号は生成され，所要のポイントでそのプロセスに注入される．その必要条件は，注入点より下流にあるすべての装置に対し，ある操作状態における実信号に見えるように「思わせる」ことである．

11.6.1 エミュレーションの作成

図 11.22 に示すように，エミュレーションは，他のあらゆる形式のシミュレーションと同様に，模擬されるべきモデルで始まる．もちろん，最初に脅威信号の特性がモデル化されなければならない．次に，EW システムがそれらの脅威を経験する方法をモデル化する．この交戦モデルでは，システムがどの脅威を見るのか，システムが見るであろう各脅威の距離と到来角を決定する．最後に，EW システムのある種のモデルがなければならない．注入された信号は，注入点の上流にあるシステムのすべての部分における影響を模擬するように修正されるので，このシステムのモデル（あるいは，少なくとも部分系モデル（partial system model））が存在しなければならない．この上流部分も下流部分の動作に影響されることがある．この例としては，自動利得制御や予測されるオペレータの操作が挙げられる．

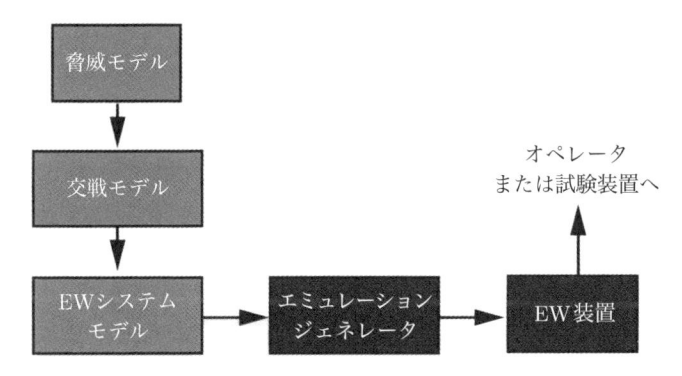

図 11.22 エミュレーションでは，脅威，戦闘，および信号が注入される装置のモデルに基づいた注入信号を作成する．

11.6.2 エミュレーション注入点

図 11.23 に，脅威信号の送信・受信・処理経路，また，模倣された信号を注入できる点の全体的な略図を示す．また，表 11.2 に，各注入点の選択によって必要となるシミュレーションタスクを要約する．以下では，関連するアプリケーションおよび密接な関係について議論を展開する．

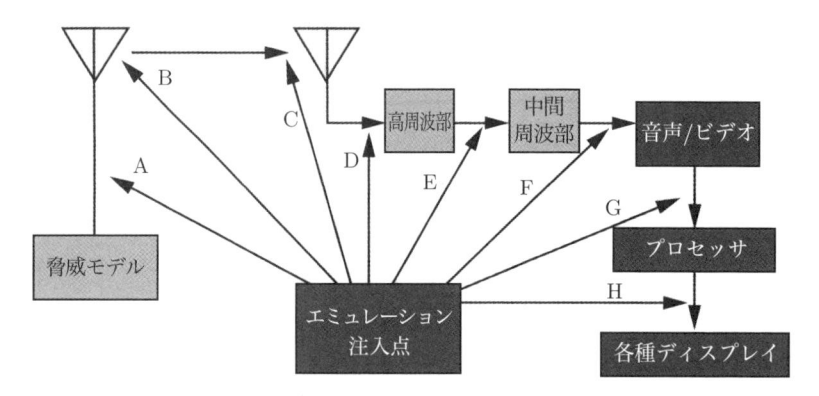

図 11.23 脅威信号のエミュレーションは，送信・受信・処理経路のさまざまなポイントに注入することができる．

表 11.2 エミュレーション注入点

注入点	注入技法	経路内で模擬される部分
A	全機能脅威シミュレータ	脅威信号の変調および運用モード
B	ブロードキャストシミュレータ	脅威信号の変調およびアンテナスキャン
C	受信信号エネルギーシミュレータ	送信信号，送信波伝搬損失，到来電波入射角の影響
D	RF信号シミュレータ	到来電波入射角等，送信信号，伝搬損失，受信アンテナの影響
E	IF信号シミュレータ	送信信号，伝搬損失，受信アンテナ，RF機器の影響
F	オーディオまたはビデオ入力シミュレータ	送信信号，伝搬損失，受信アンテナとRF機器の影響，IFフィルタの選定による影響
G	オーディオまたはビデオ出力シミュレータ	送信信号，伝搬損失，受信アンテナとRF機器の影響，IFフィルタと復調技術の選定による影響
H	表示信号シミュレータ	送信・受信・処理経路全般

11.6 エミュレーション

◻ 注入点 A：全機能脅威シミュレータ（full capability threat simulator）

実際の脅威がなしうるすべてのことをたいてい実現できる個々の脅威シミュレータを作成する．これは一般的に，実際の脅威の運動性を模擬できる空母に搭載される．脅威電波源のような実際のアンテナを使用するので，アンテナの走査は極めて実際的なものとなり，多様な受信機がそれぞれ別の時間と応分の距離で走査ビームを受信することが可能である．全受信システムがその任務を果たすものと見られる．ただ，この技法は単に一つの脅威のみを作成するものであり，極めて高価になることが多い．

◻ 注入点 B：ブロードキャストシミュレータ（broadcast simulator）

試験される受信機へ向けて信号を直接送り込む．送信される信号には，脅威アンテナの走査のシミュレーションが含まれる．この種のシミュレーションにおける一つの利点は，単一のシミュレータで複数の信号を送信できる点である．指向性アンテナ（相当な利得を持つ）を用いれば，シミュレーション送信が比較的低出力で可能になるとともに，アンテナの狭ビーム幅によって，他の受信機への干渉を低減することができる．

◻ 注入点 C：受信信号エネルギーシミュレータ
（received signal energy simulator）

この技法は，受信するアンテナに信号を直接送信するもので，通常は，選択されたアンテナに対する送信を制限するアイソレーションキャップを用いる．この注入点の利点は，受信システム全体が試験されることである．多数のアンテナからの調整された送信は，例えば方探アレイなど，多数のアンテナアレイの試験に使用することができる．

◻ 注入点 D：RF 信号シミュレータ（RF signal simulator）

受信用アンテナの出力から来るように見える信号を注入する．アンテナからの信号としては，送信周波数および応分の信号強度によるものがある．信号の振幅は，アンテナ利得の変動を模擬するため，到来電波入射角に応じて修正される．多重アンテナシステムにおいては，調整された RF 信号が通常それぞれの RF ポートに注入され，方探運用におけるアンテナの共同作用を模擬する．

❐ 注入点 E：IF 信号シミュレータ（IF signal simulator）

中間周波数（IF）段でシステムに信号を入力する．これは，送信周波数の全帯域を作成するシンセサイザを必要としないという利点を持つ（もちろん，システムはすべての RF 入力を IF に変換する）．しかしながら，このシミュレータは，（それが存在する場合）システムの RF 前段が脅威信号周波数に同調されているときにのみ IF 信号を入力できるように，EW システムからの同調制御を感知しなければならない．IF 注入信号には，任意の変調形式を加えることができる．IF 入力位置における信号のダイナミックレンジは，RF 回路が処理すべきダイナミックレンジによって縮小されることがよくある．

❐ 注入点 F：オーディオまたはビデオ入力シミュレータ
　　（audio-or video-input simulator）

この技法は，IF とオーディオまたはビデオ回路間の接続に対して，ある種の飛び抜けた高度な知識がある場合にのみ使用される．一般的には，この注入点ではなく，E または G の注入点を選択するほうがよい．

❐ 注入点 G：オーディオまたはビデオ出力シミュレータ
　　（audio-or video-output simulator）

このごく普通の技法は，オーディオまたはビデオ信号をプロセッサに注入する．入力される信号は，特にデジタル駆動のディスプレイを有するシステムで，プロセッサまたはオペレータによって起動されるあらゆる上流の制御機能の影響など，上流経路の要素による影響のすべてを受けるものであり，この技法により，最小の費用で優れた現実性を提供できる．これはさらに，最小限のシミュレーションの複雑さと費用で，システム/ソフトウェアの点検を可能にする．これは，システムのアンテナにおける多数の信号の存在を模擬することが可能である．

❐ 注入点 H：表示信号シミュレータ（display signal simulator）

これは，オペレータに表示する実際のハードウェアに信号を注入するという点で，これまで述べてきたオペレータインタフェースとは異なるものであり，アナログディスプレイ用ハードウェアが使用される場合に限って妥当である．これによって，ディスプレイ用ハードウェア，およびオペレータによる（おそらく高性能の）ハードウェアの操作の双方を試験することができる．

11.6.3　各注入点の一般的トレードオフ

　一般に，信号が注入される過程が前方に位置するほど，EW システム運用におけるシミュレーションはより現実的なものとなる．模擬された信号に照らして正確に表現されるべき受信装置に異常がある場合は，注意しなければならない．一般に，より下流側の処理に注入されるほど，シミュレーションの複雑性と費用は小さくなる．また，送信されるエミュレーション信号は，「秘区分なし」の信号に限定すべきであり，そのため，実際の敵の各種変調方式および周波数が使用されることはない．しかしながら，EW システムにケーブル経由で信号を入力する技法では，最も現実に可能性のあるソフトウェアの試験およびオペレータの訓練において実信号特性を使用することができる．

11.7　アンテナのエミュレーション

　1 台の受信機に信号を入力するエミュレーションシミュレータでは，受信アンテナに起因する信号特性を作成する必要がある．

11.7.1　アンテナ特性

　アンテナは，利得と指向性の双方によって特徴付けられる．受信アンテナが電波源方向に指向された場合，電波源から受信される信号は，アンテナ利得によって増加し，アンテナの形式と寸法，また周波数にもよるが，概ね -20〜$+55$dB の間で変化する．アンテナの指向性は，その利得パターンによって規定される．利得パターンは，ボアサイトと信号の到来方向 (DOA) がなす角度の関数として（一般的には，そのボアサイトの利得に対する）アンテナの利得を示す．

11.7.2　アンテナ機能のシミュレーション

　アンテナシミュレータでは，ボアサイトの利得（主ビームピーク利得ともいう）は，RF 信号を作成する信号発生器からの電力を増加（または減少）させることによって模擬される．DOA の模擬は若干複雑になる．

図11.24に示すように，それぞれの「受信」信号のDOAは，シミュレータにプログラムされなければならない．一部のエミュレータシステムでは，1台のRF発生器で発射時間が異なる数個の電波源を模擬することが可能である．通常これらの信号はパルス化されるが，任意の低デューティサイクル信号とすることができる．この場合，アンテナシミュレータが模擬しているのはどの電波源かを（その信号用のパラメータを設定するのに十分な所要時間で）伝えなければならない．アンテナ制御機能はすべてのシステムにあるわけではないが，その機能がある場合は通常，単一のアンテナを回転させるかアンテナを選択する．

（全対象方位にほぼ一定の利得を持つものとは対照的に）指向性アンテナでは，信号発生器からの信号は，アンテナのボアサイトから模擬された信号のDOAまでの角度の関数に応じて減衰される．アンテナの方向は，アンテナ制御機能の出力を読むことによって決定される．

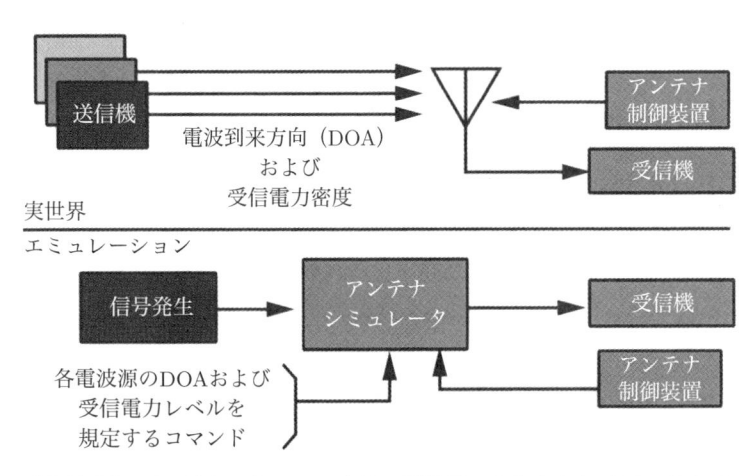

図 11.24　アンテナシミュレータは，受信機への入力としてアンテナで受信されるすべての電波源からの合成信号を含めて供給する必要がある．

11.7.3　パラボラアンテナの例

図11.25に，パラボラアンテナの利得パターンを示す．アンテナが最大利得を有する方向は，ボアサイトと呼ばれる．電波源のDOAがこの角度から離れるに従い，（その信号に振り向けられた）アンテナ利得は急激に減少する．こ

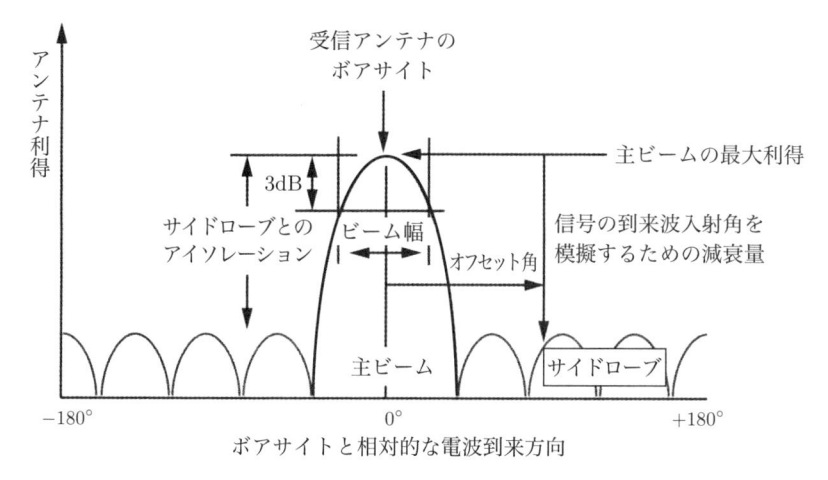

図 11.25 標準的なアンテナシミュレータでは，信号の到来方向は，到来電波入射角でのアンテナ利得を調整することにより模擬される．

の利得パターンは主ビームの端でヌルとなり，次にサイドローブを形成する．ここで示したパターンは，1次元のもの（例えば方位）である．また，直交方向（ここでは仰角）パターンもある．この利得パターンは，電波暗室でアンテナを回転させることによって測定される．測定されたパターンはデジタルファイル（利得対角度）で格納され，希望の到来電波入射角を模擬するのに必要な減衰量の決定に使用される．

実アンテナのサイドローブは振幅が一様ではないが，アンテナシミュレータのサイドローブは多くの場合一定である．それらの振幅は，模擬されたアンテナで規定されるサイドローブアイソレーションに等しい分だけ，ボアサイトのレベルより低い．

回転するパラボラアンテナを用いる受信システムを試験するためのシミュレーションであれば，それぞれの模擬された目標信号は，アンテナのボアサイト利得を含んだ信号強度で（信号発生器から）シミュレータに入力されることになる．その後，アンテナ制御部が（手動または自動で）アンテナを回転させるのに合わせて，アンテナシミュレータによって追加の減衰が加えられる．この減衰量は，オフセット角で受信されたアンテナ利得を模擬するのに適切である．このオフセット角は，図 11.26 で示すように計算される．

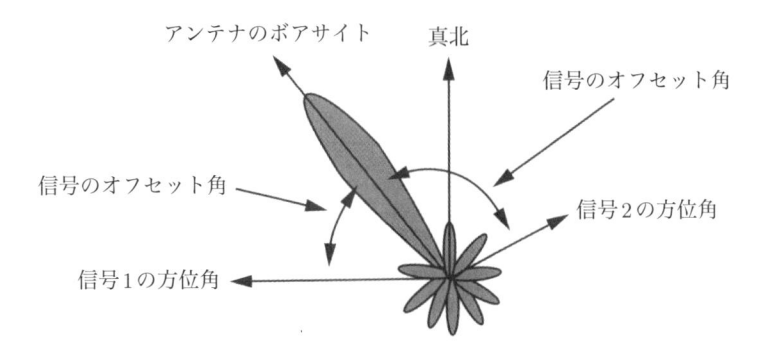

図 11.26　模擬されたそれぞれの脅威信号は，方位が指定され，それに応じてオフセット角が計算される．

11.7.4　RWR アンテナの例

通常使用されているレーダ警報受信機（RWR）のアンテナは，ピーク利得がボアサイトにあり，周波数によってかなり変化する．しかしながら，これらのアンテナは最適な利得パターンになるように設計されている．それらの周波数範囲内のどの運用周波数でも，利得傾斜は図 11.27 に示す傾斜に近いものとなる．すなわち，この利得はボアサイトから 90° までの角度の関数となり，一定量（dB 換算で）で減少する．90° を超えると利得はごくわずかになる（つまり，アンテナからの信号は，90° を超える角度における処理では無視

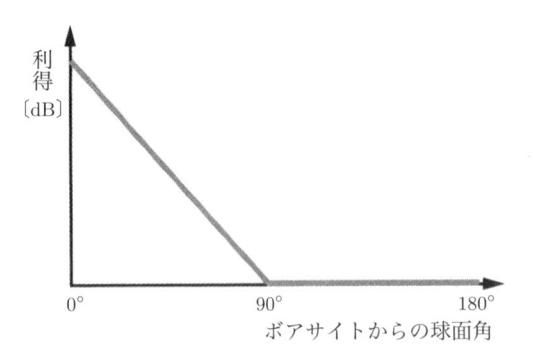

図 11.27　代表的な RWR アンテナの利得パターンは，ボアサイトからの角度，すなわち実際の球面角当たり一定の dB 値で減少する．

される).

　この面倒な部分は，アンテナ利得パターンがボアサイトの周りで円錐形に対称性を持つということである．これは，図 11.28 に示すように，アンテナシミュレータはアンテナのボアサイトと各信号の DOA との間の球面角に比例して減衰を作り出さなければならないことを意味する．

　これらのアンテナは，一般的に航空機の機首の 45° から 135° 方向で，ヨー平面から数度の俯角を与えて搭載される．これに加え，戦術用航空機は一定針路で飛ぶことはあまりないという現実から，あらゆる（球面）到着角からの脅威による攻撃を受けやすくなる．

　一般的なオフセット角の計算法では，まず，航空機の位置での脅威の到来電波入射角の方位および仰（俯）角成分を計算するために，個々のアンテナと電波源方向のベクトル間の球面角をそれぞれ計算するために，球面三角形を組み立てる．

　標準的な RWR シミュレータアプリケーションでは，機上のそれぞれのアンテナ（4 本以上）に一つの出力ポートがある．各脅威から単一のアンテナのボアサイトへの球面角が，各アンテナの出力と減衰量を適宜設定するために計算される．

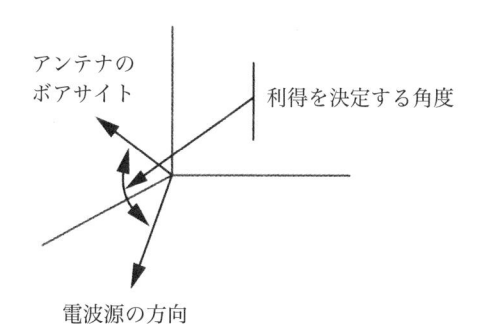

図 11.28　アンテナのボアサイトと信号の到来方向との間の実際の角度は，送信機と受信機の相対位置，およびそのアンテナが搭載されているビークルの幾何学的位置によって決まる．

11.7.5 その他の複数アンテナシミュレータ

2本のアンテナに到来する信号間の位相差を測定する方探システム（インターフェロメータ）には，極めて複雑な，あるいは極めて簡単なシミュレータが必要とされる．位相測定（時には，電気角の一部の測定）は極めて精密になるので，連続的に変化する位相関係を提供することは非常に手間がかかる．このため，多くのシステムは，単一のDOAについて正確な位相関係を作り出すために適切な長さ関係を有するケーブル一式を使用して，試験される．

11.8 受信機のエミュレーション

前節では，アンテナのエミュレーションについて検討した．アンテナエミュレータは，受信機がある特定の運用状況にあるかのように受信機に入力する信号を作成する．本節ではその受信機を模倣する方法について考える．

図11.29に示すように，RF発生器は，受信機の位置に送信された信号が到着するように振る舞う信号を作成することができる．アンテナエミュレータは，信号強度を調整して受信アンテナの動作を表す．その後，この受信機エミュレータは，オペレータの制御機器の動作を決定し，受信機があたかもそのように制御されたかのように適切な出力信号を作成する．

一般的には単なる受信機の機能を模擬することは有用ではなく，受信機出力の上流で起きるすべての事象を描写するシミュレータ（エミュレータ）の中に受信機の機能を盛り込むことが有用である．そのような一体化したエミュレー

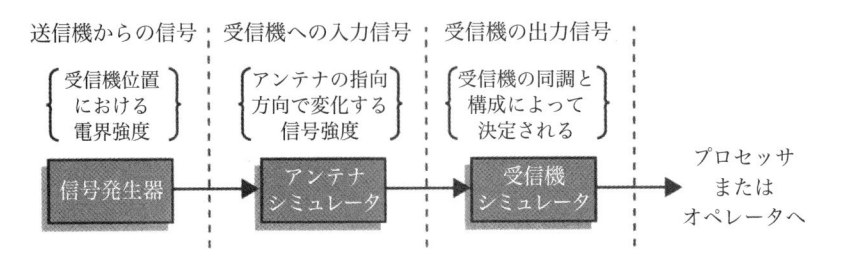

図11.29 受信信号のシミュレーションは，傍受位置関係，受信アンテナの位置，および受信機の構成という検討事項に区分できる．

タには，一般的には，（デジタル入力を通して）受信信号の諸元およびオペレータ制御装置の動作の変数が伝えられる．その情報を受けて，エミュレータは適切な出力信号を作成する．

11.8.1 受信機の機能

本節の目的は，受信機を描写するエミュレーションの一部について考えることである．まず，受信機設計の方法とは別に受信機の機能について考えてみよう．最も基本的なことは，受信機とは，アンテナの出力部に到達する信号の変調を再生する装置であるという点である．変調を再生するために，受信機は信号の周波数に同調しなければならず，その信号の変調形式に適合する弁別器を持たなければならない．

受信機エミュレータは，受信機入力部に到達する信号のパラメータの値を受け入れ，オペレータが設定する制御装置の状態を読み取る．その後，特定の信号（複数可）が存在し，オペレータがそれらの制御装置の操作を行えば，受信機は存在する出力を与える出力信号を作成する．

11.8.2 受信機における信号の流れ

図 11.30 は，一般的な受信機の基本機能を示したブロック図である．これは，任意の周波数範囲で，任意の信号形式において動作しうる．

この受信機は，比較的広い通過帯域を持つ同調済みのプリセレクションフィ

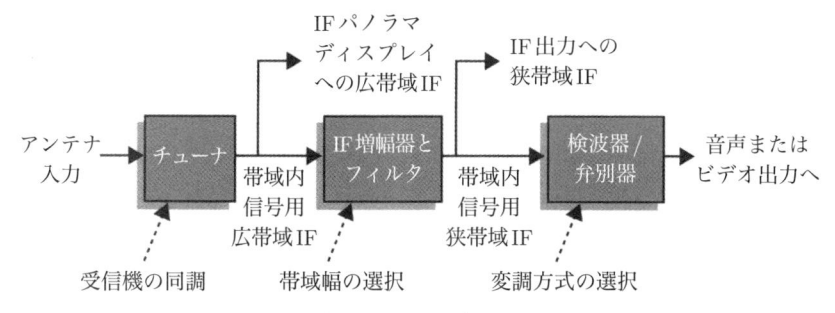

図 11.30 この代表的な受信機の図は，使用周波数および設計の詳細に関係なく，基本的受信機能のみを示している．

ルタを組み込んだチューナを持つ．チューナの出力は，中間周波数（IF）のパノラマ（pan）ディスプレイ（IF panoramic (pan) display）に出力される広帯域中間周波数（wide-band, intermediate-frequency; WBIF）信号である．このIF パノラマディスプレイは，プリセレクタの通過帯域内の全信号を表示する．通常このプリセレクタの帯域は数 MHz であり，WBIF は一般にいくつかの標準 IF 周波数（受信機の周波数範囲によって，455kHz，10.7kHz，21.4MHz，60MHz，140MHz，または 160MHz）の一つに中心を置く．チューナが受信した信号は，すべて WBIF 出力内に存在する．受信機が信号の全域で同調するとして，IF パノラマディスプレイは，その信号がチューナの通過帯域を逆方向に通過することを表示する．WBIF 帯域の中心は受信機が同調する周波数を表し，この出力内の信号は，受信信号強度に応じて変化する．

　WBIF 信号は，IF 周波数の中心に位置するいくつかの選択可能な帯域フィルタを含む（この受信機内の）IF 増幅器に渡される．ここで想定した受信機はおそらく，方探あるいは事前探知記録機能を駆動するための狭帯域中間周波数（narrow-band, intermediate-frequency; NBIF）出力を持っている．NBIF 信号は，選択された帯域幅を有する．NBIF 信号の信号強度は，受信信号強度の関数である．しかし，IF 増幅器が対数応答を持っていたり，自動利得制御（AGC）を含んでいたりする可能性があり，その関係は線形ではないこともある．

　NBIF 信号は，オペレータ（あるいはコンピュータ）が選択した，いくつかの弁別器のうちの 1 台に渡される．復調される信号はオーディオまたはビデオである．その振幅および周波数は，受信信号強度には依存せず，むしろ送信機が受信信号に加えた変調パラメータによって決まる．

11.8.3　エミュレータ

　図 11.31 に，前項の受信機の条件を満たせるであろうエミュレータの一つを示す．このエミュレータが処理ハードウェアの一部の試験に使用されるのであれば，受信機の異常を模擬することがおそらく欠かせないだろう．しかしながら，その目的がオペレータの訓練にあるのであれば，受信機が正しく調整されていないか，あるいは間違った弁別が選択されている場合，単にその出力を止めることでおそらく十分である．

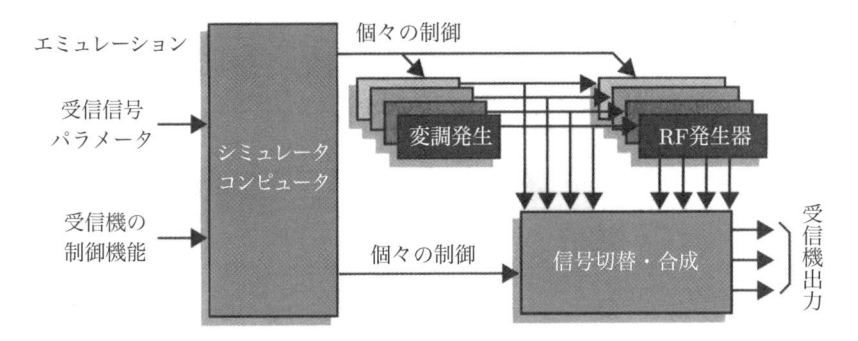

図 11.31 受信機シミュレータでは，受信機の同調およびモード指令が模擬されている受信信号にふさわしい場合に受信機に出力される信号を供給する必要がある．

図 11.32 に，訓練用の受信機エミュレータ用のシミュレータ論理における周波数および変調部を示す．模擬された信号の周波数を SF，受信機の同調周波数（つまり，シミュレータに入力する同調指令）を RTF と呼ぶことにしよう．

WBIF の出力で表示される信号については，SF と RTF との間の絶対差が WBIF 帯域幅の半分未満でなければならない．その出力周波数は次のとおりである．

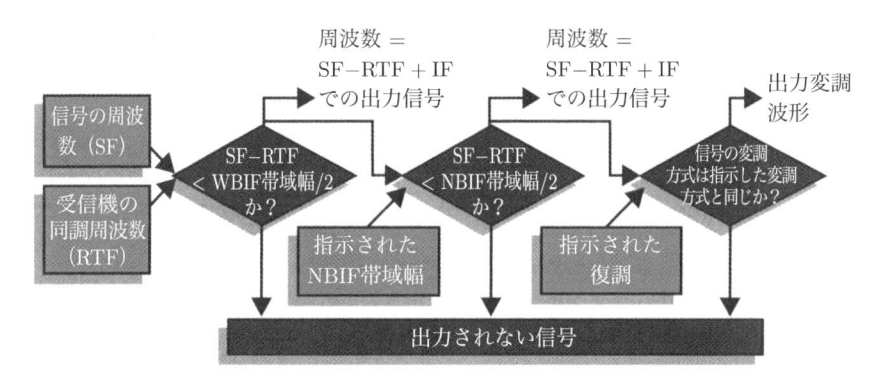

周波数 $= \mathrm{SF} - \mathrm{RTF} + \mathrm{IF}$

図 11.32 この受信機エミュレータの論理では，オペレータあるいは制御コンピュータからの入力を制御する受信機の機能として，出力信号を決定する．

IFはWBIF中心周波数である．これは，IFパノラマディスプレイを通過して，同調と反対方向に移動させるための信号を発生させるものである．この信号は，そこで固有の変調方式でなければならないことに注意しよう．

SFとRTFとの絶対差が，選択されたNBIF帯域幅の半分未満であれば，その信号はNBIF出力中に存在することになる．その周波数はWBIF出力で使用されたものと同じ式によって決定されるが，ここでいうIFとはNBIFの中心周波数のことである．

これは訓練用シミュレータであるので，その論理には，受信信号の変調とオペレータが選択した復調器とが一致することだけが必要となる．

11.8.4 信号強度のエミュレーション

受信機に入力される信号強度は，信号の実効放射電力，およびその電波到来方向のアンテナ利得に基づいて決まる．図11.33に示すように，各IF出力における信号強度は，純利得伝達関数（net-gain transfer function）に依存する．この受信機では，同調器を経由する利得と損失は線形であることから，WBIF出力レベルは受信信号強度と線形関係にある．IF増幅器が対数伝達関数（log transfer function）を持つので，NBIF出力は受信信号強度の対数に比例する．

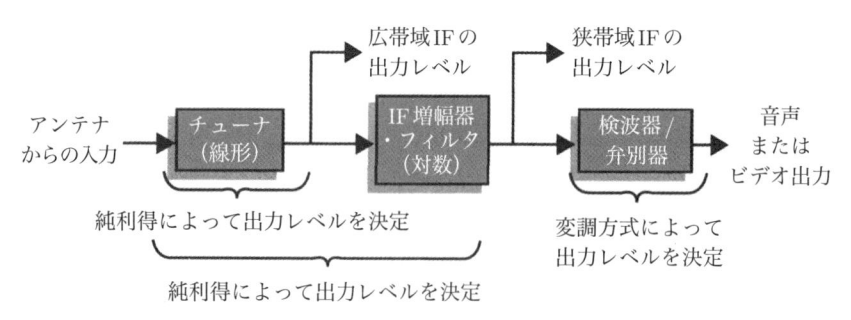

図11.33 IF出力レベルは，受信機入力から信号出力までの純利得によって決まる．変調レベルはオーディオあるいはビデオ出力レベルを決定する．

11.8.5 プロセッサのエミュレーション

一般に，最新のプロセッサは，IFまたはビデオ出力および受信信号についての装置情報（電波到来方向信号の変調方式など）を受け取る．ほとんどの場合，この情報はコンピュータで作成した音声あるいは可視表示として，オペレータに現示される．したがって，処理のエミュレーションにあたっては，シミュレーションが受信すべき特定の信号を必要とする場合に限って，適切な表示の作成が必要となる．

11.9 脅威のエミュレーション

11.7節および11.8節では，受信機ハードウェアのエミュレーションについて検討した．ここでは，模倣される信号について述べる．

11.9.1 脅威のエミュレーション形式

エミュレーションを導入した受信システムにおける注入点にもよるが，この信号は，それらが変調されたIF信号によるオーディオあるいはビデオ変調で表すことができる．以下では，模倣された両方の信号形式の性質と，それらの作成法について考察する．

11.9.2 パルスレーダの信号

現代のレーダでは，（パルスを変調するか無変調による）パルス化，連続波（CW），あるいは，連続的に変調を行うことが可能である．まず，パルス信号について検討する．図11.34に示すように，脅威環境下にある信号には，それぞれ特有のパルス列がある．この図は，固定パルス繰り返し間隔（PRI）を持つ二つの信号を含む，極めて単純な環境を示しており，それらの区別を容易にするために，パルス幅と振幅を変えている．双方の信号を受け入れるのに十分な帯域幅を持つ受信機への模倣信号入力は，図に示すように，交互配置されたパルス列となっている．広帯域受信機にふさわしい実際の環境には，総パルス密度が秒当たり何百万パルスにも及ぶさまざまな信号が含まれる．

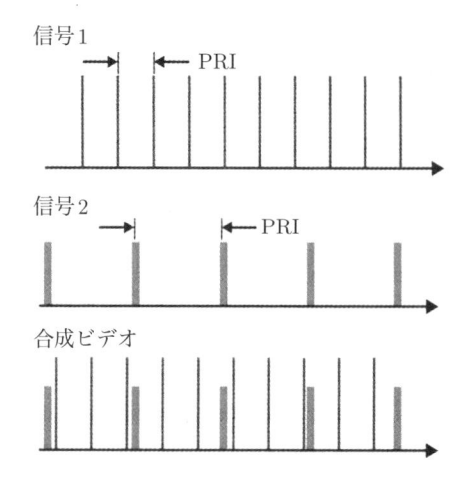

図 11.34 信号環境のビデオのエミュレーションには，受信機の帯域幅に入る信号のすべてのパルスが含まれる．

次に考慮すべき事項は，受信機で観測されるレーダアンテナの走査特性である．図 11.35 に示すように，パラボラアンテナは，大きな主ビームとそれより小さいサイドローブを持っている．アンテナの掃引が受信機の位置を通過する際，脅威アンテナは図の下部に示すような時間的に変化する信号強度パターンをもたらす．主ビームの受信間の経過時間が，脅威アンテナの走査時間である．脅威アンテナの走査の形式は多数あり，それぞれが異なる受信電力対時間パターンをもたらす．次節では，いくつかの代表的な走査方式，および受信機を模倣する方法について考察する．

この走査パターンを持つ信号のパルスを図 11.36 に示す．このパルス列 A は，走査パターン B に合わせるため，電力を C のように調整している．その下の D では，この走査中のレーダ信号を表すように図 11.34 のパルス列の一つを修正している．この合成パルス列は，プロセッサがそれに遭遇するであろう信号環境を模倣するため，ある EW システムのプロセッサに入力しうるものである．

その環境を受信機に入力するためには，適切な周波数で RF パルスを作成する必要がある．図 11.37 に，（この場合もやはり極めて単純な環境において）これら二つの信号が模倣されている間ずっと存在すべき RF 周波数を示す．信号

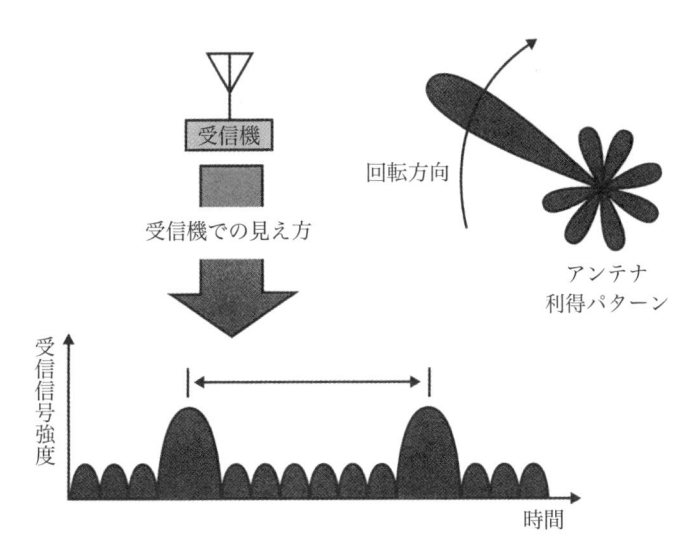

図 11.35 走査中の脅威アンテナの利得パターンは，受信機では信号の振幅が時間とともに変化するように見える．

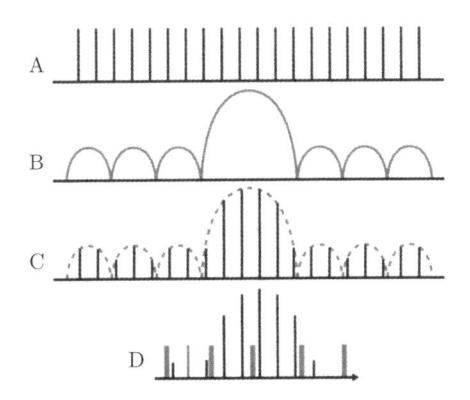

図 11.36 走査中のレーダからのパルス信号は，アンテナが走査するたびに受信方向のアンテナ利得の変化を反映するため，パルス間で振幅が変動する．

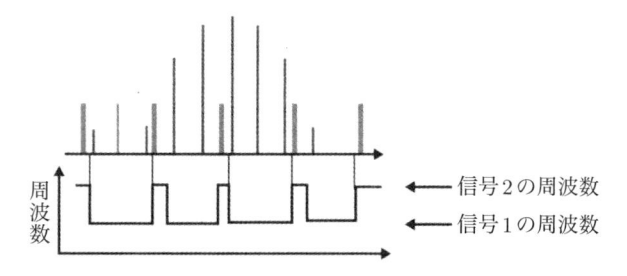

図 11.37 パルス信号の RF エミュレーションにおいては，それぞれのパルスごとに，それに相当する信号の正確な RF 周波数が必要となる．

1 の周波数は信号 1 パルスの間，また信号 2 の周波数は自身のパルスの間，常に存在していることに注意しよう．パルスがまったく存在しない場合，送信はパルス間でのみ起きることから，その周波数は無意味となる．

IF 信号の正確なエミュレーションのためには，図 11.37 の二つの信号周波数が受信機の IF 帯域内にあることである．例えば，信号が注入される点の IF 入力が 160MHz ± 1MHz を受け取る場合，二つの信号の RF 周波数は 1MHz 離れており，受信機がこの二つの信号の中間点に調整されるとすれば，IF 注入周波数は 159.5MHz および 160.5MHz となる．

11.9.3　パルス信号のエミュレーション

図 11.38 に，多重パルスレーダ信号の基本的なエミュレータを示す．このエミュレータは，複数のパルススキャンジェネレータを有し，それぞれが単一信号のパルスと走査特性を作り出す．費用対効果のために，このエミュレータでは RF 発生器 1 台を共用しており，これにより，それぞれのパルスが出力されるたびに，正確な RF 周波数に必ず同調される．パルススキャンジェネレータのほうが RF 発生器に比べてそれほど複雑でないので，この方法は経済的である．混合されたパルススキャン出力は，EW プロセッサに入力できるほか，RF 発生器に対する変調に応用できることに注意しよう．しかしながら，パルス繰り返し周期をもとに RF 発生器を同調させるには，同期方式を付加しなければならない．二つのパルスが重複する場合，この RF 発生器は，各パルスのうち一つに対してしか正確な周波数を供給できない．

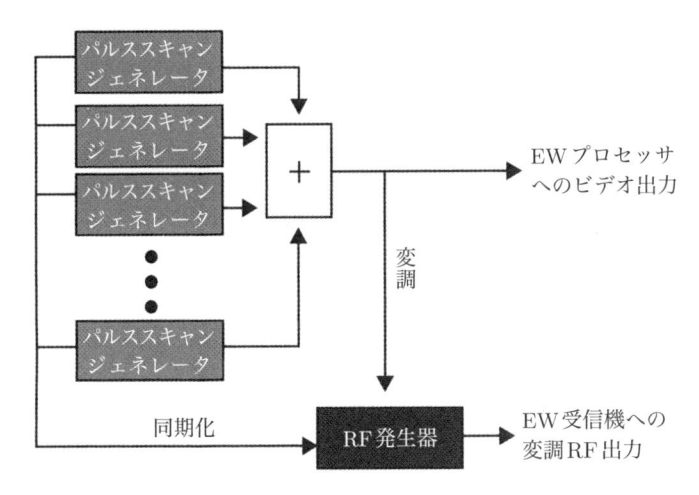

図 11.38　多重パルススキャンジェネレータの混合出力は，EW システムのプロセッサへ出力でき，また，EW 受信機に対する混合信号の RF 環境を提供するため同期される RF 発生器への変調入力としても使用できる．

11.9.4　通信信号

　通信信号は連続変調であり，絶えず変化する情報を伝達する．したがって，音声処理用の信号は，通常，レコーダ出力として供給される．とはいえ，実際の受信機の試験では，（正弦波などの）簡単な変調波形を用いる．RF 通信信号のエミュレートにあたっては，どの瞬間にも存在するそれぞれの信号に対して，個々に RF 発生器を持つ必要がある．これが意味するのは，（一度に 1 台の送信機だけが作動する）プッシュ・ツー・トーク方式通信網では単一の RF 発生器をエミュレートできればよく，（異なる周波数による）複数の通信網では，送信が短時間重複している信号を無視できるなら，1 台の RF 発生器を共有できるということである．そうしなければ，信号ごとに RF 発生器を 1 台ずつ割り当てなければならなくなる．

　図 11.39 に，一般的な通信環境シミュレータ（communications-environment simulator）の構成を示す．ここで注意すべきなのは，CW，CW 変調，あるいはパルスドップラレーダがそれぞれ極めて高いデューティファクタ（つまり 100%）を持っているため，1 台の RF 発生器を共有できず，それらの信号をエミュレートするにはこれと同じ構成になることが必須だということである．

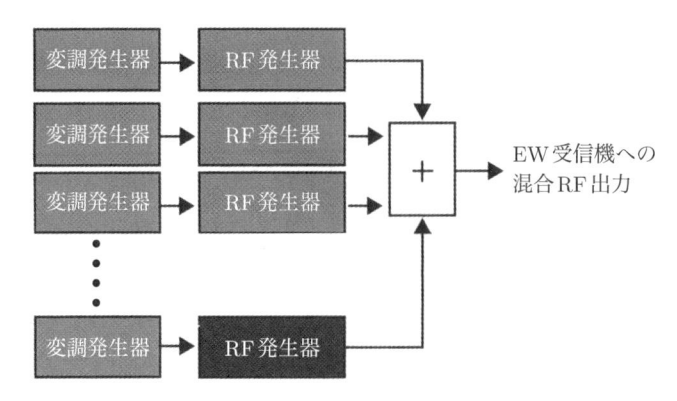

図 11.39 他の信号とパルスとの間で干渉のない通信信号環境あるいはレーダ環境を作り出すために，並列 RF 発生器にパルスあるいは通信変調を行うことができる．

11.9.5　高忠実度パルスエミュレータ

専用 RF 発生器構成が用いられている別の事例として，一切のパルス抜け（pulse dropout）も許容されない高忠実度パルスエミュレータ（high-fidelity pulsed emulator）が挙げられる．共有の RF 発生器は，単にある瞬間における一つの周波数でよいので，重複（またはほとんど重複）したパルスは，一つだけを除いてすべてふるい落とす必要がある．プロセッサがパルス列を処理する場合，失われたパルスは，プロセッサに不正確な解を与える原因となる．ふるい落とされたパルスの影響は，効果的な訓練あるいは厳密なシステム試験を妨げる可能性もある．そのため，専用 RF 発生器は，プログラムがそれらを利用できる場合，たまに必要となる．

11.10　脅威アンテナパターンのエミュレーション

各種レーダに用いられるアンテナスキャンパターンは，その任務によって決まる．脅威エミュレーションでは，固定位置にある受信機で見られるような脅威アンテナの時刻歴を再現する必要がある．

本節の四つの図に，走査の各種形式を示す．それぞれの走査方式は，アンテ

ナが実行していることという観点と，固定位置にある受信機で得られるであろう脅威アンテナの利得パターンの時刻歴の観点から記述されている．

❐ 全周走査方式（circular scan）

円形に走査するアンテナは，図 11.40 に示すように 1 周する．受信パターンには，主ローブの監視間隔は規則正しいという特徴がある．

❐ セクタ走査方式（sector scan）

セクタ走査方式（図 11.40）は，アンテナが角度の一部（セクタ）を往復して移動する点が全周走査とは異なる．主ローブの走査間隔は，受信機がセクタの中心にある場合以外，二つの値を持つ．

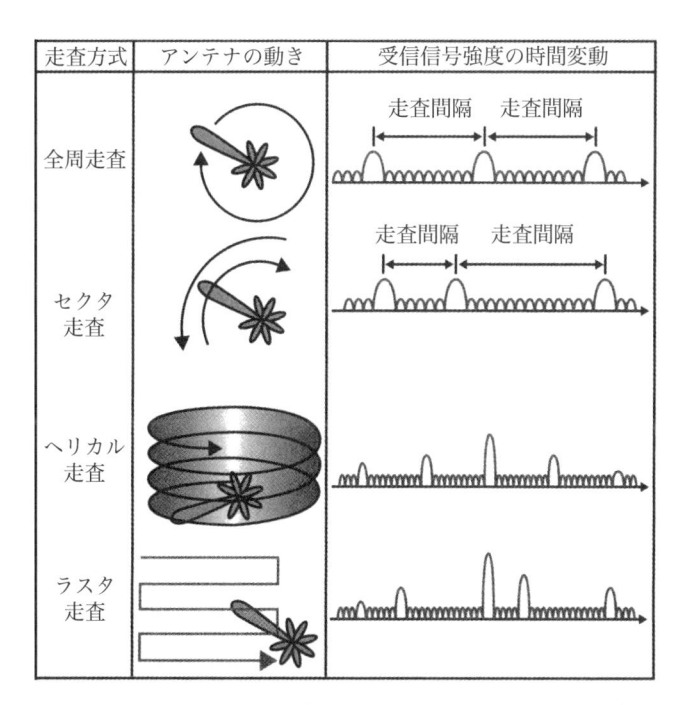

図 11.40 アンテナの走査は，全周，セクタ，ヘリカル，およびラスタ方式に区分され，極めてよく似た波形が受信機で観測される．違いは主ビームのタイミングと振幅にある．

❒ ヘリカル走査方式 (helical scan)

ヘリカル走査方式(図 11.40)は，360°の方位をカバーし，走査中に仰(俯)角を変化させる．一定の主ローブ走査間隔を維持しているが，主ローブの振幅は，脅威アンテナの仰(俯)角が受信機位置の仰(俯)角から離れるに従って減少する．

❒ ラスタ走査方式 (raster scan)

ラスタ走査方式（図 11.40）は，平行線の角度範囲をカバーする．セクタ走査のように見えるが，脅威アンテナが受信機位置を通過しないラスタ「線」をカバーするとき，捕捉する主ローブの振幅は低減する．

❒ 円錐走査方式 (conical scan)

円錐走査方式（図 11.41）は，正弦波的に変動する波形のように見える．受信機の位置（T）が走査アンテナによって形成される円錐の中心に移動するに

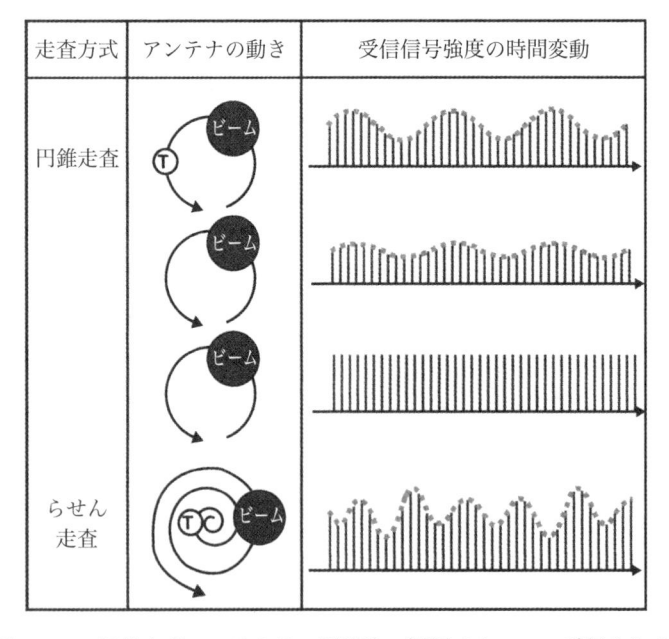

図 11.41 円錐走査アンテナは，正弦波の振幅パターンで受信される．正弦波状の振幅は，ビーム内の受信機の位置に応じて変動する．ヘリカル走査も類似パターンで受信されるが，円錐内における受信機の見かけ上の位置は，アンテナのらせんが内向きか外向きかによって変動する．

つれ，正弦波の振幅は減少する．受信機が円錐の中心に置かれた場合，アンテナは受信機から同じだけ外れたままなので，信号の振幅は変動しない．

🗋 らせん走査方式（spiral scan）

らせん走査方式（図 11.41）は，円錐の角度が増減することを除き，円錐走査方式に似ている．観測されるパターンは，受信機の位置を通って回転するので，円錐走査のように見える．このアンテナ利得は，らせん軌跡が受信機位置から遠ざかるに従い，振幅に応じて減少する．このパターンの不規則性は，アンテナビームと受信機位置がなす角度の時刻歴に由来する．

🗋 パルマー走査方式（Palmer scan）

パルマー走査方式（図 11.42）は，直線的に移動される円形走査である．受信機が一つの円のちょうど真ん中にあれば，振幅はその回転においては一定と

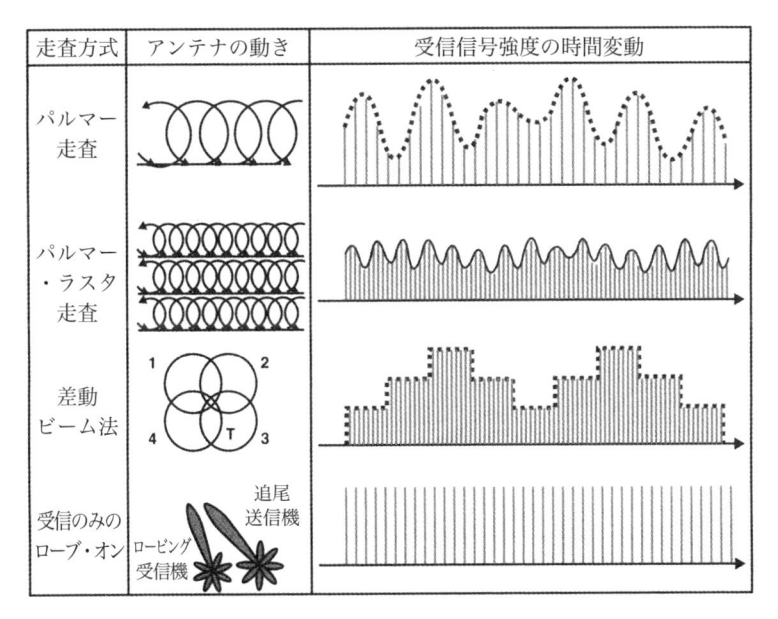

走査方式	アンテナの動き	受信信号強度の時間変動
パルマー走査		
パルマー・ラスタ走査		
差動ビーム法		
受信のみのローブ・オン		

図 11.42　パルマー走査は，直線状の範囲を移動する円錐走査である．パルマー・ラスタは，ラスタパターン内を移動する円錐走査である．ロービングアンテナは，送信アンテナが自身のローブ切り替えに応じた階段状の振幅パターンを示す．受信アンテナのみが回転する場合，受信機は一定の振幅信号を得る．

なる．図では，受信機が中心部に近いものと仮定しているが，正確に中心に位置しているわけではない．したがって，図の3番目のサイクルは振幅の小さい正弦波となっている．円錐形が受信機の位置から遠ざかるにつれ，正弦波はフルサイズとなるが，信号の振幅は小さくなる．

❒ パルマー・ラスタ走査方式（Palmer-raster scan）

円錐走査がラスタパターンで移動すれば，受信脅威利得履歴は，受信機の位置を通過して移動するラスタ線上のパルマー走査のように見える．そうでなければ，そのパターンは，ラスタ線が受信機位置の方向から遠ざかるに従って振幅が縮小するにつれ，ほとんど正弦曲線になる．

❒ 差動ビーム法（lobe switching）

アンテナは必要な追尾情報を得るため，方形を形成しながら四つの照準角間を素早く切り替える．他のパターンのように，受信脅威アンテナ利得履歴は，脅威アンテナと受信機の位置がなす角度の関数となる．

❒ 受信のみのローブ・オン

脅威レーダは目標（受信機の位置）を追尾し，その目標に自身の送信アンテナを向けたままにしておく．受信アンテナは追尾情報を提供するため，ローブ切替機能を有している．送信アンテナは常時目標に指向しているので，受信アンテナは一定の信号レベルを得る．

❒ フェーズドアレイ

フェーズドアレイ（図11.43）は電子的に操作されるので，任意の照準角から他の任意の照準角へ，ランダムに即時移動することが可能である．したがって，受信機で観測される特徴的な振幅履歴は存在しない．受信利得は，瞬間的な脅威アンテナの照準角と受信機位置との間の角度によって決まる．

❒ 機械式方位走査機能を備えた電子高低角走査

この場合，脅威アンテナは垂直フェーズドアレイで高角を任意に振り，主ローブ走査間隔が一定の全周走査を行うが，その振幅は何の論理的シーケンスもなく変更できる．さらに，方位走査では，セクタ走査あるいは固定方位指定も可能である．

走査方式	アンテナの動き	受信信号強度の時間変動
フェーズドアレイ		
機械式方位走査機能を備えた電子高低角走査		

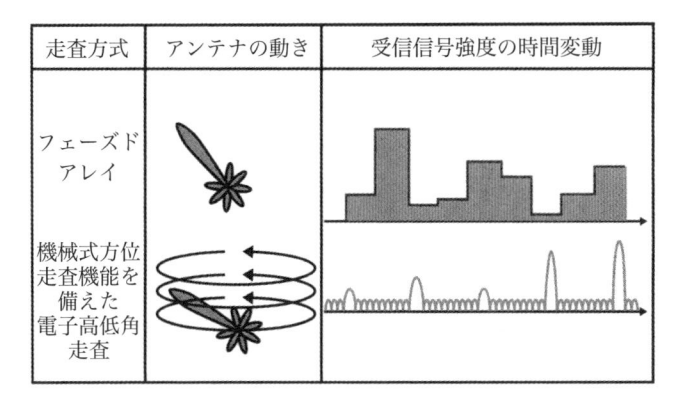

図 11.43 フェーズドアレイアンテナは，任意の照準角から別の任意の照準角に直接移動できるので，受信パターンはランダムに変化する振幅となる．アンテナが機械的方向制御による垂直位相アレイを持っている場合，全周走査のように見えるが，ランダムに主ビームの振幅を変化するものとなる．

11.11 複数信号のエミュレーション

EW 脅威環境は，信号の多くが短いデューティサイクルであるという特徴を持つ．したがって，一つのジェネレータで複数の脅威信号を作り出すことが可能である．これには，信号当たりのコストをかなり削減するという利点がある．また一方，わかるとおり，このコスト削減は性能コストの上昇を招く可能性がある．本節では，複数信号のエミュレーションを実現するための各種の方法について説明する．

以下の議論では，複数信号をエミュレートする基本的な方法を二つ取り上げる．二つの方法の間には，コストと忠実度という基本的なトレードオフがある．

11.11.1 並列ジェネレータ

忠実度を最大化するには，図 11.44 に示すように，シミュレーションチャンネルを完全に並列させる．各チャンネルは，それぞれ一つの変調発生器，RF 発生器，および減衰器を有する．減衰器は，(適切な場合) 受信アンテナパター

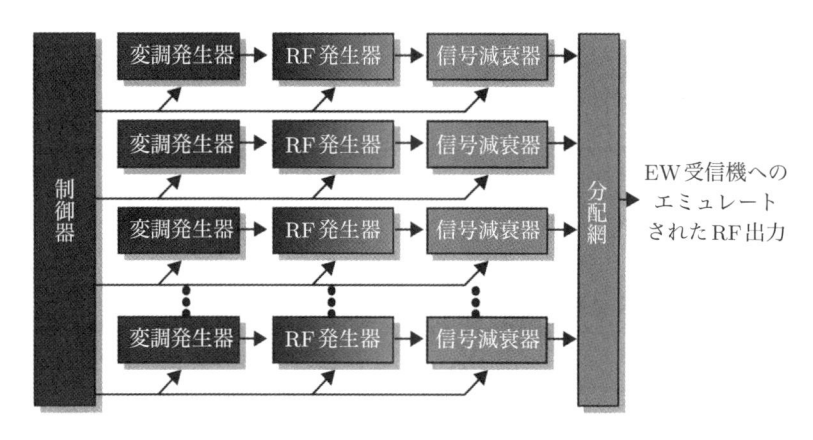

図 11.44　この複数のシミュレーションチャンネルの混合出力によって，複雑な信号環境の極めて正確な描写を生成するように組み合わせることができる．

ンと同様に，脅威の走査および距離に応じた損失を模擬することができる．変調ジェネレータは任意の脅威の変調方式，すなわち，パルス，CW，変調 CW を提供することができる．この構成では，すべての信号を同時に発生できるとは限らないので，チャンネル数よりむしろ多くの信号を提供できるものである．一方，チャンネル数に等しい多数の信号を，瞬時かつ同時に生成することができる．例えば，四つのチャンネルで，CW 信号一つと重複した三つのパルスを提供することができる．

11.11.2　時分割方式のジェネレータ

どの瞬間においても，一つの信号しか存在してはいけない場合，（図 11.45 に示すような）単一系列のシミュレーション構成要素で多数の信号を提供することができる．この構成は通常，一つのパルス環境においてのみ使用される．制御サブシステムには，模倣されるべきすべての信号用のタイミングと諸元情報が含まれており，パルス繰り返し間隔ごとにシミュレーション構成要素の制御を行う．このアプローチの欠点は，いかなる瞬間においても，一つの RF 信号しか出力できないことにある．これは，一つの CW か一つの変調 CW 信号，あるいはパルスが重複しなければいくつのパルス信号でも出力できることを意

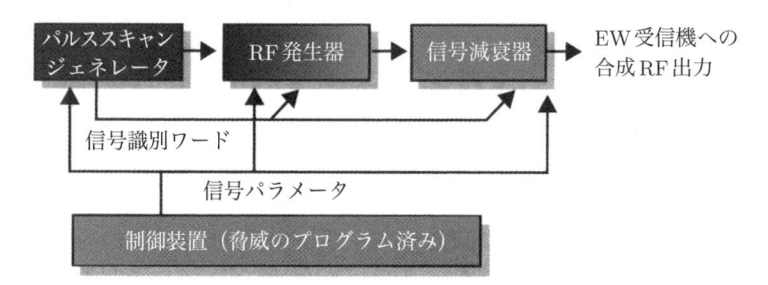

図 11.45　単一の一連のエミュレーション構成要素で，パルス繰り返し間隔ごとに各構成要素を制御することによって，複数信号のパルス出力が可能になる．

味する．実際には，以下に示すように，現実に重複しなくても，いつかは相互に接近するという，パルスに関する制約がある．

11.11.3　単純なパルス信号シナリオ

重複していない三つのパルス信号に関する極めて単純なパルスのシナリオについて，図 11.46 に示す．これらのパルスはすべて，パルス繰り返し間隔ごとに制御される単純な一連のシミュレータで作ることができる．図 11.47 に，第 1 列の三つの信号からの混合ビデオを示す．これは，これら三つすべての信号の周波数をカバーするクリスタルビデオ受信機が受け取る信号である．2 段目は，シミュレータからの RF 出力内の三つの信号をすべて含めるのに必要となる周波数制御を示す．正確な信号周波数は，完全なパルス持続時間の間，残存

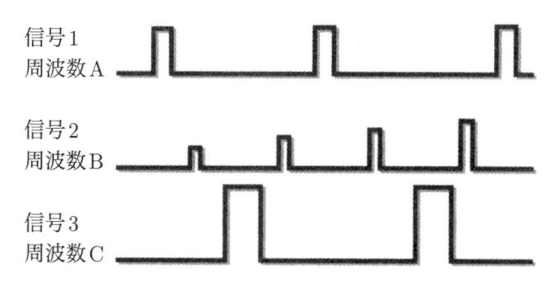

図 11.46　三つの信号の極めて単純なパルスのシナリオ．この例では，各パルスは重複していない．

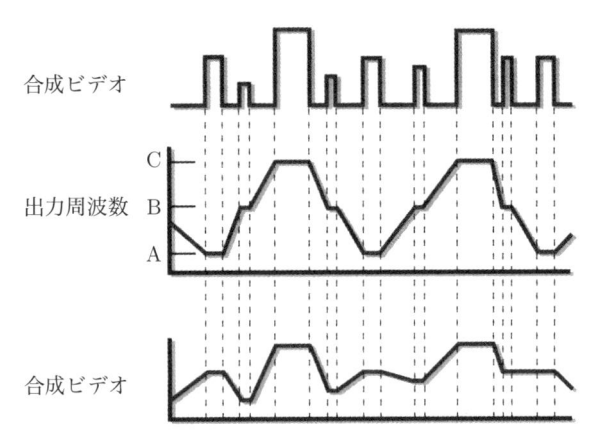

図 11.47 三つの信号を組み合わせてパルスごとにシミュレータを制御するには，出力周波数と電力内においてこれらを変化させる必要がある．

しなければならないことに注意しよう．次に，RF シミュレータのシンセサイザは，次のパルスの周波数に同調するパルス間周期を有する．シンセサイザの同調・安定速度は，最短の指定されたパルス間周期内で全周波数範囲で変更できるように十分高速度でなければならない．最下段は，パルス繰り返し間隔ごとに全信号を模擬するのに必要な出力を示している．これは，減衰器を，最小のパルス間隔時間で所要の精度で正確なレベルに安定させなければならないことを意味する．パルス間の変化は，最大で全減衰範囲となる．シミュレータ構成にもよるが，この減衰はまさに脅威走査および距離減衰用か，あるいは受信アンテナシミュレーションに含まれる．

11.11.4　パルス抜け

シンセサイザおよび減衰器が次のパルスの固有値に移動し始められるようになる以前に，制御信号を受け取らなければならない．この制御信号はデジタルワード（信号の ID）であり，図 11.48 に示すように，「予測時間」でパルスの前縁より前に送られる．この予測時間は，最悪の場合の減衰器の安定時間，および最悪の場合のシンセサイザの安定時間のどちらよりも十分に長くなければならない．この予測時間にはこの時間の 2 倍以上長いことが求められる．この

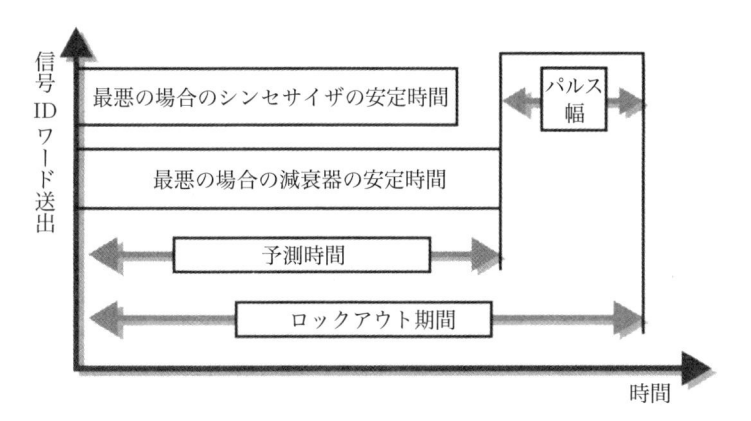

図 11.48 制御信号は，周波数と出力電力の両方が安定するのに十分な時間まで，それぞれのパルス出力までの時間を予測して待たなければならない．後続のパルスは，予測時間とパルス幅を合計した時間，締め出される．

図で，最悪の場合の減衰器の安定時間は，最悪の場合のシンセサイザの安定時間より長く表されている．「ロックアウト期間」とは，信号 ID が送られた後，別の信号 ID が送れるようになるまでの時間遅延をいう．前のパルス幅と予測時間との合計時間内にパルスが発生すれば，そのパルスはシミュレータの出力から落とされることになる．

11.11.5　主および代替シミュレータ

主となるシミュレータチャンネルによってふるい落とされたパルスの提供に，もう一つのシミュレータチャンネルが使用されれば，パルス抜けの割合を大幅に軽減することができる．各種のシミュレータ構成におけるパルス抜けの割合の分析には，2 項方程式が用いられ，さらにそれはその他のさまざまな EW アプリケーションにおいても役に立つ．

11.11.6　アプローチの選択

複数信号のエミュレーションを提供するためのアプリケーションの選択は，コスト対忠実度の問題である．高い忠実度とわずかな信号が求められるシステ

ムにおいては，この選択は疑いもなく十分な並列チャンネルを提供することである．やや低い忠実度（おそらくパルス抜けが1%か0.1%）が許容でき，シナリオに多数の信号がある場合には，一つか複数の2次的シミュレータを持つ主シミュレータを提供するのが最良であろう．パルス抜けを許容できるのであれば，単一チャンネルのシミュレータが大幅なコスト削減に貢献するであろう．優先度の高い信号抜けを避けるため，信号間で優先順位をつけることによって，パルス抜けによる影響を最小化できることもある．

　優れた結果が得られる可能性のあるアプローチの一つは，背景信号 (background signal) の提供に単一チャンネルの複数信号発生器を用いつつ，特定の脅威となる電波源用の専用シミュレータを使用することである．これは，高密度のパルス環境の中で，指定された信号を処理するシステムの能力を試験するものである．

付録：EW101 連載コラムとの相互参照

第1章　対応コラムなし
第2章　1995 年 7, 9 月号および 2000 年 3, 4 月号
第3章　1997 年 9〜12 月号
第4章　1995 年 8, 10, 12 月号および 1996 年 1, 4 月号
第5章　1998 年 10〜12 月号および 1999 年 1〜3 月号
第6章　1998 年 1〜4 月号および 5 月号の一部
第7章　1998 年 5 月号の一部および 6〜9 月号
第8章　1994 年 10 月号および 1995 年 1〜6 月号
第9章　1996 年 5〜8, 11, 12 月号および 1997 年 1〜4 月号
第10章　1997 年 5〜8 月号
第11章　1999 年 4〜12 月号および 2000 年 1, 2 月号

補遺：用語集

　この補遺部分は，初めて電子戦に接する読者が，電子戦を支える技術あるいは運用に関して，一般に馴染みのない用語や考え方について，本書の内容とあわせて理解していただきたいとの思いから訳者が付け加えたものである．電子戦用語は，一般の国語辞書にある語義と異なる場合がある．さらに，陸・海・空の各自衛隊間でさえ，関連用語の表現，意義，使い方が異なることも少なくない．そのため，読者が混乱せず理解できるよう努めたつもりである．

- 各用語は概ね本書における出現順に列挙した．各章で取り上げている内容に対して，どのような用語が関連しているかがわかるようにした．
- 本文中で説明されていない用語のうち，内容の理解に役立つと思われる主要な用語について簡単に説明した．
- 本文中で説明されている内容であっても，さらに理解を深めるのに役立つもの，あるいは多様な解釈ができるものについて，短く説明した．
- 用語には，英語表現（あるものは英略語も）を付記した．
- 本用語集作成にあたって主として参考にした文献・資料などを末尾に記載した．さらに詳しく知りたい方は，これらを参照されたい．

■ 第1章：序論

ジャーナル・オブ・エレクトロニックディフェンス〔Journal of Electronic Defense; JED〕　米国の軍事通信電子月刊誌．

電子支援対策〔electromagnetic (electronic) support measures; ESM〕　通信電子情報活動（陸自）ともいう．差し迫った脅威の認識を目的として，作戦指揮官の直接の指揮下で講じられる処置のうち，放射された電磁エネルギーの発射源を捜索，傍受，識別および標定する活動に関わる電子戦の一つの区分をいう．したがって，電子支援対策は対電子（ECM），対電子対策（ECCM），脅威回避，ターゲッティング，その他の部隊の作戦運用などにおける即時の決心に必要な情報（資料）を提供

するものである．ESM によって得られた知識は，通信情報（COMINT）および電子情報（ELINT）とともに信号情報（SIGINT）の作成にも活用される．近年，電子戦支援（ES）と呼ばれるようになった．

電子対策〔electromagnetic (electronic) countermeasures; ECM〕　攻撃的電子戦（陸自），対電子（海・空自）ともいう．敵の電磁スペクトルの効果的利用を妨げ，あるいは減ずるために講じられる処置に関する電子戦（EW）の一つの区分であり，電子攻撃（EA）と同義である．

対電子対策〔electromagnetic (electronic) counter-countermeasures; ECCM〕　防御的電子戦（陸自）ともいう．敵の電子戦に対抗して味方の電磁スペクトルの有効な利用を確保するために講ずる対策を含む電子戦（EW）の一つの区分であり，電子防護（EP）と同義である．

指向エネルギー兵器〔directed-energy weapon; DEW〕　[1] 敵の装備，施設および人員などを損傷あるいは破壊する直接的な手段として，主として指向エネルギー（DE）を使用するシステムをいう．[2] 粒子ビーム，高エネルギーレーザ，レーザ銃，高出力マイクロ波などの指向エネルギーを使用するハードキル ECM 武器をいう．

電子戦支援〔electronic warfare support; ES〕　差し迫った脅威の認識を目的として，作戦指揮官から任務付与され，あるいはその直接の統制下で講じられる処置のうち，意図的あるいは非意図的に放射された電磁エネルギーの発射源を捜索，傍受，識別および標定する活動に関わる電子戦の一つの区分をいう．したがって，電子戦支援は電子戦運用，ならびに脅威回避，ターゲッティングおよび自動追尾など，その他の作戦運用における即時の決心に必要な情報（資料）を提供するものである．ES によって得られた知識は，通信情報（COMINT）および電子情報（ELINT）とともに信号情報（SIGINT）の作成にも活用できる．以前は，電子支援対策（ESM）と呼ばれた．

電子攻撃〔electronic attack; EA〕　敵の戦闘力を低下，無力化，あるいは撃破する目的で，人員，施設または装備を攻撃するため，電磁エネルギーあるいは指向エネルギーを使用する電子戦（EW）の一つの区分をいう．対電子（ECM）とも呼ばれる．電子攻撃には次が含まれる．[1] 妨害および電磁欺騙などにより，敵による電磁スペクトルの効果的利用を妨げるか低下させる活動．[2] 主要な破壊機構（レーザ，電波利用兵器，粒子ビーム）として電磁エネルギーまたは指向エネルギー（DE）を利用する武器の使用．

電子防護〔electronic protection; EP〕　EP は電子妨害および友軍同士の意図しない電子妨害といった EW の困難な状況にも対処するものであり，以前は，対電子対策（ECCM）と同義に使用された．視点の違いから，以下の表現がされることもある．[1] 味方の戦闘能力を低下，無力化あるいは破壊する彼我の電子戦運用による影響から人員，設備および装備を防護するために講じられる活動に関する電子戦の一つの区分．[2] 電子攻撃（EA）を打破するために使用される対策を含む情報戦（IW）の区分の一つ．

信号情報〔signal intelligence; SIGINT〕　通信情報（COMINT），電子情報（ELINT）および外国信号計測情報（FISINT）のいずれかを個々に，あるいはすべてを組み合わせた情報・知識の総称．

通信情報〔communications intelligence; COMINT〕　所定の受信者以外に外国の通信を収集・分析して得た情報および通信に関する技術的知識をいう．COMINT は SIGINT の下位区分の一つである．

電子情報〔electronic intelligence; ELINT〕　核爆発あるいは放射線源以外のものから発射された外国の非通信電磁放射を収集・分析して得た情報および電子に関する技術的知識をいう．ELINT は SIGINT の下位区分の一つである．

スループット率〔throughput rate〕　処理速度，転送速度のこと．理論上実現可能な単位時間当たりのデータ転送量（理論スループット）．エラー訂正による損失や，プロトコルのオーバヘッド，データ圧縮による影響などを差し引いたものが実効速度となる．

■ 第 2 章：基本的数学概念

等方性アンテナ〔isotropic antenna〕　全方向に等しい放射電力を有する仮想の無損失のアンテナをいう．実際のアンテナの指向性を示すのに便利な基準を提供する．

片方向回線〔one-way link〕　単方向回線あるいは単向通信回線ともいう．送信側と受信側が決まっていて常に 1 方向だけの情報を伝送する方式の回線をいう．放送がその代表例である．本書では，1 台の送信機，1 台の受信機，送信・受信アンテナ，およびそれらのアンテナ間の伝搬経路で構成される基本的通信回線として説明する．

伝搬損失〔propagation loss〕　入力信号は電気通信回線によって減衰する．この減衰量を伝送損失という．通常，減衰の場合は $N < 0$ となるが "−"（マイナス）符号はつけずに，「伝送損失何 dB」または単に「損失何 dB」という．本書では，空間における電波の伝搬において生ずる損失の意で用いている．伝搬損失は，拡散（発散）損失（空間損失）と大気損失からなる．

補遺：用語集　325

見通し内伝搬〔line-of-sight propagation; LOS 伝搬〕　電波が大気による反射あるいは屈折の影響を受けない伝搬経路（標準大気見通距離内）を伝搬することであるが，現実には地形・地物による反射，回折の影響を受けない伝搬形態をいう．本書では，見通し線通信回線を構成可能な伝搬状態として説明する．

見通し内通信回線〔line-of-sight link〕　見通し線伝搬が可能な区間における通信回線をいう．本書では，送信および受信アンテナを互いに「見る」ことができ，二つのアンテナ間の伝送路が地面または海面に近づきすぎない状態の回線として説明している．

見通し外伝搬〔non-line-of-sight propagation〕　見通し線内伝搬以外の無線伝搬をいう．

実効放射電力〔effective radiated power; ERP〕　実効輻射電力，有効放射電力ともいう．空中線に供給される電力に，与えられた方向における空中線の相対利得（基準空中線が空間に隔離され，かつ，その垂直二等分面が与えられた方向を含む半波無損失ダイポールであるときの，与えられた方向における空中線の利得）を乗じたものをいう．本書では，「送信アンテナから出ていく信号電力」の意で使用している．

有効面積〔effective area〕　受信アンテナから取り出すことができる最大の有効電力が断面積 Ae 内への到来電波の面積に等しいとき，Ae をそのアンテナの有効面積といい，次式で表せる．$Ae = \lambda^2 G/4\pi$（λ：波長，G：アンテナ利得）．本書では，（等方性アンテナの）有効面積は，利得 1 のアンテナがエネルギーを集める（送信機から受信機までの距離に等しい半径の）球の表面の総面積で決まると説明している．

μV/m　電界強度（electric intensity; 受信地点における電波の強さ）を表す単位．dBm 単位への変換は 2.3.2 項を参照．

dBm　信号強度（signal strength）を表す単位．1mW の電力を基準値（0dBm）としたときの電気信号レベルを表す．

フレネルゾーン〔Fresnel zone〕　アンテナ間の最短距離を中心とした回転楕円体で，実際にはこの空間は無限に広がる（第 1～第 nFZ と表す）が，エネルギー伝達には主に第 1 フレネルゾーンと呼ばれる部分が寄与する．第 1 フレネルゾーンは，電波エネルギーが受信機に最短距離で到達する場合と別ルートで到達する場合との経路差が半波長以内である経路の軌跡内に作られる回転楕円体空間をいい，電波は受信点で互いに強め合う作用があるが，逆にこの空間が伝搬経路上の障害物により遮られれば，エネルギーの減衰要因（伝搬損失）となる．第 1 フレネルゾーンが確保されている経路をいわゆる「見通し線内（LOS）伝搬」として扱う．

■ 第3章：アンテナ

帯域幅〔bandwidth; BW〕　データ伝送に使われる最高周波数と最低周波数の差（周波数の幅）をいい，単位は Hz（ヘルツ）である．電波や電気信号を用いたアナログ通信では，この幅が広いほど単位時間に送られる情報の量が大きくなる．デジタル回線でも単位時間に送られる情報の量の意から帯域幅と通信速度はほぼ同意義で使用され，転送可能なビットレートを指し，単位はビット/秒（bps）で表す．

偏波〔polarization; PL〕　電波は電界，磁界が特定方向を向いており，一定の面内にあってその方向が変化しない場合を直線偏波と呼ぶ．偏波は電界の方向で表し，電界が大地に垂直な場合を垂直偏波，水平な場合を水平偏波という．等しい強さの水平偏波と垂直偏波が $90°$ の位相差で合成されると，電界ベクトルが回転する円偏波となる．円偏波には電界・磁界の回転方向によって右旋円偏波と左旋円偏波があり，定義上は，進行方向とは反対の方向から見たときの電界ベクトルの回転方向が時計回りの場合は右旋，反時計回りの場合は左旋という．一般に，電波を等しい強さにすることや位相差を $90°$ にすることは難しいため，実際には円偏波ではなく楕円偏波となることが多い．

アンテナ効率〔antenna efficiency〕　アンテナの性能指数を示す指標の一つで，「放射効率」とも言われる．「接続された送信機からアンテナが受容した正味電力に対するアンテナによって放射される全電力の割合」（IEEE Std 145-1993）とされ，百分率（％）で表されることが多い．これは周波数に依存する．本書の表3.1でも同じ意味である．また，パラボラアンテナなどの開口型アンテナの実効面積と物理的な開口面積との比とも表現され，その際は開口効率のことをいう．

ndB ビーム幅〔ndB beamwidth〕　ボアサイトから電力値が ndB 低下した点のビーム幅．

グレーティングローブ〔grating lobe〕　アレイアンテナにおいて，素子間隔が等間隔の場合に，素子間隔が半波長以上になると干渉によりメインローブと同等の強さの等位相面が揃ったサイドローブが出てしまう現象をいう．素子間隔が半波長以下であれば，グレーティングローブの問題は生じない．また，素子間隔を不等間隔にすることにより，グレーティングローブの発生を抑えることができるが，不等間隔であっても素子間隔が整数比になるような状況では，グレーティングローブの方向が一致することになる．

オフボアサイト角〔off-boresight angle〕　ボアサイトからの離隔の度合（角度）．

■ 第 4 章：受信機

選択度〔selectivity〕　受信機が不要波（妨害波）を除去し，目的の信号を抽出する能力を示すパラメータ．妨害波の定義により，隣接チャンネル選択度，イメージ感度（スプリアス感度），相互変調感度，同一チャンネル選択度などに分類される．

感度〔sensitivity〕　一般に，実用上，通信することが可能な最小入力レベルをいう．受信機の復調出力が一定の状態に達するレベルで，デジタル方式の場合は BER（ビット誤り率），アナログ方式の場合は出力 SN 比で定義する．

ダイナミックレンジ〔dynamic range; DR〕　システムや（入出力）変換器が処理しうる最大負荷と最小負荷との差をいい，dB 値で表す．

YIG フィルタ〔YIG filter〕　YIG (yttrium iron garnet; イットリウム・アイアン（鉄）・ガーネット) 結晶の共振周波数が磁界の強さにより異なるという特性を利用した，帯域通過あるいは帯域阻止の同調型フィルタ．この同調型フィルタは広い周波数帯域にわたって同調が可能で，RWR，ECM 装置の前置フィルタとして活用されている．

局部発振器〔local oscillator; LO〕　無線機で周波数変換などの目的で一定または可変周波数の発振出力を得るのに局所的に使う発振器をいい，スーパーヘテロダイン方式の受信機で周波数変換用の発振回路として使用される．

感度の3要素〔three components of sensitivity〕　熱雑音レベル (kTB)，受信機の雑音指数 (NF)，および信号対雑音比 (SN 比) をいう．

熱雑音レベル〔kTB〕　熱雑音とは，電子運動によって生まれる温度に比例した雑音であり，そのレベルは帯域 B で区切られた周波数帯域の雑音電力の総和で示す．k はボルツマン定数 (1.38E-23)，T は絶対温度〔K〕，B は帯域幅〔Hz〕である．

雑音指数〔noise figure; NF〕　増幅器では，信号が増幅されるとともに，信号以上の増幅度で雑音が増幅される．この度合を示すのが雑音指数である．入出力 SN 比の悪化の割合で定義され，1 以上となる．雑音指数は次式で表される．$\mathrm{NF} = S_\mathrm{i}/N_\mathrm{i} \div S_\mathrm{o}/N_\mathrm{o}$．ここで，$S_\mathrm{i}$, N_i はそれぞれ入力端での信号および雑音電力，S_o, N_o は同じく出力端での信号および雑音電力である．N_o には受信システムの内部雑音が含まれる．

搬送波対雑音比〔carrier-to-noise ratio; CNR; C/N; CN 比〕　搬送波と雑音の電力比をいい，発振器の純度を表す指標である．dB 単位で表される．$\mathrm{CNR} = 10\log(P_\mathrm{C}/P_\mathrm{N})$．ここで，$P_\mathrm{N}$ は雑音電力〔W〕，P_C は搬送波電力〔W〕である．

検波前 SN 比〔predetection SNR〕　通常のレーダにおける受信信号の SN 比向上法と

して，レーダパルス積分（目標に対して複数のパルスを送信し，このとき得られる受信パルスを利用して探知能力を向上させる処理）の一つで，（第 2 検波器による）検波前に受信パルスの位相を合わせて加算する方法によって得られる SN 比．これに対して検波後のビデオ信号を加算する検波後積分（またはビデオ積分ともいう）による方法がある．

変調指数〔modulation index〕　FM 変調または位相変調において，変調周波数と周波数偏差との比を表す．すなわち，中心周波数からの搬送波の偏移量を決定する要素のことで，例えば，変調周波数が 1 kHz のとき偏差が 5 kHz なら，変調指数は 5 であるという．

位相ロックループ〔phase-locked-loop; PLL〕　電圧制御発振器（VCO）の出力を直接または分周器を通して位相検波器に入力し，別の入力に基準発振器出力を入力して位相検波を行い，位相検波器の出力信号をループフィルタを通して VCO を制御するフィードバック回路を構成することで，基準発振器の位相に VCO を同期させる．その出力周波数の安定性から，周波数シンセサイザや FM 復調器などに広く活用されている．

FM 改善係数〔FM improvement factor〕　FM 受信機の特性として，周波数弁別器の入力側において搬送波のピーク値より雑音のピーク値が大きくなる点から急激に復調出力の雑音が増えていく．このレベルを SN 比改善限界値（しきい値）といい，FM 受信機では，このしきい値が受信機内部雑音（kTBF）より大きいという特性がある．この分，SN 比が改善される．SN 比改善係数 I は，次式で表される．$I = 10 \log(3 f_d^2 \cdot B / 2 f_m^3)$．ここで，$f_d$ は最大周波数偏移，f_m は最大変調周波数，B は受信機の等価帯域幅である．

量子化〔quantization〕　連続的な量を離散的な飛び飛びの数値で表すこと．また，アナログ信号をデジタル信号に変換して，近似値として表すことをいう．信号の標本の振幅をパルスの有無の組み合わせで表す場合，パルスの振幅は連続的に変わるので，無限個のパルスが必要となるが，実際に無限個のパルスを扱うことはできないので，パルスの大きさを適当な数の段階（ステップ）に区分し，ある範囲内の振幅はすべて一つの代表値で表すことにする．この，適当な段階に区分し代表値で表現し直す操作を量子化という．

量子化雑音〔quantizing noise〕　アナログ信号をデジタル化（量子化）する際に発生する誤差．音声帯域信号や画像信号のデジタル伝送で問題になる信号劣化の原因である．デジタル化のためのサンプリングの時間間隔や量子化の際の振幅間隔が

粗いほど，誤差は大きくなる．デジタル化やアナログ化を繰り返すと，誤差は蓄積されて大きくなる．

ビットエラーレート〔bit error rate; BER〕　ビット誤り率．通信回線やメモリ上で誤ったデータに変わる確率．データ伝送では，受信側で受けたデータが，送信データに比べて，通信回線上の雑音によりどの程度誤るかを示す．

ビットレート〔bit rate〕　単位時間（一般に1秒間）に伝送または処理されるビット数あるいは速度を表す単位（bps）．

PSK変調（方式）〔phase-shift keyed (keying) modulation〕　位相偏移変調方式．差動位相偏移（DPSK）と呼ばれることもあるデジタル変調の方式の一つで，デジタル値を正弦波の位相に対応させて伝送する方式をいい，2PSK（D2PSK）（2相），QPSK（D4PSK）（4相），8PSK（D8PSK）（8相）などがある．4相DPSKの一種で同じ位相が連続しないよう工夫した「π/4シフトDQPSK」などもある．

コヒーレント；可干渉(性)〔coherent〕　波動が互いに干渉し合う性質を持つこと．二つ（または複数）の波の振幅と位相の間に一定の関係（例えば同位相）があることを意味する．

非コヒーレント；非同期の〔noncoherent〕　波動が互いに干渉できない性質を持つこと．二つ（または複数）の波の振幅と位相でたらめに変動し，干渉縞などが生じないことを意味する．

周波数シフト（偏移）キーイング変調（方式）〔frequency-shift keyed modulation; FSK変調〕　デジタル値をアナログ信号に変換する変調方式の一つで，周波数に値を割り当てる方式．異なる周波数の波を組み合わせ，それぞれの周波数に値を対応させて情報を表現する．回路が比較的単純で済み，振幅変動の影響を受けにくい．アナログ回線で使われるモデムに利用され，2FSK，4FSKなどがある．

■ 第5章：EW処理

センサキューイング〔sensor cueing〕　センサに対して，引き継ぎ（移管，ハンドオーバ）あるいは，他のセンサの補助により目標捕捉を行わせること．

データ融合〔data fusion〕　種々のデータを，戦術，作戦または戦略状況の単一の首尾一貫（整合）した表現に融合する完全自動化法をいう．

変調諸元〔modulation parameter〕　信号を変調する搬送波の振幅，角度（周波数および位相）をいう．

レーダ警報受信機〔radar warning receiver; RWR〕　レーダ警戒受信機，ミサイル警報機（海自）．探知したレーダについて，レーダの形式，識別および方向などの情

報を提供する広帯域受信機.

デューティサイクル〔duty cycle〕　[1]（パルスレーダの）送信パルス幅とこれに対応したパルス繰り返し時間との比.[2]平均出力と尖頭出力との比.

パルスドップラ〔pulse Doppler〕　グランドクラッタや低速のチャフを除去し,移動目標およびその速度の検出にドップラ偏移を使用するMTI（移動目標表示装置）システム.通常,多数の距離ゲートおよびそれに対応する多くの狭帯域フィルタを用いて検出する.

スタガパルス列〔staggered pulse train〕　レーダのECCM技術の一つとして,MTI（moving target indication）やドップラレーダの目標のブラインド速度を最小化するために送り出す,PRFを変化させた一連のパルス群.ジッタパルス列と類似した特性を持つ.

ジッタパルス列〔jittered pulse train〕　レーダのECCM,ECM技術の一つとして,PRFやパルス幅を不規則（または規則的）に変化させて送り出す一連のパルス群.PRFが規則的であっても,周波数が高調波関係にないものに変化する信号が用いられるので,敵の欺瞞を判別する効果を高めることができる.

周波数アジャイルレーダ〔frequency-agile radar〕　パルス帯域幅に相当する量,あるいはそれ以上の量のパルスまたはパルス群の間で送信機の搬送周波数を偏向するパルスレーダで,LPIレーダと見なされている.

ノボロジー〔knobology〕　knob＋technologyの造語.器材操作テクニック.本書では,制御装置のつまみ（knob）やスイッチ操作のための技法習熟法の意で使用している.

友軍の第一線〔forward line of troops; FLOT〕　軍事作戦遂行中の友軍部隊の最前方位置を連ねた線をいい,通常は掩護部隊および遮掩部隊の前線位置を指す（陸自）.

国防地図制作局（米国防総省）〔Defense Mapping Agency; DMA〕　旧組織.1996年,国家安全保障目的の支援に関連した正確な画像および画像情報を適時に提供することを任務とする国立画像地図局（NIMA）に吸収された後,さらに2003年,アメリカ政府の各部局に対して主に安全保障上の要請から地理空間情報を提供することを目的とする,国家地球空間情報局（NGA）に改編された.紙地図に替わるデジタル地図を利用した地図情報システム（GIS）も推進している.

■ 第6章：捜索

4π立体角覆域〔4π steradian coverage〕　球の中心を頂点とし,球面上でその球の半径の2乗の面積を切り取る錐体に含まれる立体角が1ステラジアン（立体角）で,

全立体角（すなわち，球形）は 4π ステラジアンである．つまり，ここでは，航空機を中心とする球形の覆域を表す．2.4 節と 2.5 節を参照．

エネルギー探知法〔energy detection approach〕　通信波帯の捜索では特に，電磁波環境について既知の情報がない場合，あるいは，まったく未知の環境などにおいて，まず，いわゆる「電波が存在しているか」という考え方から，変調方式を問わず「電磁エネルギーの存在」を探知することから始め，逐次電波に関する情報資料を蓄積していくことになる．その後，周波数帯，周波数の各種パラメータを特定する過程（パラメトリック捜索）で，変調方式，信号強度，地域，時間などの特徴を収集・分析して，より具体的に対象を絞り込んでいくことになる．

パラメトリック捜索〔parametric search〕　脅威電波源捜索において，当該電波の電波到来方向，周波数，変調方式，受信信号強度および時間といったパラメータを収集する捜索法，あるいはその過程をいう．

捜索受信機〔search receiver〕　広い周波数範囲を高速に受信する目的で用いられる広帯域受信機．偵察（捜索）用受信システムに不可欠の装置である．

パルス持続時間〔pulse duration; PD〕　パルス長，パルス幅ともいう．[1] レーダにおいて，レーダ送信機が各周期間で励起されている時間を指し，マイクロ秒単位で測定したパルス送信時間．[2] 瞬時振幅が最大パルス振幅に達する最初と最後の瞬間のわずかな時間間隔．通常，半値幅（3dB ビーム幅）で規定する．

4/3 地球曲率〔4/3 earth factor〕　6.3.2 項を参照．2 地点間の距離 D 〔km〕の任意の湾曲高 Hd_1〔m〕は，次式で求められる．Hd_1〔m〕$= (d_1$〔km〕$\times d_2$〔km〕$)/2Ka$〔km〕$\times 10^3$．ここで，a は地球半径（約 6,370km），K は屈折比（日本では 4/3 が用いられる．マイクロ波帯以上の回線で，特に高い信頼度が要求される場合，フェージングによる障害を回避するため，$K = 2/3$ または 0.8 を用いることがある）である．

ノッチフィルタ〔notch filter〕　好ましくない信号を除去するために，受信機入力端に挿入される周波数同調式の帯域阻止フィルタをいう．

レーダ波吸収体〔radar-absorptive material; RAM〕　到来した電磁波のエネルギーを反射せず非可逆的に他の形のエネルギーに変換する物質をいう．「ステルスプラットフォーム」を参照．

■ 第 7 章：LPI 信号

情報帯域幅〔information bandwidth〕　データ伝送に使用する最低の周波数と最高の周波数の差を帯域幅といい，伝送すべき情報に注目した場合の占有帯域幅のことで，本書では拡散前の帯域幅として，この表現を用いている．

並列受信〔multiple intercepts〕　一般に，偵察（捜索）用受信システムでは広い周波数範囲を高速に受信しなければならないのに対し，ESシステムにおける受信機は，即時の戦術判断を行うために既知の信号がどのように分布しているかを瞬時に決定するために使用される．したがって，その両方を任務とする偵察/ESシステムでは，限られた受信機資源を，各受信機が異なる周波数範囲をカバーする場合，あるいはすべてが同一の周波数範囲をカバーする場合といった目的に応じて，並行的に使用することになる．特に，LPI信号の傍受においてはそのいずれの機能も欠かせない．

距離分解能〔range resolution〕　同一の方角にある二つの目標を分離して確認できる最小距離差（またはその能力）をいう．基本的には，レーダのパルス幅によって決まる．

掃引周波数変調〔swept frequency modulation〕　連続波（CW）のRF信号を鋸歯状波で掃引し，変調する方式．

周波数占有（帯域幅）〔frequency occupancy〕　上限の周波数を超えて輻射され，およびその下限の周波数未満において輻射される平均電力がそれぞれ与えられた発射によって輻射される全平均電力〔通常の動作中の送信機からアンテナ系の給電線に供給される電力であって，変調で用いられる最低周波数の周期と比較して十分長い時間（通常，平均の電力が最大である約1/10秒間）にわたって平均されたもの〕の0.5%に等しい上限および下限の周波数帯幅をいう（電波法施行規則）．

伝送効率〔transmission efficiency〕　情報ビットの総数（すなわち，伝送されたメッセージのビット数）を伝送された総ビット数（すなわち，情報ビット数とオーバヘッドビット数の和）で割った値（パーセント値）をいう．

線形掃引〔linear sweep〕　掃引速度を一定にした掃引法．

拡散係数〔spreading factor〕　送信データ速度（ビットレート）に対する拡散符号速度（チップレート）の比を表す．計算式ではチップレート/ビットレートで表される．

チップレート；チップ速度〔chip-rate〕　スペクトル拡散変調における拡散符号（PN符号）の変化速度をいい，単位はcps（チップ/秒）で表す．PN符号のチップレートは，変調前信号のビットレートの数倍から数千倍にする．

符号分割多元接続〔code division multiple access; CDMA〕　特定の符号で分類した複数の信号を一定の周波数内に混信させて送り，受信側が必要な符号のついた信号だけを取り出すデジタル無線技術をいう．TDMA（時分割多元接続）と対比される．電波利用効率が高く，伝送速度も高めやすい特性がある．

二相変調方式〔biphase modulation〕　多相位相変調方式の中で最も基本的な方式. 伝送すべき2値のベースバンド信号0, 1に対応して, 搬送波の位相を0とπに変化させることで情報を伝送する.

誤り訂正符号〔error correction code〕　デジタル信号の伝送路には歪みや雑音が存在するため, 高品質な伝送や記録・再生や, ある一定の送信電力でより優れた品質の実現, さらには所要送信電力の低減などの理由から, 誤り制御が不可欠である. その技術として, 前方誤り訂正（FEC）方式と自動再送要求（ARQ）方式があり, 誤り訂正符号方式は, FEC方式で使用される伝送路での誤りを検出・訂正する符号方式である. 巡回符号, ハミング符号, BHC符号, リード・ソロモン（RS）符号などの線形ブロック符号, また, ランダム誤り訂正用のワイナー・アッシュ符号や自己直交符号などの畳み込み符号, 連接符号, ターボ符号など, 各種符号が考案されている. ブロック符号は, 送信すべき情報を一定のビット数のブロックに完全に分割し, これにチェックビットを付加することにより符号とするものである. 畳み込み符号は, 情報列を完全に区切って独立の符号を作るのではなく, 連続的に符号化するものをいう.

パーシャルバンド（部分帯域）妨害〔partial-band jamming〕　ある種のスペクトル拡散信号に対して妨害機の出力を最適化する妨害技法であり, スペクトル拡散信号の全帯域中の一部帯域のみを妨害する. スペクトル拡散信号はデジタル形式が期待されるので, その最適J/Sは約0dBであり, 比較的低妨害デューティサイクルとなる. FHおよびチャープ信号はその周波数範囲の一部を選択的に占有するので, これに対するパーシャルバンド妨害は, 最適J/Sで低デューティサイクル妨害信号を生成するやり方となる.

■ 第8章：電波源位置決定

標定〔locate〕　各種の手段, 方法により, 目標の位置などを定めること.

位置; 座標; 所在; 配置〔location〕　位置決定（海自）.

対地高度; 海抜標高〔elevation〕　海抜標高, 比高（地形の）（陸自）, 仰・俯角, 射角, 高角, 高低角（砲射撃の）（陸自）, 俯仰, 垂直面（海自）. 地表面からの垂直距離（空自）.

方位線〔line of bearing〕　方測線（陸自）, 方位列（海自）, 象限方位線（空自）.

単一局方向探知; 単局方探〔single site location; SSL〕　到来信号の方位および仰角を計測してHF帯の電波源位置を特定する方法. 測定される仰角は, 電離層からの反射角である. 送信位置の仰角とSSL局の仰角は同一となる. 電波源とSSL局との

距離は，地表距離として計算できる．

電離層〔ionosphere〕 地上高約 50〜500km に広がる電離（イオン化）した領域をいう．電波伝搬で対象とするのは主として中・短波帯を反射する領域で，D 層，E 層および F 層と呼ばれている層である．D 層は，地上高約 50〜90km にあり，周波数によっては吸収・減衰される一種の吸収層で，吸収は真昼に最大，日没後に最小となる．E 層は，地上高約 90〜約 130km にあり，日中は中・短波帯の HF 帯電波を反射する．その強さは太陽放射と季節および太陽黒点活動に応じて変化する．スポラディック E 層は，主として東南アジアおよび南シナ海の局地的夏季に現れる短期的に電離する層である．HF 帯の伝搬で短期間に変動する．F1 層は，地上高約 175〜250km に広がる．日中のみ存在し，夏季および黒点活動の激しい時期に最大となる．中緯度帯で最も活発である．F2 層は，地上高約 250〜400km に不変に存在するが，極めて変動が激しい．長距離・夜間の HF 波帯伝搬を可能にする．

電離層反射点〔ionosphere point of reflection〕 電離層の反射は，実質高度と臨界周波数で特性化される．実質高度とは，電離層からの信号の見かけの反射点のことであり，垂直に送信しその往復伝搬時間を測定する測深器での測定値より高い．実質高度は，周波数が臨界周波数に至るまで高くなり，それ以上の周波数では電離層を突き抜ける．

慣性航法〔inertial navigation〕 検出した加速度をもとに自分の位置を求める航法であり，3 次元の加速度を測定する加速度計，およびこの加速度から速度，移動距離などを計算するコンピュータなどからなる慣性航法装置（inertial navigation system; INS）を用いる．天候・気象の影響を受けない．

マルチパス反射; 多重反射〔multipath reflection〕 電波伝搬において，直接伝搬経路以外に伝搬経路上の地形・地物によって反射・屈折した経路で到達する現象をいい，受信信号強度の変動，周波数歪み（周波数選択性フェージング），時間遅延およびフェージングといった現象を引き起こす．EW の観点からは，周波数・電力測定，方探測定誤差などの生起要因になりうる．

フロント・トゥ・バック比; 前後電界比〔front-to-back ratio〕 主方向に放射されたエネルギーとその反対方向に放射されたエネルギーとの比．

真北〔true north〕 北極点，つまり地球の自転軸の北端（北緯 90° 地点）を指す方位をいう．

■第9章：妨害

ソフトキル〔soft kill〕 [1] 緊要な領域における対象のシステムの運用を著しく危うくするために，その装備を一時的に混乱させること．[2] 非破壊的 EW 技法を使用して自らが標的とする武器を無害化すること．

目標に対してソフトキルを行ったあとでも，依然としてその武器が他のいくつかの潜在的な目標に脅威を与えうることに注意されたい．ファームキル（firm kill; 物理的破壊以外の，機能に対する効果的損壊．例えばミサイル誘導電子装置の機能不全を誘起），ハードキル（hard kill; 物理的破壊）と対比した用語．

カバー妨害〔cover jamming〕 カバー妨害の目的は，レーダが目標を捕捉・追尾できなくなるほどにレーダの受信機の信号品質を低下させることにある．自己防御または遠隔妨害位置から行う妨害のいずれにおいても使用できる．カバー妨害は通常，雑音波形を使用するが，レーダの電子防護（EP）機能を破るために，それ以外の波形が使用されることもある．

欺まん妨害〔deceptive jamming〕 欺まん妨害は，レーダが目標から有効なリターン信号を受信しているように見せかけ，受信信号から得られる情報によって距離または角度による目標の追尾を失敗させるものである．欺まん妨害では，目標の信号をマイクロ秒に近い精度で入力しなければならないので，一般に自己防御用途に限られる．遠隔妨害機からの一部の欺まん技法は可能ではあるが，実際には極めてまれである．欺まんには距離，周波数および角度を欺まんするやり方がある．

自己防御妨害〔self protection jamming〕 自己防御妨害装置は，レーダで探知または追尾されている目標機に搭載されている．これは，妨害機からレーダまでの距離（R）および妨害機/目標方向のレーダアンテナの利得（G）は同じということである．そこで，自己防御妨害における J/S は，次式で表される．$J/S = 71 + ERP_J - ERP_R + 20 \log R - 10 \log \sigma$．ここで，$ERP_J$ は妨害機の ERP，ERP_R はレーダの ERP，σ は目標のレーダ断面積（RCS）である．

スタンドオフ妨害〔stand-off jamming; SOJ〕 妨害プラットフォームを，敵ミサイルシステムの有効圏外ではあるがその近傍に位置させ，友軍の攻撃を支援する ECM の戦法をいう．レーダ位置から見て攻撃機の同一放射線上に SOJ 妨害機を占位させ，SOJ 機が敵のレーダ信号を受信したタイミングと，敵のレーダが攻撃機の反射信号を受信したタイミングとの誤差を最小限にすることによって，レーダの主ローブ内を攻撃機が持続的に飛行することができる．

バーンスルー〔burn-through〕 目標のスキンリターンの受信電力が，受信される妨

害/干渉信号より強くなることをいう．つまり，妨害環境において，レーダ表示装置またはその他の発見装置に現れる真の目標の表示をいう．

バーンスルーレンジ〔burn-through range〕　［1］特定のレーダが受信している外部干渉を通り抜けて目標を識別できる距離，［2］雑音妨害機から受信するエネルギーがもはやスキンリターンを隠すほど大きくならない距離，のいずれかでその距離は正確に測定することは困難であり，オペレータの能力，周囲の環境およびレーダによって異なる．大部分のレーダでは，S/Jが5〜15dBとなる比較的近距離の位置である．別の表現として，セルフスクリーニング妨害を用いる目標またはサポート妨害機に防護された目標に対し，レーダ受信機がその真の目標を発見しうるレーダと目標間の最大直線距離をいう．

パワーマネージメント〔power management〕　レーダまたは通信の目的を達成するために必要な限られた送信電力を用いるLPI技法の一つをいう．

バイスタティックレーダ〔bistatic radar〕　異なる位置に置いたアンテナ/送信機・受信機を使用して送受信を行うレーダ．送受分離レーダともいう．これに対して，一般的なレーダは，送信機と受信機が同一の位置にあり，1個のアンテナで送受信を行うことからモノスタティックレーダと呼ばれ，レーダエコーを受信機方向に反射しないステルス目標の探知は一般に困難である．

ホームオンジャム; 妨害源追尾〔home-on-jam; HOJ〕　ミサイル誘導受信機が目標のセルフスクリーニング妨害信号を逆用し，ミサイルをその目標に誘導できるような角度操舵情報を作り出して角度追尾するようにした受動追尾機能．

モノパルスレーダ〔monopulse radar〕　放射源あるいは目標の角度位置についての情報は，ローブ切替やビームが連続生成される円錐走査技術でわかるように，複数の同時アンテナビームで受信される信号の比較によって得られる．複数パルスは通常，予測精度の改善，あるいはドップラ分解能を得るために使用されるが，モノパルスビームの同時性によって，単一のパルス（したがってモノパルス）から2次元の角度を予測することができる．すなわち，パルスごとの振幅変動に影響されず，1個のパルスで本質的に角度を検出することができるようになる．これには位相を検出する方法（位相モノパルス）と振幅を検出する方法（振幅モノパルス）があり，この原理は，パルス，CWの双方のレーダにおいて利用できる．

距離ゲート〔range gate〕　目標を選定し，その目標までの距離を測定するためのレーダ機能の一つ．特定の距離に位置する目標の反射信号，妨害信号あるいはノイズの受信信号を抽出する．

スキンリターン〔skin return〕　［1］目標から反射された後に，受信される電磁エネルギー．［2］スキンリターンで作り出された CRT ディスプレイ上の偏差または強度の変化．
レーダエコーと同意義である．

分解能セル〔resolution cell〕　レーダのアンテナビーム幅，パルス幅，および受信フィルタの帯域幅で境界が決まる範囲（容積）．これによって，レーダで追尾できる空域の容積が明らかになる．

逆利得妨害〔inverse gain jamming〕　［1］データ抽出のため，目標リターン信号の振幅変調の復調法に依存するレーダに対して使用されるセルフスクリーニングまたはサポート ECM の技法．周波数雑音信号，あるいは対象となるレーダアンテナのスキャンパターンの逆スキャン変調特性を有する反射信号のいずれかの周波数での送信からなる．［2］妨害電力を受信信号電力に反比例させる妨害技術．

トラック・ホワイル・スキャン〔track-while-scan; TWS〕　単一のレーダシステムが走査しながら，一つあるいは複数の目標を同時に捕捉，追尾して，目標の位置情報を周期的に報告する方式．

SORO レーダ〔scan-on-receive-only radar; SORO rader〕　送信アンテナのパターンを一定にするか，走査を行わないかのいずれか，すなわち，受信アンテナのパターンのみで目標方向を走査するような技法を用いるレーダをいう．LORO (lobe-on-receiver-only) とも呼ばれている．また，SORO ECCM として，円錐走査またはトラック・ホワイル・スキャンレーダで使用される ECCM 技術がある．これは，敵の振幅変調を利用したセルフスクリーニング ECM 技法を無効にさせることを基本としている．

自動利得制御〔automatic gain control; AGC〕　入力あるいはその他の特定のパラメータに応じた所定のやり方で利得を調整する処理あるいは手段．

AGC 妨害〔AGC jamming〕　AGC を使用した円錐走査および一部のモノパルス追尾レーダに方位追尾（角度）誤差を生じさせることにより，レーダの追尾を回避しようとするセルフスクリーニング妨害技法の一つ．レーダ反射信号の振幅変化を検出して角度追尾その他の情報を得ているレーダに対しては，有効な妨害技法である．

迅速起動/低速減衰 AGC〔fast attack/slow decay AGC〕　AGC 欺瞞において，レーダオペレータが，徐々に変化するデューティサイクルを気づきにくくするとともに，デューティサイクルの変化に応じて ECCM モードを切り替えなければならなくす

る効果を得るため，当初はデューティサイクルの変化を高くし，低い部分ではゆっくり変化させる（カウントダウン）方式の AGC．

速度ゲート〔velocity gate〕　レーダ受信機で目標を選別または目標の速度を測定する目的で特定の速度範囲（ドップラシフト）内の反射信号，妨害あるいはノイズなどを抽出するものをいう．ドップラシフトの値は使用周波数および目標速度により，大きく変動する．

速度ゲート・プルオフ〔velocity gate pull-off; VGPO〕　速度追尾レーダに対して使用されるセルフスクリーニング ECM 技法の一つ．対象となるレーダの速度ゲートを捕捉して，速度的にずらし（walk-off），次いで妨害信号をオフにして，速度ゲートに信号がなくなるようにし，速度追尾を外させる．その処理を反復して行う．速度欺まん（velocity gate walk-off; VGWO），stealer などと同義．

速度ゲート・プルオフ妨害機　VGPO を用いた妨害機．

ブリンキング妨害〔blinking jamming〕　追尾レーダから見て同一方位（角度セル内）に，単一目標に見えるほどの近距離間隔を保った 2 機の航空機により実施されるセルフスクリーニングおよびサポート ECM．狭帯域妨害．レーダの座標系に振動を生じさせるように（目標間で）妨害源を交互に切り替えて妨害を行う．ブリンキング（明滅）速度が遅すぎると一つの周波数が妨害機の一つにミサイルを引き付けることになる反面，速すぎると，追尾側がデータを平均化することを可能にしてしまう．

地形反射妨害〔terrain-bounce jamming〕　目標となるレーダに妨害信号を再放射するような振る舞いをさせるように，氷のような大型の平板物体あるいは平坦大地特性を用いた技法．

スカート妨害〔skirt jamming〕　セルフスクリーニング ECM 技法の一つであり，レーダの応答曲線のスカート状の縁上（裾野）の周波数で行うモノパルスレーダの妨害技法．一つの周波数応答曲線のスカートは，レーダ受信の希望周波数の上下の範囲にあるが，受信機の探知範囲内であることに注意されたい．

イメージ妨害〔image jamming〕　[1]角度追尾において位相判定に依存する追尾レーダに対して用いられるセルフスクリーニング ECM 技法の一つで，対象となるレーダの映像周波数上の信号を放射するものである．[2] アンテナを目標から追い払わせるように，モノパルスレーダの映像周波数を妨害すること．

イメージ除去（レーダ受信機設計に機能として組み込まれる ECCM 技法であり，設計によって，イメージ妨害方策がレーダ運用にほとんど効果がないように映像信

号周波数を減衰させる）を行うレーダに対しては無効である．

イメージ周波数; 映像周波数〔image frequency〕　同一の処理によって選定された周波数を作り出す可能性を持つ無用の入力周波数．イメージ周波数は，スーパーヘテロダイン受信機で同調された周波数とは異なるが，必ず対称の関係がある．したがって，イメージ周波数は誤って取り込まれ，受信機で真の周波数として処理される可能性がある．

交差偏波妨害〔cross-polarization jamming; X-POL jamming〕　[1] 対象となるレーダの主偏波と直角に交差した偏波信号を放射することにより，追尾レーダに角度誤差や，監視レーダの妨害抑圧 ECCM システムに探知誤差を引き起こさせるセルフスクリーニングあるいはサポート ECM 技法をいう．[2] モノパルス，その他のパッシブローブ追尾レーダに対して用いられる妨害技法．ビームパターンのヌルにおいて，強力な J/S やスキンリターンを際立たせることが必要．

コンドンローブ〔Condon lobe〕　放物面レーダアンテナの反射器が著しく前方に位置している場合に，主アンテナの給電に対して交差偏波してできる小さなローブをいう．一般に，アンテナの曲率が大きいほどコンドンローブも大きくなる．主レーダ信号に対して交差偏波した極めて強力な妨害信号によってレーダが照射された場合，これらのローブは大きくなる．

コヒーレント妨害〔coherent jamming〕　コヒーレントレーダ（送信される信号と送信機の発振器との位相関係が一定である LPI レーダ）が，妨害信号と正規の信号とを区別するための電波の位相を使用できないように，妨害対象信号の周波数との位相関係を固定，あるいはほとんど固定した信号を用いる電子妨害をいう．

クロスアイ妨害〔cross eye jamming〕　防護しようとする航空機または他のプラットフォーム上に間隔をとって取り付けられた複数のアンテナから，位相制御したリピートパルスまたは相手レーダに同調した周波数の妨害信号を放射して，対象となるレーダ（モノパルス追尾レーダ，円錐走査レーダ，その他の角度追尾レーダ）に角度誤差を生じさせるセルフスクリーニング ECM 技法をいう．また，距離欺瞞のために，二つの異なる AM 変調信号や同様の ECM 技術を同時に使用できる．

■ 第 10 章：デコイ

誘惑; セダクション〔seduction〕　ECM を使用して，武器のホーミング誘導（追尾ロック）を，目標から首尾良く外れさせ，チャフ，IR フレア，その他のデコイなどの使い捨て装置に転移させる運動．

飽和〔saturation〕　ノイズ，偽信号またはその両方の発生により，対象の武器受信システムのデータ処理機能を過負荷状態（飽和）にさせる妨害.

パッシブディストラクションデコイ〔passive distraction decoy〕　ミサイルが標的となる艦艇を捕捉・追尾する前，あるいは捕捉後，角度または距離ゲートから確実に引き離すように見せかけるようにするデコイ（チャフ），あるいはそのパッシブな用法.

捕捉レーダ〔acquisition radar〕　ビーム幅の狭い火器管制レーダが機能するのに十分な精度で目標の位置を決定するためのレーダ.

追尾レーダ〔tracking radar〕　目標を常時，あるいは時間を限定して追尾するためのレーダ．角度，距離，速度などによる追尾方式がある.

ブレークロックデコイ〔break-lock decoy〕　レーダの追尾を外して（ブレークロック），レーダの再捕捉を妨害し，レーダ誘導ミサイルの命中率を低下させることを目的としたセルフスクリーニング ECM デコイの一種.

近接場効果〔near-field effect〕　近傍界（フレネル領域）効果ともいう．対象とするアンテナを中心とした，半径 $r = 2D^2/\lambda$（λ はアンテナが使用する周波数の波長）以内の領域内（近接場）で測定したアンテナパターンが正確なパターンを示さない現象をいう．電波伝搬においては，近接場では通常の電波伝搬式を適用することができない．それ以上の距離にある領域を far-field（遠方電界領域; フラウンホーファ領域）という．ここで，$D = D_1 + D_2$ であり，D_1 は波源の開口寸法，D_2 は観測のためのセンサまたはアンテナの寸法（ただし，D_1 は λ より大きいとする）である.

ステルスプラットフォーム〔stealth platform〕　プラットフォームの断面積（RCS）を減少させ，いわゆる「センサに防護されたエリアを発見されることなく通過できる」能力を強化したプラットフォーム一般を指す．断面積を減少させる方法として，電磁波吸収材またはレーダ吸収体（RAM）を使用する方法，さらには電波を減衰させる分散器（dissipator）を使用する方法などがある.

レーダ断面積〔radar cross section; RCS〕　レーダ反射断面積ともいう．一般に σ で表され，幾何学上の断面積（cross section），反射率，および指向性の関数である．それぞれ [1] 幾何学上の断面積：レーダから見た目標の大きさ，[2] 反射率：目標から反射される電力と目標を照射するレーダ電力との比，[3] 指向性：全反射電力が全方向に反射される場合，レーダ方向に散乱して返ってくる電力とレーダに反射される全電力との比であり，$\sigma =$ 幾何学上の断面積 × 反射率 × 指向性となる.

チャフバースト〔chaff burst〕　一つのチャフユニットの散布により形成される電波反射の形態.

チャフ雲〔chaff cloud〕　多量に重畳したチャフバースト.

有効RCS〔effective RCS〕　［1］レーダ目標の反射電力の尺度をいう．通常，平方メートル単位で測定され，特定方向から散乱体に入射した平面波の単位面積当たりの電力に対する，特定方向に散乱する単位立体角当たりの電力の比率を4π倍したものとして定義される．［2］実際の目標においてレーダに戻るエネルギーと同量を反射するであろう仮想的な電磁波の完全反射体の面積をいう．すなわち，受信アンテナの方向に，実際の目標とまったく同じ電力を反射させる等方性反射体の面積（完全導体の球体の断面積）と定義され，同じ物体であっても，個々の角度およびレーダの周波数でレーダ断面積は通常異なる．

■第11章：シミュレーション

知覚しきい値〔perception threshold〕　二つの感覚刺激の差異を知覚できる最小値（限界値）のことである．コンピュータ工学やプログラミングの分野でもしきい値という用語は用いられ，この場合も動作や意味が変化する最小値のことを意味している．しきい値以下の物理刺激を受けても，その刺激を知覚することはできない．

レーダ水平線〔radar horizon〕　レーダアンテナからの電波が地表面と接する位置の軌跡をいう．地球の湾曲のためにそれ以遠ではレーダが探知できない領域であり，目標の高度により異なる．外海においてはこの軌跡が水平線となるが，陸上では地形によって変化する．6.3.2項を参照．

処理利得〔throughput gain〕　受信機などの処理過程で，相関（逆拡散）やフィルタリングにより，伝送路で混入したノイズ（妨害）成分が除去されてSN比が向上（利得）することをいい，拡散されたベースバンドと元の信号との間の比率（dB）で表される．代表的なスペクトル拡散の処理利得は，10〜60dBの範囲となる．

単純化モデル〔simplified model〕　モデリングにおいて，単純化する目的に応じた視点から，必要な情報のみを抽出し，関係ないものは捨てたモデルをいう．

クラス〔class〕　シミュレーションにおいて，共通の性質，共通の振る舞い，共通の関係，および共通の意味を持つ，一般的なオブジェクトグループの記述をいう．例えば戦闘機，輸送機，ヘリコプタなどの共通した属性ごとに区分された表現．

差動ローブ法〔lobe switching〕　目標位置によって信号が変化するように，指向放射パターンを周期的に適切な位置に切り替える方探手段の一つ．信号変化によって，パターンの平均位置からの目標のずれの量および方向についての情報が得られる．

また，2 点における信号レベルが同じであれば，目標はその 2 点の中心に位置していることになる．ローブシフティング（lobe shifting），あるいはシーケンシャルロービング（sequential lobing）ともいう．

■ 参考文献・資料など

1) *EW101: A first course in electronic warfare* ［本書の原著］（David Adamy 著，2001 年 Artech House 刊，ISBN 1-5803-169-5）．
2) *EW102: A second course in electronic warfare*（David Adamy 著，2004 年 Horizon House Publications 刊，ISBN 978-1-58053-686-7）．
3) *EW103: Tactical Battlefield Communications Electronic Warfare*（David Adamy 著，2009 年 Artech House 刊，ISBN 978-1-59693-387-3）．
4) *Journal of Electronic Defense*（JED）の David Adamy による EW101 コラム（2002 年 8 月〜2011 年 1 月．特に 2009 年 12 月〜2010 年 12 月の "EW Against Modern Radars" part 1〜13）．
5) Space & Electronic Warfare Lexicon（http://www.rtna.ac.th/article/Space%20&%20Electronic%20Warfare%20Lexicon.pdf）．
6) *Applied ECM Vol.1*（Leroy Van Brunt 著，1980 年 EW Engineering 刊，1st edition，ISBN 0931728002）．
7) *Electronic Warfare for the Digitized Battlefield*（Michael R.Frater, Michael Ryan 著，2001 年 Artech House 刊，ISBN 1-58053-271-3）．
8) *Essentials of Radio Wave Propagation*（Christopher Haslett 著，2008 年 Cambridge University Press 刊，ISBN 978-0-511-36807-3．eBook http://www.cambridge.org/9780521875653）．
9) *Introduction to Communication Electronic Warfare Systems*（Richard A.Poisel 著，2008 年 Artech House 刊，2nd edition，ISBN 978-1-59693-452-8）．
10) *Communications, Radar and Electronic Warfare*（Adrian Graham 著，2011 年 John Wiley & Sons 刊，ISBN 9780470688717）．
11) *Geolocation of RF Signals*（Ilir Progri 著，2011 年 Springer 刊，ISBN 978-1-4419-7951-3）．
12) Joint Publication 1-02 米国統合用語集：Department of Defense Dictionary of Military and Associated Terms（November 2010, As Amended Through 15 August 2012）．
13) 米国陸軍教範 FM 2-0：Intelligence（March 2010）．

14) 米国陸軍教範 FM 3-36：Electronic Warfare in Operations（February 2009）．
15) 米国陸軍教範 FM 24-33：Communications Techniques: Electronic Counter-countermeasures（July 1990）．
16) "A comparison of radiolocation using DOA respective TDOA" White Paper（Dr.-Ing. Andreas Schwolen-Backes 著，PLATH GmbH 刊）．
17) 英和対訳軍事関係用語集（金森園臣 著，2003 年 TermWorks 刊，第 2 版）．
18) MILDICW "コモ辞書"（菰田康雄 監修，http://homepage3.nifty.com/OKOMO/）．

和文索引

■ 数字

2角と既知の高度差法（two angles and known elevation differential） 157
2次元航空機搭載システム（2-D airborne system） 179
3dB ビーム幅; 半値幅（3-dB beamwidth） 36
3次元空間での交戦（3-D engagement） 30
4/3 地球曲率（4/3 earth factor） 120
4/3 等価地球半径係数（4/3 earth factor） 120
4π 立体角覆域（4π steradian coverage） 109
4素子コニカルスパイラル（らせん）アンテナ（4-arm conical spiral antenna） 39

■ A

A/D 変換器（A/D converter） 61
AGC 妨害（AGC jamming） 224

■ C

CN 比（carrier-to-noise ratio; CNR; C/N; 搬送波対雑音比） 71

■ D

dB 形式の絶対値（absolute value in dB form） 9
dB 値（dB value; dB） 8, 10
dB 方程式（dB equation） 10
DF 受信機（direction finding receiver） 66, 67
DS 受信機（DS receiver） 144
DS スペクトル拡散送信機（direct sequence spread-spectrum transmitter） 143

■ E

EW シミュレーション（EW simulation） 263
EW 処理（EW processing） 77, 79

■ F

FH 送信機（frequency hopper） 132
FM 改善係数（FM improvement factor） 72
FM 感度（FM sensitivity） 72
FM 検波回路（FM discriminator） 72
FM 周波数弁別器（FM discriminator） 72
FSK 変調（方式）（frequency-shift keyed modulation; FSK） 75

■ I

IFM（瞬時周波数測定）受信機（IFM receiver） 55
IF 信号シミュレータ（IF signal simulator） 292, 294
IF パノラマディスプレイ（IF panoramic (pan) display） 302
IF フィルタ（IF filter） 208

■ L

LOS 伝搬（line-of-sight propagation） 14
LPI 信号（LPI signal） 130, 139

■ N

n dB ビーム幅（n dB beamwidth） 36

■ P

PSK 変調（方式）（phase-shift keyed (keying) modulation; PSK） 75

和文索引

■ R

RF 信号シミュレータ（RF signal simulator） 292, 293

■ S

SN 比（signal-to-noise ratio; SNR; S/N; 信号対雑音比） 70
SORO レーダ（scan-on-receive-only radar; SORO） 223

■ T

TOA 基線（TOA baseline） 187

■ U

UAV デコイ（UAV (unmanned aerial vehicle) decoy） 243

■ Y

YIG 同調フィルタ（tuned YIG filter） 56
YIG フィルタ（YIG filter） 56

■ あ

アイソレーション（isolation） 38, 127
曖昧さ（ambiguity） 156
アクティブデコイ（active decoy） 250
アスペクト角（aspect angle） 247
アナログ/デジタル変換（analog to digital; A/D） 61
アナログ制御（analog control） 265
誤り訂正符号（error correction code） 149
アンテナ効率（antenna efficiency） 45
アンテナスキャン（antenna scan） 80
アンテナ素子間隔（antenna element spacing） 48
アンテナのアイソレーション（分離, 離隔）（antenna isolation） 211
アンテナのスキャンタイプ（antenna scan type） 79
アンテナのスキャンレート（antenna scan rate） 79
アンテナの対向（scan-on-scan） 108
アンテナパターン（antenna pattern） 40
アンテナパラメータ（antenna parameter） 33
アンテナビーム（antenna beam） 34

アンテナ利得（antenna gain） 35, 37, 43, 44
アンテナ利得パターン（antenna gain pattern） 35
アンビギュイティ（ambiguity） 156

■ い

石垣（石塀）フィルタ（stone wall filter） 233
位相応答（phase response） 234
位相合成（coherent sum） 167
位相誤差（phase error） 181
位相シフト（偏移）キーイング変調（方式）（phase-shift keyed (keying) modulation; PSK） 75
位相の打ち消し（phase cancellation） 212
位相ロックループ（phase-locked-loop; PLL） 72
位置（location） 153
位置決定誤差（location error） 155
位置決定精度; 位置標定精度（location accuracy） 153
位置決定精度の割り当て量（location accuracy budget） 161
位置誤差（site error） 162, 163
一貫性（consistency） 286
イットリウム・アイアン（鉄）・ガーネット（yttrium iron garnet; YIG） 56
移動目標（moving target） 209
イメージ周波数（image frequency） 235
イメージ特性（image response） 235
イメージ妨害（image jamming） 234
インターフェロメータ（interferometer） 164
インターフェロメータによる方探（interferometer direction finding） 171
インターフェロメトリ（interferometry） 171
インバウンド距離ゲート・プルオフ（inbound range gate pull-off） 212, 216

和文索引

■ う
運用シーケンス（operating sequence） 253

■ え
曳航（型）（towed） 242, 243
映像周波数（image frequency） 235
エネルギー探知（energy detection） 112
エミッタ（emitter） 153
エミュレーション（emulation） 266, 290
円形公算誤差（circular error probable; CEP） 159
円錐走査方式（conical scan） 312
円錐走査レーダ（con-scan radar） 219

■ お
オーディオまたはビデオ出力シミュレータ（audio-or video-output simulator） 292, 294
オーディオまたはビデオ入力シミュレータ（audio-or video-input simulator） 292, 294
オフボアサイト角（off-boresight angle） 49
オペレータインタフェース（operator interface） 91, 94, 98
オペレータインタフェースシミュレーション（operator interface simulation） 279

■ か
カージオイド利得パターン（cardioid gain pattern） 167
回線方程式（link equation） 6, 11
解像度（resolution） 153
回転式エンコーダ（shaft encoder） 265
海抜標高（elevation） 155
可干渉（性）（coherent） 75
拡散係数（spreading factor） 142
拡散損失（spreading loss） 12, 13
拡散復調器（spreading demodulator） 144, 145
拡散変調器（spreading modulator） 144
学習経験（learning experience） 267
角度・距離（法）（angle and distance） 155
角度誤差（angular error） 181
角度測定システム（angle-measuring system） 158
角度追尾（angle-tracking） 217
片方向回線（one-way link） 11
カバー妨害（cover jamming） 193, 195, 207
干渉（妨害）信号（interfering signal） 21
干渉三角形（interferometric triangle） 172
干渉法（interferometry） 171
慣性航法（inertial navigation） 157
観測アンテナスキャン（observed antenna scan） 79
観測角（observation angle） 30
艦艇防御（ship defense (protection)） 253, 255, 269
感度（sensitivity） 51, 67, 73, 115
感度が定義される位置（where sensitivity is defined） 67
感度の3要素（sensitivity (three components of ——)） 68

■ き
機器誤差（システムの——）（instrumentation error of the system） 162
基準入力（reference input） 184
擬似ランダム（pseudorandom） 134
擬似ランダム信号（pseudorandom signal） 144
擬似ランダム掃引同期方式（pseudorandom sweep-synchronization scheme） 141
擬似ランダムビットパターン（pseudorandom bit pattern） 144
擬似レーダリターン（simulated radar return） 233
基線（baseline） 171, 172
北大西洋条約機構（North Atlantic Treaty Organization; NATO） 5
輝度（luminance） 284
欺まん信号（deceptive signal） 195
欺まん妨害（deceptive jamming） 193, 195, 196

逆拡散（despreading） 145
逆利得妨害（inverse gain jamming）
　217, 219, 221, 223
キャビティバックスパイラルアンテナ
　（cavity-backed spiral antenna） 39
究極除去（ultimate rejection） 233
球面三角形（spherical triangle） 22, 23
球面三角法（spherical trigonometry） 22
脅威識別（threat identification） 78, 79
脅威シナリオ（threat scenario） 268
脅威レーダ走査（threat radar scan） 217
仰角（elevation angle） 156
仰角に起因する誤差（elevation-caused
　error） 27
鏡像によるアンビギュイティ（mirror image
　ambiguity） 176
狭帯域（narrowband） 52
狭帯域（形の）受信機（narrowband type of
　receiver） 52
狭帯域周波数の捜索（narrowband
　frequency search） 113
狭帯域中間周波数（narrowband
　intermediate-frequency; NBIF） 302
狭帯域妨害（spot jamming） 127
狭ビームアンテナ（narrow-beam antenna）
　164, 165
極性（polarization; PL） 33, 34, 37
局部発振器（local oscillator; LO） 57
距離欺まん妨害（range deceptive
　jamming） 212
距離ゲート（range gate） 212
距離ゲート・プルイン（range gate pull-in;
　RGPI; inbound range gate pull-off）
　212, 216
距離ゲート・プルオフ（range gate pull-off;
　RGPO） 212
距離測定システム（distance-measuring
　system） 158
距離によるアンビギュイティ（distance
　ambiguity） 190
距離分解能（range resolution） 137
緊縮隊形（tight range formation） 231
近接場効果（near-field effect） 18, 248

■く
空間損失（space loss） 13
空間波として放射される電力（power out in
　the ether waves） 17
クラス（class） 279
クリスタル（鉱石）ビデオ受信機（crystal
　video receiver） 53
グレーティングローブ（grating lobe） 48
クロスアイ妨害（cross eye jamming）
　239
クロミナンス（chrominance） 284
訓練（用）シミュレーション（simulation
　for training） 266

■け
ゲーム領域（gaming area） 269, 285
ゲーム領域の指標付け（gaming area
　indexing） 286
原価作用要因（cost driver） 290
現況把握（認識）(situation awareness) 6
検波前 SN 比（predetection SNR） 71

■こ
広域（大域）RMS 誤差（global RMS error）
　159
後縁（実目標の反射信号の――）（trailing
　edge） 215
光学水平線（optical horizon） 119
航行速度（steaming speed） 271
交差偏波アイソレーション
　（cross-polarization isolation） 38
交差偏波応答（cross-polarization response）
　236
交差偏波妨害（cross-polarization jamming;
　X-POL） 236
較正; 校正（calibration） 163, 180
合成誤差（resultant error） 170
較正テーブル（calibration table） 164
合成リターン信号（combined return
　signal） 216
航跡（track） 246
交戦（戦闘）シナリオ（engagement
　scenario） 257

高速同調受信機（fast-tuning receiver）132, 136
高速ホッパ；高速 FH 送信機（fast hopper）133
広帯域中間周波数（wide-band intermediate-frequency; WBIF）　302
広帯域妨害（wideband jamming）　137
高忠実度パルスエミュレータ（high-fidelity pulsed emulator）　310
効率（efficiency）　34
国防地図庁（米国防総省）（Defense Mapping Agency; DMA）　107
誤差確率楕円（elliptical error probable; EEP）　160
コスト推進要因（cost driver）　290
固定同調受信機（fixed tuned receiver）58
コニカルスパイラルアンテナ（conical spiral antenna）　39
コヒーレント（coherent）　75
コヒーレント妨害（coherent jamming）239
混在パルス列（インタリーブ）信号（interleaved signal）　88
コンドンローブ（Condon lobe）　236
コンピュータシミュレーション（computer simulation）　269
コンプレッシブ（圧縮）受信機（compressive receiver）　60

■ さ

最高情報信号周波数（maximum information signal frequency）　144
最終位置（last location）　271
最大誤差（peak error）　159
最大同時交戦目標数（maximum number of targets）　244
サイトキャリブレーション（site calibration）　163
サイドローブ（side-lobe）　36
サイドローブ利得（side-lobe gain）　36
雑音指数（noise figure; NF）　69
差動ドップラ（differential Doppler）164, 184

差動ビーム法（lobe switching）　314
座標（location）　153
座標系（coordinate system）　269
座標誤差（受信所の——）（location error of the intercept site）　162
三角測量（法）（triangulation）　155
残存性分析（survivability analysis）　268

■ し

時間増分（time (timing) increment）269, 273
時間忠実度（time fidelity）　283
時間覆域（time coverage）　143
時間分解能（time resolution）　274
軸モード（axial mode）　39
軸モードヘリカルアンテナ（axial mode helix antenna）　39
試験・評価（test and evaluation; T&E）264
指向エネルギー兵器（directed-energy weapon; DEW）　4
時刻（時間）基準（time reference）　187
時刻歴（time history）　310
自己防御（防護）（self-protection）　154
自己防御妨害（self-protection jamming）196
実効妨害電力（effective jammer power）197
実効放射電力（effective radiated power; ERP）　17, 78
実時間遅延（true time delay）　48
ジッタパルス列（jittered pulse train）　90
自動利得制御（automatic gain control; AGC）　224
時分割方式ジェネレータ（time-shared generator）　316
ジャーナル・オブ・エレクトロニックディフェンス（Journal of Electronic Defense; JED）　iv
自由運動型（independent maneuver）242, 243
周波数アジャイルレーダ（frequency-agile radar）　90

周波数シフト（偏移）キーイング変調（方
　式）（frequency-shift keyed
　modulation; FSK） 75
周波数占有（帯域幅）（frequency
　occupancy） 139, 148
周波数測定（frequency measurement）
　90
周波数帯域幅（frequency bandwidth） 39
周波数対時間特性（frequency versus time
　characteristic） 138
周波数通過帯域（frequency passband）
　200
周波数同調（tuned radio frequency; TRF）
　56
周波数同調受信機（TRF receiver） 52,
　56, 58
周波数変調（方式）（frequency modulation;
　FM） 72
周波数ホッパ（frequency hopper） 132
周波数ホッピング（frequency hopping;
　FH） 132
周波数ホッピング信号（frequency hopping
　signal） 132
周波数ホッピング送信機（frequency
　hopping transmitter） 133
終末誘導（terminal guidance） 232
受信感度対瞬時RF帯域幅（sensitivity
　versus instantaneous RF bandwidth）
　140
受信機同調曲線（receiver-tuning curve）
　141
受信信号エネルギーシミュレータ（received
　signal energy simulator） 292, 293
受信信号電力（received signal power）
　197
受信信号の諸元（received signal
　(parameter of ——)） 79
受信妨害電力（received jamming power）
　199
出力SN比（output SNR） 74
主ビーム（main lobe） 35
主ビーム利得（main beam gain） 20
瞬時周波数測定（instantaneous frequency
　measurement; IFM） 51, 55

純利得伝達関数（net-gain transfer
　function） 304
状況把握（認識）（situation awareness） 6
情報帯域幅（information bandwidth）
　131, 143, 147
情報帯域幅当たりの信号強度
　（signal-strength-per-information
　bandwidth） 131
初期位置（initial position） 269
初期条件（initial condition） 269
所在（location） 153
所要J/S（required J/S） 203
所要S/N（required S/N） 55, 70
処理作業（processing task） 77, 79
処理遅延（process latency） 285
処理利得（throughput gain） 271
信号強度（signal strength） 9
信号合成器（signal combiner） 46
信号情報（signal intelligence; SIGINT）
　5
信号対雑音比（signal-to-noise ratio; SNR;
　S/N; SN比） 70
信号対量子化雑音比（signal-to-quantizing
　noise ratio; SQR） 74
信号の相関（関連付け）（signal association）
　79, 82
信号変調帯域幅（signal modulation
　bandwidth） 139
信号密度（signal density） 118, 120
迅速起動/低速減衰AGC（fast attack/slow
　decay AGC） 225
真の到来波入射角（true angle of arrival）
　159
振幅追尾（amplitude tracking） 237
振幅比較（amplitude comparison） 164,
　165, 168

■ す

垂直状況表示（盤）（vertical-situation
　display; VSD） 98, 100
垂直ダイポールアンテナ（vertical dipole
　antenna） 175
垂直ファンビーム（vertical fan beam）
　276

水平状況表示（盤）（horizontal-situation display; HSD） 98, 101
スーパーヘテロダイン受信機（superheterodyne receiver） 57
スカート妨害（skirt jamming） 233
スキンリターン（skin return） 214
スタガパルス列（staggered pulse train） 90
スタンドオフ妨害（stand-off jamming） 196
ステルスプラットフォーム（stealth platform） 248
スプレッドシート（spread sheet） 276
スポットジャミング（妨害）（spot jamming） 127
スループット率（throughput rate） 6
スワスチカ（卍型）アンテナ（swastika antenna） 39

■ せ

制御（操作）応答精度（control-response accuracy） 283
正弦定理（sines (law of ——)） 24
精度制約要因（accuracy-limiting factor） 163
性能限界（performance limitation） 46
セクタ走査方式（sector scan） 311
セダクション（seduction） 242, 246, 252
セダクションデコイ（seduction decoy） 246, 252
設置誤差（システムの——）（installation error of the system） 162, 163
前縁（実目標の反射信号の——）（leading edge） 190, 215
全機能脅威シミュレータ（full capability threat simulator） 292, 293
線形アレイ（配列）（linear array） 47
線形掃引（linear sweep） 139
前後電界比（front-to-back ratio） 168
センサキューイング（sensor cueing） 79
センサ制御（統制）（sensor control） 79
全周走査方式（circular scan） 311
戦術 ESM システム（tactical ESM system） 103

センスアンテナ（sense antenna） 167
選択度（selectivity） 52
全地球測位システム（global positioning system; GPS） 185, 187
戦闘分析（engagement analysis） 268
占有ホップスロット（occupied hop slot） 148

■ そ

掃引周波数変調（swept frequency modulation） 137
掃引速度（sweep rate） 138
相互作用的な更新（interactive updating） 263
捜索受信機（search(ing) receiver） 114, 117, 124
測定誤差（measurement error） 158
速度ゲート（velocity gate） 226
速度ゲート・プルオフ（velocity gate pull-off; VGPO） 225, 226
ソフトキル（soft kill） 192
損失（loss） 8

■ た

第 1 次サイドローブ角（angle to the first side lobe） 36
第 1 次ヌル角（angle to the first null） 36
帯域幅（bandwidth; BW） 34, 39
帯域フィルタ（bandpass filter） 208
対艦ミサイル（antiship missile） 244, 255
大気（による）減衰（atmospheric attenuation） 15
大気損失（atmospheric loss） 12
対抗手段の管制（統制）（countermeasure control） 79
対数周期アンテナ（log periodic antenna） 39
対数伝達関数（log transfer function） 304
対地高度（elevation） 155
対電子対策（electromagnetic (electronic) counter-countermeasures; ECCM） 4

対電波放射源兵器（antiradiation weapon; ARW）　4
対電波放射源ミサイル（antiradiation missile; ARM）　245
ダイナミックレンジ（dynamic range; DR）　52, 54
対妨害手段（counter countermeasures）　215
耐妨害性（jamming resistance）　149
対妨害優位性（antijam advantage）　136
ダイポールアンテナ（dipole antenna）　39
タイミング精度（timing accuracy）　283
多義性（ambiguity）　156
多機能（多目的）表示システム（multiple-function display; MFD）　98, 102
ダクテッドファンデコイ（ducted fan decoy）　243
多重化装置（multiplexer）　64
多重反射（multipath reflection）　163
単一局方向探知（single site location; SSL）　155
単局方探（single site location; SSL）　155
単純化モデル（simplified model）　274
単側波帯（single side band; SSB）　112
探知通過帯域（detection passband）　112
ダンプモード（dump-mode）　256

■ち

知覚しきい値（perception threshold）　267
地形反射（terrain bounce）　233
地形反射利用技法（terrain bounce technique）　233
地上設置型方探システム（ground-based DF system）　177
チップレート; チップ速度（chip-rate）　144
チャープ化（chirped）　137
チャープ（化）信号（chirp(ed) signal）　137
チャープ（化）送信機（chirp(ed) transmitter）　138

チャネライズド受信機（channelized receiver）　58
チャフ雲（chaff cloud）　251
チャフバースト（chaff burst）　251
中間周波数（intermediate frequency; IF）　57
忠実度（fidelity）　283
注入点（信号の——）（injection point）　266
注入同期発振器（primed oscillator）　251, 260
長基線によるアンビギュイティ（long baseline ambiguity）　179
直接拡散式; 直接シーケンス（direct sequence; DS）　142
直接拡散式スペクトル拡散（信号）（direct sequence spread-spectrum (signal); DSSS）　144
直角球面三角形（right spherical triangle）　25

■つ

追随照準（track）　246
追随妨害（follower jamming）　137
追尾エラー; 追尾誤差（tracking error）　235
追尾応答（tracking response）　232
追尾レーダ（tracking radar）　245
通信 ES システム（communications ES system）　171
通信環境シミュレータ（communications-environment simulator）　309
通信情報（communications intelligence; COMINT）　5
通信波帯信号の捜索（communication signal search）　116
通信妨害（communications jamming; COMJAM）　193
使い捨て（投棄）型（expendable）　242, 243

■て

低域周波（帯域）信号（low-frequency signal）　22

低雑音前置増幅器（low-noise preamplifier）
124
低速ホッパ; 低速 FH 送信機（slow hopper）
133
低被傍受/探知確率
（low-probability-of-intercept; LPI）
130, 139, 143
データ速度（data rate） 133
データ評価（data evaluation） 103
データブロック（data block） 139
データ融合（統合）（data fusion） 79
データレート（data rate） 133
デカルト座標系（Cartesian coordinate system） 269
デコイ（decoy） 193, 197, 242
デジタル受信機（digital receiver） 61
デジタルフィルタ（digital filter） 90
デューティサイクル（duty cycle） 86
電界強度（electric intensity） 17
電気的経路（electrical path） 172, 239
電子攻撃（electronic attack; EA） 5, 192
電子支援システム（electronic support system） 210
電子支援対策（electromagnetic (electronic) support measures; ESM） 4, 6
電子情報（electronic intelligence; ELINT）
5, 6
電子戦（electronic warfare; EW） iv, 4
電子戦支援（electronic warfare support; ES） 5, 6
電子戦力組成（electronic order of battle; EOB） 153
電子対策（electromagnetic (electronic) countermeasures; ECM） 4, 192
電子防護（electronic protection; EP） 5
伝送効率（transmission efficiency） 139
電波暗室（anechoic chamber） 35, 297
電波源（emitter） 153
電波源位置決定（emitter location） 78, 79, 153
電波源位置決定（標定）技法（emitter location technique） 67
電波源位置決定情報（emitter location information） 66

電波源位置決定の精度（emitter location accuracy） 158
電波源の識別（emitter identification） 79
電波水平線（radio horizon） 119
電波到来時刻（time of arrival; TOA）
187
電波到来方向（direction of arrival; DOA）
84, 109
伝搬（伝送）経路長（transmission path (length of ──)） 207
伝搬距離（propagation distance） 11, 13, 22
伝搬損失（propagation loss） 12, 13
電離層（ionosphere） 156
電離層高度（ionosphere height） 156
電離層反射点（ionosphere point of reflection） 156
電力散布特性（power-distribution characteristic） 144
電力分配器（power divider） 124

■ と

等価 RCS（equivalent RCS） 251
等価信号利得（equivalent signal gain）
258
同期方式（synchronization scheme）
131, 141
統合 EW 装置（integrated aircraft EW suite） 91, 94
到着時間差法（time difference of arrival; TDOA） 156, 187
同調傾斜（tuning slope） 140
同調式事前選択フィルタ（tuned preselection filter） 208
同調速度（tuning rate） 60, 114
等方性アンテナ（isotropic antenna） 10, 14
到来仰角（elevation angle） 156
到来周波数（frequency of arrival） 159
到来波入射角（angle of arrival; AOA）
159
特異作用（specific action） 269
特質（quality） 269
特性化（characterization） 269

ドップラ効果（Doppler effect） 181
ドップラシフト（Doppler shift） 28
ドップラの原理（Doppler principle）
　181, 184
ドップラ偏移（Doppler shift） 28
ドップラ方探（Doppler DF） 182
ドップラ方探アレイ（Doppler DF array）
　184
ドップラ方探システム（Doppler DF
　system） 183
トラック（track） 246
トラック・ホワイル・スキャン
　（track-while-scan; TWS） 221

■ に

二乗平均平方根（root mean square; RMS）
　159
二乗平均平方根誤差（RMS error） 159
二相変調方式（biphase modulation） 146

■ ね

ネイピアの法則（Napier's rule） 25, 26
ネガティブトレーニング（negative
　training） 289
熱雑音レベル（kTB） 68

■ の

ノイズ変調（noise modulation） 207
ノーマルモードヘリカルアンテナ（normal
　mode helix antenna） 39
ノッチフィルタ（notch filter） 126
ノボロジー（knobology） 94

■ は

パーシャルバンド（部分帯域）妨害
　（partial-band jamming） 149
ハードウェアの異常（偏差）（hardware
　anomaly） 288
バーンスルー（burn-through） 202
バーンスルーレンジ（burn-through range）
　202, 215
背景信号（background signal） 320
バイコニカルアンテナ（biconical antenna）
　39

バイスタティックレーダ（bistatic radar）
　210
配置（location） 153
パターン配置; パターン形状（pattern
　geometry） 35
バックローブ（back lobe） 36
発散損失（spreading loss） 12, 13
パッシブディストラクション（セダクショ
　ン）デコイ（passive distraction decoy）
　251
パッシブデコイ（passive decoy） 249
発射管制（emission control; EMCON）
　130
パノラマディスプレイ（panoramic (pan)
　display） 302
波面（wave front） 172
パラボラアンテナ（parabolic antenna）
　40
パラメトリック捜索（parametric search）
　113
パルス繰り返し間隔（pulse repetition
　interval; PRI） 80, 117
パルス繰り返し周波数（pulse repetition
　frequency; PRF） 87
パルス持続時間（pulse duration; PD）
　117
パルス信号（pulse(d) signal） 190
パルスドップラ（pulse Doppler） 86, 225
パルス抜け（pulse dropout） 318
パルスの重なり（pulse on pulse; POP）
　88
パルス幅（pulse width; PW） 80, 83
パルス列分離（deinterleaving） 87
パルス列分離ツール（deinterleaving tool）
　89
パルマー・ラスタ走査方式（Palmer-raster
　scan） 314
パルマー走査方式（Palmer scan） 313
パワーマネージメント（power
　management） 207, 210
半数必中界（circular error probable; CEP）
　159
搬送波周波数限定（carrier-frequency-only）
　140

搬送波対雑音比（carrier-to-noise ratio; CNR; C/N; CN 比） 71
バンドパスフィルタ（bandpass filter） 208

■ ひ

ビームのステアリング（走査）限界（制限）（beam steering limitation） 50
ビーム幅（beamwidth） 34, 35, 42
非拡散信号（nonspread signal） 145
非コヒーレント（noncoherent） 75
非対称（配列）アンテナ（nonsymmetrical antenna） 44
ビットエラー; ビット誤り（bit error） 73
ビットエラーレート（bit error rate; BER） 75, 149
ビットレート（bit rate） 75, 144
非同期の（noncoherent） 75
非見通し線角度（non-line-of-sight angle） 121
非見通し線内（non-line-of-sight） 121
表示信号シミュレータ（display signal simulator） 292, 294
表示精度（display accuracy） 283
標点誤差（reference error） 162, 163

■ ふ

フェーズドアレイアンテナ（phased array antenna） 45
複式距離測定（法）（multiple distance measurements） 156
輻射強制（detection） 245
符号分割多元接続（code division multiple access; CDMA） 146
部分系モデル（partial system model） 291
ブラッグセル（Bragg cell） 59
ブラッグセル受信機（Bragg cell receiver） 59
ブリンキング妨害（blinking jamming） 232
ブリンキング率; ブリンキング速度（blinking rate） 232
プルオフ速度（pull-off rate） 215
ブレークロックデコイ（break-lock decoy） 247

プレーヤー（player） 269
フレネルゾーン（Fresnel zone） 22
ブロードキャストシミュレータ（broadcast simulator） 292, 293
フロント・トゥ・バック比（front-to-back ratio） 168
分解能（resolution） 153
分解能セル（resolution cell） 214
分極応答（polarization response） 236
分離（isolation） 38, 127
分離測定（separate measurement） 179

■ へ

平面アレイ（planar array） 47
平面位置表示装置（plan position indicator; PPI） 195, 287
並列ジェネレータ（parallel generator） 315
並列受信（multiple intercepts） 132
ヘッドアップディスプレイ（head-up display; HUD） 98
ヘリカル走査方式（helical scan） 311, 312
偏向板（ポラライザ）付きホーンアンテナ（horn with polarizer antenna） 39
編隊妨害（formation jamming） 231
変調指数（modulation index） 72
変調諸元（modulation parameter） 79
変調方式（modulation (type of ——)） 79
偏波（polarization; PL） 33, 34, 37
偏波応答（polarization response） 236

■ ほ

ボアサイト（boresight） 35
ホイップアンテナ（whip antenna） 39
方位; 方位角（azimuth） 155
方位線（line of bearing） 155
妨害（jamming） 192
妨害源追尾（home-on-jam; HOJ） 210, 242
妨害対信号比（jamming-to-signal ratio; JSR; J/S） 197, 200, 208
方向探知（direction finding; DF） 18, 27, 153
放射源（emitter） 153

傍受（する）（intercept） 155
傍受確率（probability of intercept; POI）
　58, 59, 61, 108, 110, 129, 130
傍受サイト; 傍受所（intercept site） 155
傍受のための位置関係; 傍受配置（intercept
　geometry） 159
方測線（line of bearing） 155
方探（direction finding; DF） 18, 27, 153
方探（DF）システム（DF system） 153
方探用受信機（direction finding receiver）
　66, 67
飽和（saturation） 244
飽和デコイ（saturation decoy） 244, 251
ホームオンジャム（home-on-jam; HOJ）
　210, 242
ホーンアンテナ（horn antenna） 39
補間法（interpolation） 181
補正係数（fudge factor） 197
補正率（correction factor） 181
捕捉（する）（intercept） 155
捕捉レーダ（acquisition radar） 245
ホップ時間（hop time） 133
ホップ周期（期間）（hop period） 133
ホップ速度; ホップレート（hop rate）
　133

■ ま

マイクロスキャン受信機（micro-scan
　receiver） 60
真北（true north） 171
マルチパス反射（multipath reflection）
　163
マルチプレクサ（multiplexer） 64
マン-マシン・インタフェース
　（man-machine interface） 79

■ み

ミスディスタンス（miss distance） 270
見通し外伝搬（non-line-of-sight
　propagation） 12
見通し線（範囲）内（line-of-sight） 119,
　287
見通し線を超えて（beyond line-of-sight）
　121
見通し内通信回線（line-of-sight link） 12

見通し内伝搬（line-of-sight (LOS)
　propagation） 14

■ む

無人機デコイ（UAV (unmanned aerial
　vehicle) decoy） 243

■ め

命中誤差（miss distance） 270
メインビーム（main lobe） 35

■ も

目視ゲーム領域（visual gaming area）
　286
モデリング（modeling） 264
モデル分解能（model resolution） 269
モノパルス妨害（monopulse jamming）
　212
モノパルス方探システム（monopulse DF
　system） 89
モノパルスレーダ（monopulse radar）
　212, 228

■ や

八木アンテナ（Yagi antenna） 39

■ ゆ

友軍第一線（forward line of troops;
　FLOT） 101
有効RCS（effective RCS） 258
有効距離（effective range） 16
有効帯域幅（effective bandwidth） 144
有効破壊半径（effective kill radius） 153
有効面積（effective area） 14
有指向性インターフェロメータシステム
　（directional interferometer system）
　177
誘惑（seduction） 242, 246, 252

■ よ

要撃角（aspect angle） 247
余弦定理（角の——）（cosines (law of ——
　for angles)） 24
余弦定理（辺の——）（cosines (law of ——
　for sides)） 24

■ ら

ラスタ走査方式（raster scan） 311, 312
らせん走査方式（spiral scan） 313

■ り

陸塊ゲーム領域（land-mass gaming area） 286
リターンパルス（return pulse） 209
利得（gain） 34, 42
リニアアレイ（linear array） 47
リピータチャンネル（repeater channel） 236
量子化（quantization） 74
量子化雑音（quantizing noise） 74
リンデンブラードアンテナ（Lindenblad antenna） 39

■ る

ループアンテナ（loop antenna） 39
ルックスルー（look-through） 127, 128, 211

■ れ

レーダ（距離）方程式（radar range equation） 6, 19

レーダ ES システム（radar ES system） 171
レーダ警報受信機（radar warning receiver; RWR） 80, 156
レーダ信号の捜索（radar signal search） 116
レーダ水平線（radar horizon） 270
レーダ断面積（radar cross section; RCS） 247
レーダ波吸収体（radar-absorptive material; RAM） 129
レーダ妨害（radar jamming） 193
連続波（continuous wave; CW） 51, 84, 119, 225

■ ろ

ログペリアンテナ（log periodic antenna） 39

■ わ

ワトソン・ワット技法; ワトソン・ワット方探（Watson-Watt DF） 164, 166

欧文索引

■ 数字・記号

2-D airborne system（2次元航空機搭載システム） 179
3-D engagement（3次元空間での交戦） 30
3-dB beamwidth（3dB ビーム幅; 半値幅） 36
4-arm conical spiral antenna（4素子コニカルスパイラル（らせん）アンテナ） 39
4/3 earth factor（4/3地球曲率; 4/3等価地球半径係数） 120
4π steradian coverage（4π立体角覆域） 109
$\mu V/m$ 17, 18

■ A

A/D ⇒[analog to digital]
A/D converter（A/D 変換器） 61
absolute value in dB form（dB 形式の絶対値） 9
accuracy-limiting factor（精度制約要因） 163
acquisition radar（捕捉レーダ） 245
active decoy（アクティブデコイ） 250
AGC ⇒[automatic gain control]
AGC jamming（AGC 妨害） 224
ambiguity（アンビギュイティ; 曖昧さ; 多義性） 156
amplitude comparison（振幅比較） 164, 165, 168
amplitude tracking（振幅追尾） 237
analog control（アナログ制御） 265
analog to digital（A/D; アナログ/デジタル変換） 61

anechoic chamber（電波暗室） 35, 297
angle and distance（角度・距離（法）） 155
angle-measuring system（角度測定システム） 158
angle of arrival（AOA; 到来波入射角） 159
angle to the first null（第1次ヌル角） 36
angle to the first side lobe（第1次サイドローブ角） 36
angle-tracking（角度追尾） 217
angular error（角度誤差） 181
antenna beam（アンテナビーム） 34
antenna efficiency（アンテナ効率） 45
antenna element spacing（アンテナ素子間隔） 48
antenna gain（アンテナ利得） 35, 37, 43, 44
antenna gain pattern（アンテナ利得パターン） 35
antenna isolation（アンテナのアイソレーション（分離; 離隔）） 211
antenna parameter（アンテナパラメータ） 33
antenna pattern（アンテナパターン） 40
antenna scan（アンテナスキャン） 80
antenna scan rate（アンテナのスキャンレート） 79
antenna scan type（アンテナのスキャンタイプ） 79
antijam advantage（対妨害優位性） 136
antiradiation missile（ARM; 対電波放射源ミサイル） 245

antiradiation weapon（ARW; 対電波放射源兵器）　4
antiship missile（対艦ミサイル）　244, 255
AOA　⇒［angle of arrival］
ARM　⇒［antiradiation missile］
ARW　⇒［antiradiation weapon］
aspect angle（アスペクト角; 要撃角）　247
atmospheric attenuation（大気（による）減衰）　15
atmospheric loss（大気損失）　12
audio-or video-input simulator（オーディオまたはビデオ入力シミュレータ）　292, 294
audio-or video-output simulator（オーディオまたはビデオ出力シミュレータ）　292, 294
automatic gain control（AGC; 自動利得制御）　224
axial mode（軸モード）　39
axial mode helix antenna（軸モードヘリカルアンテナ）　39
azimuth（方位; 方位角）　155

■ B

back lobe（バックローブ）　36
background signal（背景信号）　320
bandpass filter（帯域フィルタ; バンドパスフィルタ）　208
bandwidth（BW; 帯域幅）　34, 39
baseline（基線）　171, 172
beam steering limitation（ビームのステアリング（走査）限界（制限））　50
beamwidth（ビーム幅）　34, 35, 42
BER　⇒［bit error rate］
beyond line-of-sight（見通し線を超えて）　121
biconical antenna（バイコニカルアンテナ）　39
biphase modulation（二相変調方式）　146
bistatic radar（バイスタティックレーダ）　210
bit error（ビットエラー; ビット誤り）　73

bit error rate（BER; ビットエラーレート）　75, 149
bit rate（ビットレート）　75, 144
blinking jamming（ブリンキング妨害）　232
blinking rate（ブリンキング率; ブリンキング速度）　232
boresight（ボアサイト）　35
Bragg cell（ブラッグセル）　59
Bragg cell receiver（ブラッグセル受信機）　59
break-lock decoy（ブレークロックデコイ）　247
broadcast simulator（ブロードキャストシミュレータ）　292, 293
burn-through（バーンスルー）　202
burn-through range（バーンスルーレンジ）　202, 215
BW　⇒［bandwidth］

■ C

C/N　⇒［carrier-to-noise ratio］
calibration（較正; 校正）　163, 180
calibration table（較正テーブル）　164
cardioid gain pattern（カージオイド利得パターン）　167
carrier-frequency-only（搬送波周波数限定）　140
carrier-to-noise ratio（CNR; C/N; CN 比; 搬送波対雑音比）　71
Cartesian coordinate system（デカルト座標系）　269
cavity-backed spiral antenna（キャビティバックスパイラルアンテナ）　39
CDMA　⇒［code division multiple access］
CEP　⇒［circular error probable］
chaff burst（チャフバースト）　251
chaff cloud（チャフ雲）　251
channelized receiver（チャネライズド受信機）　58
characterization（特性化）　269
chip-rate（チップレート; チップ速度）　144

chirp(ed) signal（チャープ（化）信号）　137
chirp(ed) transmitter（チャープ（化）送信機）　138
chirped（チャープ化）　137
chrominance（クロミナンス）　284
circular error probable（CEP; 円形公算誤差; 半数必中界）　159
circular scan（全周走査方式）　311
class（クラス）　279
CNR　⇒[carrier-to-noise ratio]
code division multiple access（CDMA; 符号分割多元接続）　146
coherent（コヒーレント; 可干渉（性））　75
coherent jamming（コヒーレント妨害）　239
coherent sum（位相合成）　167
combined return signal（合成リターン信号）　216
COMINT　⇒[communications intelligence]
COMJAM　⇒[communications jamming]
communication signal search（通信波帯信号の捜索）　116
communications-environment simulator（通信環境シミュレータ）　309
communications ES system（通信ESシステム）　171
communications intelligence（COMINT; 通信情報）　5
communications jamming（COMJAM; 通信妨害）　193
compressive receiver（コンプレッシブ（圧縮）受信機）　60
computer simulation（コンピュータシミュレーション）　269
con-scan radar（円錐走査レーダ）　219
Condon lobe（コンドンローブ）　236
conical scan（円錐走査方式）　312
conical spiral antenna（コニカルスパイラルアンテナ）　39
consistency（一貫性）　286

continuous wave（CW; 連続波）　51, 84, 119, 225
control-response accuracy（制御（操作）応答精度）　283
coordinate system（座標系）　269
correction factor（補正率）　181
cosines (law of —— for angles)（余弦定理（角の——））　24
cosines (law of —— for sides)（余弦定理（辺の——））　24
cost driver（原価作用要因; コスト推進要因）　290
counter countermeasures（対妨害手段）　215
countermeasure control（対抗手段の管制（統制））　79
cover jamming（カバー妨害）　193, 195, 207
cross eye jamming（クロスアイ妨害）　239
cross-polarization isolation（交差偏波アイソレーション）　38
cross-polarization jamming（X-POL; 交差偏波妨害）　236
cross-polarization response（交差偏波応答）　236
crystal video receiver（クリスタル（鉱石）ビデオ受信機）　53
CW　⇒[continuous wave]

■ D

data block（データブロック）　139
data evaluation（データ評価）　103
data fusion（データ融合（統合））　79
data rate（データ速度; データレート）　133
dB　⇒[dB value]
dB equation（dB方程式）　10
dB value（dB; dB値）　8, 10
dBm　9
deceptive jamming（欺まん妨害）　193, 195, 196
deceptive signal（欺まん信号）　195
decoy（デコイ）　193, 197, 242

Defense Mapping Agency (DMA; 国防地図庁 (米国防総省)) 107
deinterleaving (パルス列分離) 87
deinterleaving tool (パルス列分離ツール) 89
despreading (逆拡散) 145
detection (輻射強制) 245
detection passband (探知通過帯域) 112
DEW ⇒ [directed-energy weapon]
DF ⇒ [direction finding]
DF system (方探 (DF) システム) 153
differential Doppler (差動ドップラ) 164, 184
digital filter (デジタルフィルタ) 90
digital receiver (デジタル受信機) 61
dipole antenna (ダイポールアンテナ) 39
direct sequence (DS; 直接拡散式; 直接シーケンス) 142
direct sequence spread-spectrum (signal) (DSSS; 直接拡散式スペクトル拡散 (信号)) 144
direct sequence spread-spectrum transmitter (DS スペクトル拡散送信機) 143
directed-energy weapon (DEW; 指向エネルギー兵器) 4
direction finding (DF; 方向探知; 方探) 18, 27, 153
direction finding receiver (DF 受信機; 方探用受信機) 66, 67
direction of arrival (DOA; 電波到来方向) 84, 109
directional interferometer system (有指向性インターフェロメータシステム) 177
display accuracy (表示精度) 283
display signal simulator (表示信号シミュレータ) 292, 294
distance ambiguity (距離によるアンビギュイティ) 190
distance-measuring system (距離測定システム) 158
DMA ⇒ [Defense Mapping Agency]
DOA ⇒ [direction of arrival]

Doppler DF (ドップラ方探) 182
Doppler DF array (ドップラ方探アレイ) 184
Doppler DF system (ドップラ方探システム) 183
Doppler effect (ドップラ効果) 181
Doppler principle (ドップラの原理) 181, 184
Doppler shift (ドップラシフト; ドップラ偏移) 28
DR ⇒ [dynamic range]
DS ⇒ [direct sequence]
DS receiver (DS 受信機) 144
DSSS ⇒ [direct sequence spread-spectrum (signal)]
ducted fan decoy (ダクテッドファンデコイ) 243
dump-mode (ダンプモード) 256
duty cycle (デューティサイクル) 86
dynamic range (DR; ダイナミックレンジ) 52, 54

■ E

EA ⇒ [electronic attack]
ECCM ⇒ [electromagnetic (electronic) counter-countermeasures]
ECM ⇒ [electromagnetic (electronic) countermeasures]
EEP ⇒ [elliptical error probable]
effective area (有効面積) 14
effective bandwidth (有効帯域幅) 144
effective jammer power (実効妨害電力) 197
effective kill radius (有効破壊半径) 153
effective radiated power (ERP; 実効放射電力) 17, 78
effective range (有効距離) 16
effective RCS (有効 RCS) 258
efficiency (効率) 34
electric intensity (電界強度) 17
electrical path (電気的経路) 172, 239
electromagnetic (electronic) counter-countermeasures (ECCM; 対電子対策) 4

electromagnetic (electronic) countermeasures（ECM; 電子対策） 4, 192
electromagnetic (electronic) support measures（ESM; 電子支援対策） 4, 6
electronic attack（EA; 電子攻撃） 5, 192
electronic intelligence（ELINT; 電子情報） 5, 6
electronic order of battle（EOB; 電子戦力組成） 153
electronic protection（EP; 電子防護） 5
electronic support system（電子支援システム） 210
electronic warfare（EW; 電子戦） iv, 4
electronic warfare support（ES; 電子戦支援） 5, 6
elevation（対地高度; 海抜標高） 155
elevation angle（到来仰角; 仰角） 156
elevation-caused error（仰角に起因する誤差） 27
ELINT ⇒[electronic intelligence]
elliptical error probable（EEP; 誤差確率楕円） 160
EMCON ⇒[emission control]
emission control（EMCON; 発射管制） 130
emitter（放射源; 電波源; エミッタ） 153
emitter identification（電波源の識別） 79
emitter location（電波源位置決定） 78, 79, 153
emitter location accuracy（電波源位置決定の精度） 158
emitter location information（電波源位置決定情報） 66
emitter location technique（電波源位置決定（標定）技法） 67
emulation（エミュレーション） 266, 290
energy detection（エネルギー探知） 112
engagement analysis（戦闘分析） 268
engagement scenario（交戦（戦闘）シナリオ） 257
EOB ⇒[electronic order of battle]
EP ⇒[electronic protection]
equivalent RCS（等価 RCS） 251

equivalent signal gain（等価信号利得） 258
ERP ⇒[effective radiated power]
error correction code（誤り訂正符号） 149
ES ⇒[electronic warfare support]
ESM ⇒[electromagnetic (electronic) support measures]
EW ⇒[electronic warfare]
EW processing（EW 処理） 77, 79
EW simulation（EW シミュレーション） 263
expendable（使い捨て（投棄）型） 242, 243

■ F
fast attack/slow decay AGC（迅速起動/低速減衰 AGC） 225
fast hopper（高速ホッパ; 高速 FH 送信機） 133
fast-tuning receiver（高速同調受信機） 132, 136
FH ⇒[frequency-hopping]
fidelity（忠実度） 283
fixed tuned receiver（固定同調受信機） 58
FLOT ⇒[forward line of troops]
FM ⇒[frequency modulation]
FM discriminator（FM 周波数弁別器; FM 検波回路） 72
FM improvement factor（FM 改善係数） 72
FM sensitivity（FM 感度） 72
follower jamming（追随妨害） 137
formation jamming（編隊妨害） 231
forward line of troops（FLOT; 友軍第一線） 101
frequency-agile radar（周波数アジャイルレーダ） 90
frequency bandwidth（周波数帯域幅） 39
frequency hopper（周波数ホッパ; FH 送信機） 132
frequency hopping（FH; 周波数ホッピング） 132

frequency hopping signal（周波数ホッピング信号） 132
frequency hopping transmitter（周波数ホッピング送信機） 133
frequency measurement（周波数測定） 90
frequency modulation（FM；周波数変調（方式）） 72
frequency occupancy（周波数占有（帯域幅）） 139, 148
frequency of arrival（到来周波数） 159
frequency passband（周波数通過帯域） 200
frequency-shift keyed modulation（FSK；FSK 変調（方式）；周波数シフト（偏移）キーイング変調（方式）） 75
frequency versus time characteristic（周波数対時間特性） 138
Fresnel zone（フレネルゾーン） 22
front-to-back ratio（フロント・トゥ・バック比；前後電界比） 168
FSK ⇒［frequency-shift keying］
fudge factor（補正係数） 197
full capability threat simulator（全機能脅威シミュレータ） 292, 293

■ G

gain（利得） 34, 42
gaming area（ゲーム領域） 269, 285
gaming area indexing（ゲーム領域の指標付け） 286
global positioning system（GPS；全地球測位システム） 185, 187
global RMS error（広域（大域）RMS 誤差） 159
GPS ⇒［global positioning system］
grating lobe（グレーティングローブ） 48
ground-based DF system（地上設置型方探システム） 177

■ H

hardware anomaly（ハードウェアの異常（偏差）） 288
head-up display（HUD；ヘッドアップディスプレイ） 98

helical scan（ヘリカル走査方式） 311, 312
high-fidelity pulsed emulator（高忠実度パルスエミュレータ） 310
HOJ ⇒［home-on-jam］
home-on-jam（HOJ；ホームオンジャム；妨害源追尾） 210, 242
hop period（ホップ周期（期間）） 133
hop rate（ホップ速度；ホップレート） 133
hop time（ホップ時間） 133
horizontal-situation display（HSD；水平状況表示（盤）） 98, 101
horn antenna（ホーンアンテナ） 39
horn with polarizer antenna（偏向板（ポラライザ）付きホーンアンテナ） 39
HSD ⇒［horizontal-situation display］
HUD ⇒［head-up display］

■ I

IF ⇒［intermediate frequency］
IF filter（IF フィルタ） 208
IF panoramic (pan) display（IF パノラマディスプレイ） 302
IF signal simulator（IF 信号シミュレータ） 292, 294
IFM ⇒［instantaneous frequency measurement］
IFM receiver（IFM（瞬時周波数測定）受信機） 55
image frequency（イメージ周波数；映像周波数） 235
image jamming（イメージ妨害） 234
image response（イメージ特性） 235
inbound range gate pull-off（インバウンド距離ゲート・プルオフ） 212, 216
independent maneuver（自由運動型） 242, 243
inertial navigation（慣性航法） 157
information bandwidth（情報帯域幅） 131, 143, 147
initial condition（初期条件） 269
initial position（初期位置） 269

欧文索引　363

injection point（注入点（信号の——））266
installation error of the system（設置誤差（システムの——））162, 163
instantaneous frequency measurement（IFM; 瞬時周波数測定）51, 55
instrumentation error of the system（機器誤差（システムの——））162
integrated aircraft EW suite（統合 EW 装置）91, 94
interactive updating（相互作用的な更新）263
intercept（傍受; 捕捉（する））155
intercept geometry（傍受のための位置関係; 傍受配置）159
intercept site（傍受サイト; 傍受所）155
interfering signal（干渉（妨害）信号）21
interferometer（インターフェロメータ）164
interferometer direction finding（インターフェロメータによる方探）171
interferometric triangle（干渉三角形）172
interferometry（インターフェロメトリ; 干渉法）171
interleaved signal（混在パルス列（インタリーブ）信号）88
intermediate frequency（IF; 中間周波数）57
interpolation（補間法）181
inverse gain jamming（逆利得妨害）217, 219, 221, 223
ionosphere（電離層）156
ionosphere height（電離層高度）156
ionosphere point of reflection（電離層反射点）156
isolation（アイソレーション; 分離）38, 127
isotropic antenna（等方性アンテナ）10, 14

■ J

J/S　⇒[jamming-to-signal ratio]
jamming（妨害）192

jamming resistance（耐妨害性）149
jamming-to-signal ratio（JSR; J/S; 妨害対信号比）197, 200, 208
JED　⇒[Journal of Electronic Defense]
jittered pulse train（ジッタパルス列）90
Journal of Electronic Defense（JED; ジャーナル・オブ・エレクトロニック・ディフェンス）iv
JSR　⇒[jamming-to-signal ratio]

■ K

knobology（ノボロジー）94
kTB（熱雑音レベル）68

■ L

land-mass gaming area（陸塊ゲーム領域）286
last location（最終位置）271
leading edge（前縁（実目標の反射信号の——））190, 215
learning experience（学習経験）267
Lindenblad antenna（リンデンブラードアンテナ）39
line of bearing（方位線; 方測線）155
line-of-sight（見通し線（範囲）内）119, 287
line-of-sight link（見通し内通信回線）12
line-of-sight (LOS) propagation（見通し内伝搬; LOS 伝搬）14
linear array（線形アレイ（配列）; リニアアレイ）47
linear sweep（線形掃引）139
link equation（回線方程式）6, 11
LO　⇒[local oscillator]
lobe switching（差動ビーム法）314
local oscillator（LO; 局部発振器）57
location（位置; 座標; 所在; 配置）153
location accuracy（位置決定精度; 位置標定精度）153
location accuracy budget（位置決定精度の割り当て量）161
location error（位置決定誤差）155
location error of the intercept site（座標誤差（受信所の——））162

log periodic antenna（対数周期アンテナ；ログペリアンテナ） 39
log transfer function（対数伝達関数） 304
long baseline ambiguity（長基線によるアンビギュイティ） 179
look-through（ルックスルー） 127, 128, 211
loop antenna（ループアンテナ） 39
loss（損失） 8
low-frequency signal（低域周波（帯域）信号） 22
low-noise preamplifier（低雑音前置増幅器） 124
low-probability-of-intercept（LPI；低被傍受/探知確率） 130, 139, 143
LPI　⇒[low-probability-of-intercept]
LPI signal（LPI信号） 130, 139
luminance（輝度） 284

■ M
main beam gain（主ビーム利得） 20
main lobe（メインローブ；主ビーム） 35
man-machine interface（マン-マシン・インタフェース） 79
maximum information signal frequency（最高情報信号周波数） 144
maximum number of targets（最大同時交戦目標数） 244
measurement error（測定誤差） 158
MFD　⇒[multiple-function display]
micro-scan receiver（マイクロスキャン受信機） 60
mirror image ambiguity（鏡像によるアンビギュイティ） 176
miss distance（命中誤差；ミスディスタンス） 270
model resolution（モデル分解能） 269
modeling（モデリング） 264
modulation (type of ―)（変調方式） 79
modulation index（変調指数） 72
modulation parameter（変調諸元） 79
monopulse DF system（モノパルス方探システム） 89

monopulse jamming（モノパルス妨害） 212
monopulse radar（モノパルスレーダ） 212, 228
moving target（移動目標） 209
multipath reflection（マルチパス反射；多重反射） 163
multiple distance measurements（複式距離測定（法）） 156
multiple-function display（MFD；多機能（多目的）表示システム） 98, 102
multiple intercepts（並列受信） 132
multiplexer（マルチプレクサ；多重化装置） 64

■ N
n dB beamwidth（n dB ビーム幅） 36
Napier's rule（ネイピアの法則） 25, 26
narrow-beam antenna（狭ビームアンテナ） 164, 165
narrowband（狭帯域） 52
narrowband frequency search（狭帯域周波数の捜索） 113
narrowband intermediate-frequency（NBIF；狭帯域中間周波数） 302
narrowband type of receiver（狭帯域（形の）受信機） 52
NATO　⇒[North Atlantic Treaty Organization]
NBIF　⇒[narrow-band intermediate-frequency]
near-field effect（近接場効果） 18, 248
negative training（ネガティブトレーニング） 289
net-gain transfer function（純利得伝達関数） 304
NF　⇒[noise figure]
noise figure（NF；雑音指数） 69
noise modulation（ノイズ変調） 207
non-line-of-sight（非見通し線内） 121
non-line-of-sight angle（非見通し線角度） 121
non-line-of-sight propagation（見通し外伝搬） 12

noncoherent（非コヒーレント；非同期の） 75
nonspread signal（非拡散信号） 145
nonsymmetrical antenna（非対称（配列）アンテナ） 44
normal mode helix antenna（ノーマルモードヘリカルアンテナ） 39
North Atlantic Treaty Organization（NATO；北大西洋条約機構） 5
notch filter（ノッチフィルタ） 126

■ O

observation angle（観測角） 30
observed antenna scan（観測アンテナスキャン） 79
occupied hop slot（占有ホップスロット） 148
off-boresight angle（オフボアサイト角） 49
one-way link（片方向回線） 11
operating sequence（運用シーケンス） 253
operator interface（オペレータインタフェース） 91, 94, 98
operator interface simulation（オペレータインタフェースシミュレーション） 279
optical horizon（光学水平線） 119
output SNR（出力 SN 比） 74

■ P

Palmer-raster scan（パルマー・ラスタ走査方式） 314
Palmer scan（パルマー走査方式） 313
panoramic (pan) display（パノラマディスプレイ） 302
parabolic antenna（パラボラアンテナ） 40
parallel generator（並列ジェネレータ） 315
parametric search（パラメトリック捜索） 113
partial-band jamming（パーシャルバンド（部分帯域）妨害） 149
partial system model（部分系モデル） 291

passive decoy（パッシブデコイ） 249
passive distraction decoy（パッシブディストラクション（セダクション）デコイ） 251
pattern geometry（パターン配置；パターン形状） 35
PD ⇒[pulse duration], ⇒[pulse Doppler]
peak error（最大誤差） 159
perception threshold（知覚しきい値） 267
performance limitation（性能限界） 46
phase cancellation（位相の打ち消し） 212
phase error（位相誤差） 181
phase-locked-loop（PLL；位相ロックループ） 72
phase response（位相応答） 234
phase-shift keyed (keying) modulation（PSK；PSK 変調（方式）；位相シフト（偏移）キーイング変調（方式）） 75
phased array antenna（フェーズドアレイアンテナ） 45
PL ⇒[polarization]
plan position indicator（PPI；平面位置表示装置） 195, 287
planar array（平面アレイ） 47
player（プレーヤー） 269
PLL ⇒[phase-locked-loop]
POI ⇒[probability of intercept]
polarization（PL；偏波；極性） 33, 34, 37
polarization response（偏波応答；分極応答） 236
POP ⇒[pulse on pulse]
power-distribution characteristic（電力散布特性） 144
power divider（電力分配器） 124
power management（パワーマネージメント） 207, 210
power out in the ether waves（空間波として放射される電力） 17
PPI ⇒[plan position indicator]
predetection SNR（検波前 SN 比） 71
PRF ⇒[pulse repetition frequency]

PRI ⇒[pulse repetition interval]
primed oscillator（注入同期発振器）
　251, 260
probability of intercept（POI; 傍受確率）
　58, 59, 61, 108, 110, 129, 130
process latency（処理遅延）　285
processing task（処理作業）　77, 79
propagation distance（伝搬距離）　11, 13, 22
propagation loss（伝搬損失）　12, 13
pseudorandom（擬似ランダム）　134
pseudorandom bit pattern（擬似ランダムビットパターン）　144
pseudorandom signal（擬似ランダム信号）　144
pseudorandom sweep-synchronization scheme（擬似ランダム掃引同期方式）　141
PSK ⇒[phase-shift keyed (keying) modulation]
pull-off rate（プルオフ速度）　215
pulse Doppler（パルスドップラ）　86, 225
pulse dropout（パルス抜け）　318
pulse duration（PD; パルス持続時間）　117
pulse on pulse（POP; パルスの重なり）　88
pulse repetition frequency（PRF; パルス繰り返し周波数）　87
pulse repetition interval（PRI; パルス繰り返し間隔）　80, 117
pulse width（PW; パルス幅）　80, 83
pulse(d) signal（パルス信号）　190
PW ⇒[pulse width]

■ Q

quality（特質）　269
quantization（量子化）　74
quantizing noise（量子化雑音）　74

■ R

radar-absorptive material（RAM; レーダ波吸収体）　129
radar cross section（RCS; レーダ断面積）　247

radar ES system（レーダ ES システム）　171
radar horizon（レーダ水平線）　270
radar jamming（レーダ妨害）　193
radar range equation（レーダ（距離）方程式）　6, 19
radar signal search（レーダ信号の捜索）　116
radar warning receiver（RWR; レーダ警報受信機）　80, 156
radio horizon（電波水平線）　119
RAM ⇒[radar-absorptive material]
range deceptive jamming（距離欺まん妨害）　212
range gate（距離ゲート）　212
range gate pull-in（RGPI; 距離ゲート・プルイン）　212, 216
range gate pull-off（RGPO; 距離ゲート・プルオフ）　212
range resolution（距離分解能）　137
raster scan（ラスタ走査方式）　311, 312
RCS ⇒[radar cross section]
received jamming power（受信妨害電力）　199
received signal (parameter of ─)（受信信号の諸元）　79
received signal energy simulator（受信信号エネルギーシミュレータ）　292, 293
received signal power（受信信号電力）　197
receiver-tuning curve（受信機同調曲線）　141
reference error（標点誤差）　162, 163
reference input（基準入力）　184
repeater channel（リピータチャンネル）　236
required J/S（所要 J/S）　203
required S/N（所要 S/N）　55, 70
resolution（分解能; 解像度）　153
resolution cell（分解能セル）　214
resultant error（合成誤差）　170
return pulse（リターンパルス）　209
RF signal simulator（RF 信号シミュレータ）　292, 293

欧文索引　367

RGPI　⇒［range gate pull-in］
RGPO　⇒［range gate pull-off］
right spherical triangle（直角球面三角形）25
RMS　⇒［root mean square］
RMS error（二乗平均平方根誤差）159
root mean square（RMS; 二乗平均平方根）159
RWR　⇒［radar warning receiver］

■ S

S/N　⇒［signal-to-noise ratio］
saturation（飽和）244
saturation decoy（飽和デコイ）244, 251
scan-on-receive-only radar（SORO; SORO レーダ）223
scan-on-scan（アンテナの対向）108
search(ing) receiver（捜索受信機）114, 117, 124
sector scan（セクタ走査方式）311
seduction（誘惑; セダクション）242, 246, 252
seduction decoy（セダクションデコイ）246, 252
selectivity（選択度）52
self-protection（自己防御（防護））154
self-protection jamming（自己防御妨害）196
sense antenna（センスアンテナ）167
sensitivity（感度）51, 67, 73, 115
sensitivity (three components of ——)（感度の3要素）68
sensitivity versus instantaneous RF bandwidth（受信感度対瞬時RF帯域幅）140
sensor control（センサ制御（統制））79
sensor cueing（センサキューイング）79
separate measurement（分離測定）179
shaft encoder（回転式エンコーダ）265
ship defense (protection)（艦艇防御）253, 255, 269
side-lobe（サイドローブ）36
side-lobe gain（サイドローブ利得）36
SIGINT　⇒［signal intelligence］

signal association（信号の相関（関連付け））79, 82
signal combiner（信号合成器）46
signal density（信号密度）118, 120
signal intelligence（SIGINT; 信号情報）5
signal modulation bandwidth（信号変調帯域幅）139
signal strength（信号強度）9
signal-strength-per-information bandwidth（情報帯域幅当たりの信号強度）131
signal-to-noise ratio（SNR; S/N; SN比; 信号対雑音比）70
signal-to-quantizing noise ratio（SQR; 信号対量子化雑音比）74
simplified model（単純化モデル）274
simulated radar return（擬似レーダリターン）233
simulation for training（訓練（用）シミュレーション）266
sines (law of ——)（正弦定理）24
single side band（SSB; 単側波帯）112
single site location（SSL; 単一局方向探知; 単局方探）155
site calibration（サイトキャリブレーション）163
site error（位置誤差）162, 163
situation awareness（現況把握（認識）; 状況把握（認識））6
skin return（スキンリターン）214
skirt jamming（スカート妨害）233
slow hopper（低速ホッパ; 低速FH送信機）133
SNR　⇒［signal-to-noise ratio］
soft kill（ソフトキル）192
SORO　⇒［scan-on-receive-only radar］
space loss（空間損失）13
specific action（特異作用）269
spherical triangle（球面三角形）22, 23
spherical trigonometry（球面三角法）22
spiral scan（らせん走査方式）313
spot jamming（スポットジャミング; 狭帯域妨害）127
spread sheet（スプレッドシート）276

spreading demodulator（拡散復調器） 144, 145
spreading factor（拡散係数） 142
spreading loss（拡散損失; 発散損失） 12, 13
spreading modulator（拡散変調器） 144
SQR ⇒[signal-to-quantizing noise ratio]
SSB ⇒[single side band]
SSL ⇒[single site location]
staggered pulse train（スタガパルス列） 90
stand-off jamming（スタンドオフ妨害） 196
stealth platform（ステルスプラットフォーム） 248
steaming speed（航行速度） 271
stone wall filter（石垣（石塀）フィルタ） 233
superheterodyne receiver（スーパーヘテロダイン受信機） 57
survivability analysis（残存性分析） 268
swastika antenna（スワスチカ（卍型）アンテナ） 39
sweep rate（掃引速度） 138
swept frequency modulation（掃引周波数変調） 137
synchronization scheme（同期方式） 131, 141

■ T

T&E ⇒[test and evaluation]
tactical ESM system（戦術 ESM システム） 103
TDOA ⇒[time difference of arrival]
terminal guidance（終末誘導） 232
terrain bounce（地形反射） 233
terrain bounce technique（地形反射利用技法） 233
test and evaluation（T&E; 試験・評価） 264
threat identification（脅威識別） 78, 79
threat radar scan（脅威レーダ走査） 217
threat scenario（脅威シナリオ） 268
throughput gain（処理利得） 271
throughput rate（スループット率） 6
tight range formation（緊縮隊形） 231
time (timing) increment（時間増分） 269, 273
time coverage（時間覆域） 143
time difference of arrival（TDOA; 到着時間差法） 156, 187
time fidelity（時間忠実度） 283
time history（時刻歴） 310
time of arrival（TOA; 電波到来時刻） 187
time reference（時刻（時間）基準） 187
time resolution（時間分解能） 274
time-shared generator（時分割方式ジェネレータ） 316
timing accuracy（タイミング精度） 283
TOA ⇒[time of arrival]
TOA baseline（TOA 基線） 187
towed（曳航（型）） 242, 243
track（トラック; 航跡; 追随照準） 246
track-while-scan（TWS; トラック・ホワイル・スキャン） 221
tracking error（追尾エラー; 追尾誤差） 235
tracking radar（追尾レーダ） 245
tracking response（追尾応答） 232
trailing edge（後縁（実目標の反射信号の——）） 215
transmission efficiency（伝送効率） 139
transmission path (length of ——)（伝搬（伝送）経路長） 207
TRF ⇒[tuned radio frequency]
TRF receiver（周波数同調受信機） 52, 56, 58
triangulation（三角測量（法）） 155
true angle of arrival（真の到来波入射角） 159
true north（真北） 171
true time delay（実時間遅延） 48
tuned preselection filter（同調式事前選択フィルタ） 208
tuned radio frequency（TRF; 周波数同調） 56

tuned YIG filter（YIG 同調フィルタ）　56
tuning rate（同調速度）　60, 114
tuning slope（同調傾斜）　140
two angles and known elevation differential（2 角と既知の高度差法）　157
TWS　⇒[track-while-scan]

■ U
UAV (unmanned aerial vehicle) decoy（無人機デコイ; UAV デコイ）　243
ultimate rejection（究極除去）　233

■ V
velocity gate（速度ゲート）　226
velocity gate pull-off (VGPO; 速度ゲート・プルオフ)　225, 226
vertical dipole antenna（垂直ダイポールアンテナ）　175
vertical fan beam（垂直ファンビーム）　276
vertical-situation display (VSD; 垂直状況表示（盤))　98, 100
VGPO　⇒[velocity gate pull-off]
visual gaming area（目視ゲーム領域）　286

VSD　⇒[vertical-situation display]

■ W
Watson-Watt DF（ワトソン・ワット技法; ワトソン・ワット方探）　164, 166
wave front（波面）　172
WBIF　⇒[wide-band intermediate-frequency]
where sensitivity is defined（感度が定義される位置）　67
whip antenna（ホイップアンテナ）　39
wide-band intermediate-frequency (WBIF; 広帯域中間周波数)　302
wideband jamming（広帯域妨害）　137

■ X
X-POL　⇒[cross-polarization jamming]

■ Y
Yagi antenna（八木アンテナ）　39
YIG　⇒[yttrium iron garnet]
YIG filter（YIG フィルタ）　56
yttrium iron garnet（YIG; イットリウム・アイアン（鉄）・ガーネット）　56

■ 著者紹介

　David Adamy は国際的に認められた電子戦の専門家である——彼が長年にわたり EW101 コラムを執筆してきたことから，おそらくわかるだろう．それはさておき，制服時代から 50 年間にわたり彼は常に EW のプロであった（業界用語でいう Crow（カラス）だと，彼は誇りを持って自分をそう呼んできた）．システムエンジニア，プロジェクトリーダ，テクニカルディレクタ，プログラムマネージャ，そしてラインマネージャとして，DC のすぐ上から可視光を超える周波数範囲に及ぶ EW の各計画に直接参画してきた．それらの計画により，潜水艦から宇宙に及ぶプラットフォームに配備されるシステム，また，にわか仕立てから高信頼性のものまで各種要求に適合するシステムが生み出された．

　彼は通信理論において電気工学学士・修士の学位を持っている．EW101 コラムの執筆に加え，EW と偵察，およびそれらの関連分野において 250 以上の技術論文を公表しており，（本書を含めて）12 冊の書籍を出版している．彼は世界中の EW 関連講座で教えるほか，軍関連機関や EW 企業のコンサルタントを務めている．AOC（Association of Old Crows; オールドクロウズ協会）全国理事会の長年のメンバーであり，元会長でもある．全国大会における技術コースの創設も含めた多くの活動に関与した．また，彼は同協会の専門家育成コース，および年次技術シンポジウムにおける技術コースを運営している．

　彼には 52 年間一緒の辛抱強い奥様と（それほど長い間古典的オタクに我慢したことは，勲章に値する），4 人の娘と 8 人の孫がいる．彼の主張によれば，彼はエンジニアとしては人並みであるが，毛鉤釣師としては本当に卓越した世界の名士の一人である．

■ 訳者紹介 (五十音順)

河東晴子(かわひがし・はるこ,Haruko Kawahigashi)

1985年 東京大学工学部電気工学科卒業.同年 三菱電機株式会社入社.1991〜1992年 カリフォルニア大バークレー校客員研究員.2001年 博士(工学)(東京大学).三菱電機株式会社情報技術総合研究所主管技師長.AOC Japan Chapter EW Study Group Secretary.

小林正明(こばやし・まさあき,Masaaki Kobayashi)

1974年 大阪大学大学院工学研究科通信工学専攻博士課程修了.同年 三菱電機株式会社入社.以来,EWシステムのシステム設計,研究開発などに従事.元 神戸大学非常勤講師.AOC Japan Chapter EW Study Group Chair.2013年 フリーランスの防衛電子技術コンサルタント.

阪上廣治(さかうえ・ひろじ,Hiroji Sakaue)

1972年 防衛大学校卒業.海上自衛隊入隊.主要配置は,護衛艦によど・護衛艦はるゆき・輸送艦おおすみ艦長,電子情報支援隊司令.2005〜2012年 三菱電機株式会社通信機製作所電子情報システム部勤務.

徳丸義博(とくまる・よしひろ,Yoshihiro Tokumaru)

1973年 防衛大学校卒業.陸上自衛隊(通信科)勤務.1997年 三菱電機株式会社入社,通信機製作所勤務.通信電子戦システム開発・プロジェクト業務に従事.2015年 三菱電機株式会社退社.

電子戦の技術　基礎編

2013年4月10日　第1版1刷発行　　　　ISBN 978-4-501-32940-2 C3055
2020年4月20日　第1版6刷発行

著　者　デビッド・アダミー
訳　者　河東晴子・小林正明・阪上廣治・徳丸義博
　　　　 © Kawahigashi Haruko, Kobayashi Masaaki, Sakaue Hiroji, Tokumaru Yoshihiro 2013

発行所　学校法人　東京電機大学　〒120-8551　東京都足立区千住旭町5番
　　　　東京電機大学出版局　Tel. 03-5284-5386（営業）03-5284-5385（編集）
　　　　　　　　　　　　　　Fax. 03-5284-5387　振替口座00160-5-71715
　　　　　　　　　　　　　　https://www.tdupress.jp/

JCOPY　＜(社)出版者著作権管理機構　委託出版物＞
本書の全部または一部を無断で複写複製（コピーおよび電子化を含む）すること
は，著作権法上での例外を除いて禁じられています。本書からの複製を希望され
る場合は，そのつど事前に，(社)出版者著作権管理機構の許諾を得てください。
また，本書を代行業者等の第三者に依頼してスキャンやデジタル化をすること
はたとえ個人や家庭内での利用であっても，いっさい認められておりません。
[連絡先] Tel. 03-5244-5088, Fax. 03-5244-5089, E-mail: info@jcopy.or.jp

制作：㈱グラベルロード　　印刷：新灯印刷㈱　　製本：渡辺製本㈱
装丁：小口翔平（tobufune）
落丁・乱丁本はお取り替えいたします。　　　　　　　　Printed in Japan